从一线实际工程经验出发，
阐述测试架构师应具备的测试理念与技术

测试工程师
全栈技术进阶与实践

茹炳晟◎编著

人民邮电出版社
北京

图书在版编目（CIP）数据

测试工程师全栈技术进阶与实践 / 茹炳晟编著. --
北京 ：人民邮电出版社，2019.9
ISBN 978-7-115-51328-1

Ⅰ．①测… Ⅱ．①茹… Ⅲ．①软件－测试 Ⅳ.
①TP311.5

中国版本图书馆CIP数据核字(2019)第096349号

内 容 提 要

本书全面讲解了软件测试人员必知必会的测试知识、技术和工具。

全书分为 12 章。第 1 章和第 2 章用"用户登录"测试实例，讲解了软件测试基础知识，让读者快速学习关键的基础知识；第 3 章讲解了 GUI 测试框架设计、框架在大型电商网站的具体实践，梳理了影响 GUI 自动化测试稳定性的关键因素，并给出了切实可行的解决方案；第 4 章介绍了 3 类移动应用的测试方法与技术，以及如何在移动测试中应用 Appium 来帮助测试人员更好地实现自动化测试；第 5 章以循序渐进的方式，讲解了 API 测试的关键技术、微服务架构下的 API 测试挑战等；第 6 章讲解了代码级测试的基础知识、静态测试方法、动态测试方法、静态扫描工具 Sonar、单元测试框架 TestNG、代码覆盖率工具等内容；第 7 章和第 8 章系统地对性能测试的方法以及应用领域进行阐述，并基于 LoadRunner 讲解大型企业性能测试的规划、设计、实现的具体实例，还介绍了大型互联网产品的全链路压测的行业实践；第 9 章探讨了测试数据准备的技术，并讨论了很多准备测试数据的新方法；第 10 章结合主流的 DevOps 和 CI/CD，深入剖析了大型互联网企业的测试基础架构设计；第 11 章和第 12 章讲解了软件测试新技术，如探索式测试、测试驱动开发、精准测试、渗透测试、基于模型的测试，以及人工智能在测试领域的应用。

本书适合测试人员、开发人员、运维人员、测试经理和软件质量保证人员学习，也可以作为大专院校相关专业师生的学习用书和培训学校的教材。

◆ 编　著　茹炳晟

责任编辑　张　涛

责任印制　焦志炜

◆ 人民邮电出版社出版发行　　北京市丰台区成寿寺路 11 号

邮编　100164　　电子邮件　315@ptpress.com.cn

网址　http://www.ptpress.com.cn

北京七彩京通数码快印有限公司印刷

◆ 开本：800×1000　1/16

印张：23　　　　　　　2019 年 9 月第 1 版

字数：475 千字　　　　2024 年 11 月北京第 17 次印刷

定价：79.00 元

读者服务热线：(010) 81055410　印装质量热线：(010) 81055316
反盗版热线：(010) 81055315
广告经营许可证：京东市监广登字20170147 号

推荐序一

茹炳晟曾就职于多家外资企业，包括 Alcatel-Lucent、HP、eBay 等公司，负责过自动化测试、性能测试、移动应用测试、云平台测试、测试框架和基础架构等方案的设计与实现，积累了丰富的测试与开发经验，而这一切的精华内容在本书中有很好的解读。

我的工作领域不局限于软件测试，而是整个软件工程领域，执教过多年的大学"软件工程"课程，阅读了软件工程方面的大量图书。其中一本是《人月神话》，这是一本软件工程方面的经典图书，书中的"人月"指一个研发人员工作一个月所能完成的工作量。过去软件开发的进度计划是按月来安排、策划的，许多系统的开发周期都是几年时间，像 Windows 2000，从产品定义到最终全面发布用了将近四年。而今天的软件开发进度计划是按天、小时来策划的。这就是我们熟悉的快速迭代、持续交付的软件研发新生态，这对软件测试提出了新的巨大的挑战——希望测试做得又快又好。这就要求我们要特别关注测试的效率，以及采用的测试方法、测试技术和自动化测试工具。另外，测试人员的眼光不能仅仅落在测试工作上，还应该扩大其视野，关注整个软件研发流程。当我们面对大规模系统的设计和实施时，必须认真考虑如何在功能适应性、高性能、安全性、可靠性、可伸缩性、可扩展性等方面达到良好的平衡。基于这些考虑，我概括了"五化"。

- 自动化：软件测试必须自动化，开发、运维集成都要进行自动化测试。
- 云化：基于云计算、云服务来构建企业内部统一的测试基础设施，为测试管理、执行和质量监控、质量保障服务。
- 服务化：SOA（Service Oriented Architecture，面向服务的架构）进一步演化为今天流行的微服务架构，解耦更彻底，测试更服务化，研发人员更关注接口测试，更多的功能测试、性能测试转化为接口测试。
- 智能化：大数据是基础，进一步促进 AI（Artificial Intelligence，人工智能）技术在软件测试中的应用，基于 AI 技术可以进一步提高自动化测试的效率，提高测试的充分性。
- 敏捷化：测试"左移"，更关注需求、实施 ATDD（Acceptance Test Driven Development，验收测试驱动开发）、BDD（Behavior Driven Development，行为驱动开发）；测试"右移"，和 DevOps 衔接，进行更多的在线测试，及时从用户那里获取质量反馈。

这些思想也都体现在本书中。更重要的是，作者在之前已经付诸实践，积累了丰富的经验。特别是在自动化测试、架构设计与评审、移动应用测试、API 测试、性能测试、云测试、测试数据平台与基础设施构建等相关的工作方面，作者的技术更是炉火纯青。

我非常同意作者所说的：最好的学习方式一定不是一头扎到具体的技术细节里，更不是简单地学习测试工具软件的使用，而是应该从软件测试所要解决的问题以及技术本身发展的角度去了解测试的来龙去脉。本书不但呈现了各种测试新技术和方法论，而且就当今软件测试所必须具备的关键技能（自动化测试、API测试、代码级测试、测试框架与数据平台的构建、系统架构深度理解等），循序渐进地进行解析，同时围绕如何解决软件测试的实际问题给出了一些经典案例。

所以，作为今天的软件研发人员（不局限于软件测试人员，开发与测试越来越融合），除了具有传统的一些技能（如沟通、编程、软件系统理解、业务理解等）外，还需要掌握上述关键技能。本书有助于读者快速地达到这一目标，有助于读者快速成长为架构师，有助于读者在这快速变化的时代立于不败之地。

——朱少民，

同济大学软件学院 SQA 实验室负责人，

软件测试专家

推荐序二

我开始只是在微信朋友圈中知道茹炳晟先生，后通过多次大型技术峰会和测试同仁的相聚正式认识了他。茹炳晟在专业技术上经验丰富，特别是对一些新技术和新方法有着自己独特的见解。在与他交谈的过程中，他幽默的谈吐以及他务实的作风，都给我留下了深刻的印象。

阅读本书后，我发现书中的内容非常丰富，不仅包含了功能测试和非功能测试、动态测试和静态测试、手动测试和自动化测试，还根据当前的现状讲述了很多新技术背景下的有效测试方法，并从实践出发指导读者搭建有效的测试架构来提高测试效率。

当前，各种新技术和新概念层出不穷，例如，移动互联网应用、人工智能、大数据、云计算、区块链、微服务架构等，这些新技术和新概念给软件质量保障带来了巨大的挑战。同时，由于企业对软件质量的要求不断提高，这也给从事软件测试工作的工程师带来了很大压力。软件测试是保证软件质量的有效手段和途径，但要有效和高效地保障软件质量并不容易，它涉及多方面因素，包括对软件质量的认知、软件测试技术和方法、软件测试管理、软件测试过程和过程改进、测试工具的支持、测试环境的搭建和管理等，这需要软件测试人员不断探索新的、合适的测试方法，或从测试过程本身的改进去适应新的技术和发展。

本书从不同的视角和维度对软件测试进行了剖析，用本书作者多年工作中所积累的实际经验讲述了测试的本质和精华。全书理论联系实际、通俗易懂。书中重点讲述了自动化测试方法和实践、性能测试理论和实践以及针对新技术的测试，如分布式服务架构、微服务架构等。本书可以作为进入软件测试领域的入门学习资料，也可作为解决实际测试问题的参考手册。相信本书能带给您不少收获。

——周震漪，
ISTQB（国际软件测试认证委员会）中国分会
CSTQB（中国软件测试认证委员会）常务副理事长，
TMMi 基金会中国分会（TMMiCN）副主席，
上海滔瑞（imbus）总经理

推荐序三

当前，随着移动互联网、云计算、大数据和人工智能等新业务的迅猛发展，软件架构的复杂性也大幅度增加，并且对于软件质量的要求比以往任何时候都要更高。我们迫切需要将这一发展历程中关于软件质量保证的知识沉淀下来，并形成体系化的方法论和具体实践，这对 IT 界未来的发展将产生积极影响。

很高兴看到本书作者踏踏实实做了这方面的很多工作。本书结合作者在行业内十多年的实践以及经验，全面涵盖软件测试领域的方方面面，从 GUI 测试、API 测试、测试数据、测试执行环境、移动测试到代码级测试和性能测试等内容。读者可以从中快速了解各种测试体系和架构的由来，并通过实际案例深入理解相关技术。

全书理论联系实际，是作者多年一线工作经验的全面总结和回顾。全书不仅对技术的讲解深入浅出，涉及的知识有点有面，而且还能站在更高的架构师视角来看待问题，并结合实际给出了很多案例，可以说这是测试领域一本不可多得的好书。

随着 IT 行业的进一步发展，针对新兴业务的挑战也不断涌现。本书作者作为 Dell EMC 中国研发集团的企业级解决方案架构师，在不断吸收之前经验的同时，结合当前企业敏捷化发展的需求，探索新的测试理论体系和实践方案。恭喜本书出版的同时，也期待下一本书会分享未来新领域探索的成功经验。

——周枫，
Dell EMC 中国研发集团高级研发总监

本书赞誉

软件测试是一项强调实践感悟和经验积累的工作。茹炳晟从工程实践到方法技术的总结能力令人佩服，而本书更是他多年来技术的总结。这是一本从工业界视角系统解析软件测试方法与技术的书，无论对初学者还是对有经验的测试人员，都具有很好的参考价值。

——陈振宇，

南京大学软件学院教授、博士生导师

当今时代，数字化转型的潮流正迅速波及各行各业，而以软件为核心的 IT 基础架构正是数字化转型的核心，软件测试又是保障软件系统质量不可或缺的环节。

随着各种新技术和新产业的不断涌现，软件测试的理论、流程、工具、技术、需求等都随之发生了变化。

今天的测试工程师不再只是充当产品质量的"守门员"，更是掌握多种技能和知识的全能选手。他们既要熟练运用测试领域的相关技术，又要对产品开发全流程中每个环节都有所了解，同时还要及时领会相关行业里的最新技术及其发展趋势，因此，对从业者学习能力的要求越来越高。

软件工程说到底是一门应用科学，最佳学习方式就是通过自己的实际操作或者从他人的实践经验中不断积累知识，获得进步。

本书作者在互联网、企业级软件、通信等领域具有多年的软件测试经验，对于软件测试有真知灼见。书中既有对测试理论的总结和概括，又有着大量详尽的实操经验分享。我相信每一位致力于在软件测试领域发展的工程技术人员都将从这本书里有所收获。

——刘伟，

Dell EMC 全球副总裁兼中国研发集团总经理

早年软件测试追求的是大而全。而现如今软件测试追求的是基于风险驱动的精准测试策略：一方面强调测试的"左移"，即需要开发人员在早期更多地参与到软件测试的活动中；另一方面强调测试要遵循"少就是多"的原则，在不牺牲产品质量的前提下节约成本，科学合理地缩小测试的覆盖率。这些都对软件测试从业人员提出了不小的挑战。如果你想知道这些测试策略和方法，请阅读本书，书中给出了很好的解决方案。

——田卫，

eBay 全球副总裁、eBay 中国研发中心总经理对于大型长生命周期的软件系统，特别是基础设施，质量一直都是生命线，贯穿研发过程的质量保证需要大量的投入，只有每个工程师都有全局的视野、丰富的测试技巧并且深入理解业务才能把工作做好。本书作者有丰富的实战经验，对测试的全过程需要的技能娓娓道来。跟着本书学习，测试过程会很顺畅。

——余锋（褚霸），

阿里云研究员

我们正处在一个软件无处不在的时代，ABC（AI、Big Data、Cloud Computing，人工智能、大数据、云计算）技术突飞猛进、日新月异，软件质量保证工作在规模、复杂度等方面也面临前所未有的挑战。茹炳晟在基础架构、互联网、移动应用和云计算等领域拥有丰富的质量保证工作经验与诸多成功案例的实施经历。本书浓缩了他这些宝贵的经验。相信本书能够为正在面临软件质量挑战的读者提供思路和测试方案。

——李涛，

百度工程效能部总经理

在基于 PaaS（Platform as a Service，平台即服务）的研发运营一体化理论及落地实践逐步被认同和追捧的当下，很多企业发现其质量环节事实上已经变成了制约企业 IT 模式进一步升级的短板。腾讯的很多事业群早已把质量团队升格为部门级别。从 GUI、API 自动化测试，到整套测试体系的建设，本书给出了很好的方案，有助于测试人员提升专业技能。

——党受辉，

腾讯 IEG 蓝鲸产品中心研发总监 & T4 工程师

茹炳晟是软件测试领域的技术专家，在业内很知名。本书是作者深厚理论知识和丰富实战经验的结晶。书中知识点非常全面，内容由浅入深、层层推进，是学习测试技术不可多得的好书，测试人员可以从中学到许多有价值的内容。

——李鑫，

天弘基金（余额宝）移动平台技术总监、首席架构师

作为软件研发生命周期的重要环节，不管是在 PC 互联网时代还是在移动互联网时代，不管是在瀑布式项目管理中还是在敏捷项目管理中，软件测试都发挥着巨大的作用。作者从测试工程师角度，结合测试理论，全面而深入地讲解了测试实战技术。本书值得测试人员学习。

——吴其敏，

平安银行首席架构师、平台架构部负责人

本书是作者多年软件测试技术的总结。书中从大量实际工程经验出发，讲述了软件测试工

程师需要掌握的全栈测试技术，内容全面，且采用问题驱动的方式，使读者不仅清楚地了解问题的本质，同时还学习了解决方案。本书是测试工程师和测试架构师很好的学习指南。

——段亦涛，
网易有道首席科学家

作为业务研发中的一个重要环节，测试直接影响产品交付的质量。随着互联网的发展，测试的场景越来越复杂，从门户的简单信息展示，到抓取、清洗、建库、检索排序的搜索推荐，再到浏览、下单、履约、售后有着较长交互链条的电商类产品，这些对软件质量保障工作都带来了越来越大的挑战。此外，产品的迭代速度对于企业来说是核心竞争力之一，怎样通过自动化、工具化、平台化的建设提升测试的效率显得尤为重要。本书从实践角度出发给出了很好的解决方案，能够给测试人员带来很好的帮助和指导。

——王兴星，
美团外卖商业技术负责人

对于测试人员来说，学习测试知识、UI 自动化测试、移动测试、接口自动化测试、性能测试，阅读这一本书就够了。

——沈剑，
快狗打车 CTO、"架构师之路"公众号作者

软件质量绝对是软件成功的决定性因素之一。随着对软件开发周期的要求越来越高，为了又快又好地交付软件，作为保证软件质量最有效的手段之一，测试技术与实践也一直在不断地优化。本书作者茹炳晟有着多年的一线测试实际经验，曾就职于多家知名软件及互联网公司。结合实际案例和作者多年的工作经验，本书系统地介绍测试的知识。相信读者一定能从本书中获益。

——王潇俊，
携程系统研发部总监、极客时间"持续交付 36 讲"专栏作者

当下移动互联网+AI 的时代，技术更新越来越快，测试工程师面临的挑战也越来越大。本书深入浅出地讲述测试工作背后的机理，尤其讲究实战，可作为测试工程师随身携带的工具书。本书将为你打开通向全栈测试工程师的大门。

——徐琨，
Testin 云测总裁

随着互联网的发展，测试工程师也从传统的"点点点"逐步往技术全栈方向发展。本书从测试开发工程师所需掌握的技术及原理出发，深入浅出地对软件测试进行了全景式的描述。本

书值得测试人员学习。

——王斌，

英拿智测总经理、VIPTEST 测试开发社群联合创始人

茹炳晟将丰富的大型互联网产品的全栈测试经验，全部浓缩到本书中。本书可以帮助读者了解并学习到当前互联网行业中各种前沿的全栈测试技术，从而建立起自己的全栈测试体系。

——刘冉，

ThoughtWorks 高级软件质量咨询师

本书作者茹炳晟有着多年的技术架构和自动化测试的经验，是少有的既具备丰富、全面的测试技术知识又能够如庖丁解牛般把技术和实践都讲解清楚的技术专家。相信读者看到本书一定会有种"相见恨晚"的感觉。希望我们不要停下学习的脚步，用学习来应对系统与环境的变化。

——熊志男，

京东高级测试开发专家、Testwo 社区联合创始人

本书由浅入深、系统地阐述了软件测试的方方面面，同时针对当前新的、流行的系统框架提供了自动化测试的实用方案。本书既可以作为软件测试工程师的入门教程，也可作为资深从业者的参考书。全书语言朴实，内容丰富，涵盖面广泛，凝聚了作者多年的实战经验，是软件测试工程师的案头手册。

——邹德鲲，

Google 人工智能研究院高级算法工程师

当我第一次看到本书内容时，就感觉非常惊喜。在我之前所见的与测试相关的图书里，大部分图书的理论性都强，脱离实际的软件开发及测试，更像是一本教科书。而本书所讲的内容更加贴近实战，并且紧跟新的开发以及测试的技术潮流，是一本难得的"工程派"图书。这与作者具有多年的测试和开发经验不无关系。所以，不管你从事开发还是测试工作，我都推荐本书。

——王争，

（前）Google 研发工程师、极客时间"数据结构和算法之美"专栏作者

本书系统地阐述了软件测试的方方面面，尤其是在自动化测试、移动应用测试、性能测试、代码级测试方面均详细介绍了方法论、测试策略和实践，其中所有例子都是在一线实际使用的真实案例，更有不少首次公开的"干货"，如大型互联网产品的全链路压测、大型互联网企业的测试基础架构设计等。除此之外，本书还包含了很多当前热门和前沿的测试技术，如人工智

能测试、精准测试、安全测试、MBT（Model Based Test，基于模型的测试）等，可以帮助读者增长见识、扩展眼界。和其他测试书不同的是，本书还对互联网框架的核心知识进行了深入浅出的讲解，让读者不仅知其然，还能知其所以然。精读本书，无论你现在是什么级别的测试者，一定都可以获益良多。

——刘琛梅（梅子），

绿盟科技研发经理、《测试架构师修炼之道》作者

伴随移动互联网及 AI 技术的迅速发展，保障产品质量的挑战越来越大，而对测试工程师的技能要求更是越来越高。本书作者以多年工程实践的项目经验为基础，由浅入深地分析了自动化测试、性能压测、白盒测试、持续集成/持续部署、微服务测试、互联网架构、DevOps 及 AI 测试等技术。本书能够帮助工程师扩展测试思路，提升测试实践能力，是近年来测试领域难得的佳作。

——艾辉，

饿了么高级技术经理

本书解决了互联网软件开发和测试流程中的难题，全面解析了测试理念和测试技术的应用，也是使用 AI 进行测试的可靠之书。

——邱化峰，

饿了么测试开发专家

本书系统化地介绍了软件测试知识体系、常用的测试技术与工具、测试基础架构设计，以及 AI 等新技术在测试领域的应用，并且在性能测试、自动化测试、代码级测试、移动应用测试等方面都有很多独到的见解。本书从一线实践经验出发，结合实践案例由浅入深进行讲解，不仅适合刚入门的测试工程师，还适合在这个领域想进一步提升能力的测试架构师。

——肖军，

苏宁易购集团金融研发中心总经理助理

本书从登录测试到性能测试，从单体架构的测试到微服务架构的测试，从技术分享到思路探讨，均结合实战经验娓娓道来，这是热爱测试的一线技术人员才能写出来的"干货"。强烈推荐本书。

——杨凯球，

中兴高级测试经理

本书是茹炳晟作为测试架构师实践的总结，涉及互联网软件测试的方方面面，内容特别丰富。因此，本书非常适合从事软件测试工作的人员学习。

——孔德晋，

华为测试专家

本书注重实践，内容都来自一线工程实践。书里从头到尾传达了互联网时代软件质量保障的核心观点：工具化、自动化，依靠技术的手段。希望本书能对国内软件测试同行有所帮助。

——郑子颖，

（前）微软首席软件测试经理

一个好的质量保证人员往往能在很复杂的场景下抽丝剥茧，定位到问题/缺陷的关键所在。要具备这样的能力，就要有广阔的知识面，下到操作系统，上到具体应用，里到系统架构，外到网络安全。无论初级还是高级的质量保证人员都能从本书中有所收获。

——沈立彬，

Splunk 中国研发中心核心平台部门高级测试经理

现在，突飞猛进的软件技术对软件测试提出了更高的要求。本书作者来自软件测试开发一线，有着全面而扎实的软件测试架构知识体系，对技术有着极大的热情。本书从软件测试理论出发，详细描述了人工智能、大数据、微服务、云计算等前沿软件技术背景下的软件测试以及自动化测试策略，不仅是软件测试工程师的入门图书，还是近年来不可多得的一本软件测试技术进阶图书。

——张毓琳，

惠普软件高级测试经理

在 DevOps 时代，作为核心基础环节，测试贯穿软件工程的全生命周期，支撑端到端的质量保障。在 DevOps 模式下，测试工程师需要具备测试策略与方案制订、测试工具开发等能力。你需要掌握的技能，尽在本书中。

——景韵，

DevOps 时代社区联合创始人

记得茹炳晟来今日头条做技术交流的时候，我和同事们都受益匪浅。在 eBay 从事的全球业务测试，让茹炳晟积累了丰富的质量保证实战经验。茹炳晟把全部经验毫无保留地凝聚在这本书里了。恭喜你正在阅读本书！

——李昶博，

字节跳动测试开发技术主管

由于软件系统复杂度的指数级增长，对测试技术的要求越来越高。自动化 UI 测试、API测试、CI/CD 等都推进了测试技术的全栈化发展。本书抽丝剥茧地讲述了测试工程师全栈技术，带你走上测试架构师的修炼之路。希望本书可以让更多的人了解全栈的技术，成为优秀的测试工程师。

——陈磊，
京东零售技术中台测试架构师

本书从测试架构师的角度讲解了测试工程师应该掌握的方方面面。作者通过本书将自己的知识进行提炼，一一展现测试架构师应掌握的核心技能。

——云层，
TestOps 测试运维推动者

本书以作者在测试行业多年的一线经验为基础，对各类测试技术进行讲解和分析。内容不仅全面，而且呈现了当下的技术热点，值得所有测试工程师阅读。

——小强，
测试帮日记创始人、《小强软件测试疯狂讲义——性能及自动化》作者

本书结合一线软件测试的真实场景和案例，深入浅出地讲解了各类测试场景的行业实践，让读者在掌握主流测试技术和工具的同时，洞悉技术背后的本质，做到知其然并知其所以然。本书对我帮助非常大，因此强烈推荐本书。

——Debugtalk，
测试架构师、HttpRunner 作者

前　言

在这个技术发展日新月异的时代，每一位站在技术浪尖上的匠人，都需要时刻紧跟技术发展的趋势。对于软件测试工程师来说，也是同样的道理。面对势不可挡的人工智能（Artificial Intelligence）+大数据（Big Data）+云计算（Cloud Computing）的技术浪潮，软件测试工作无论是从被测对象本身的复杂性、多样性和规模来讲，还是从测试技术以及测试基础架构的发展来讲，都需要测试工程师的知识面、测试开发能力、测试平台化规划能力和抽象能力相比原来有质的提升。如果继续沿用早期就测试技术而学测试技术的传统模式，测试工程师将会很难适应当前技术的发展。

从作者个人的经验来看，学习测试技术的最好方式一定不是一头扎到具体的技术细节里，更不是简单地学习测试工具软件的使用，而是从软件测试所要解决的问题以及技术本身发展的角度去了解来龙去脉，理解为什么软件测试技术会发展成现在的状态。当你深刻理解了这些前因后果以及发展历程之后，再去深入学习技术细节，思路就会明朗很多，也能够更有洞察力地看到技术背后的本质，这对于理解测试、学习测试都很重要。

针对软件测试行业的现状，目前主要的挑战来自以下几个方面。

- 面对互联网产品架构的快速迭代与发展，作为测试架构师，你必须能够从本质上理解互联网架构的高可用性、可伸缩性、可扩展性以及高性能，并且深入理解具体的技术实现方式，这样才能针对这些架构要素来"有的放矢"地设计测试场景和用例。

- 由于移动互联网的爆发式发展，国内目前大量的业务流量都直接来自移动应用，但是对移动应用的全面测试一直处于比较薄弱的状态。新时代的测试工程师需要迫切掌握移动应用测试的关键原理和技术。

- 自动化测试在软件质量工程中的地位发生了质的变化，从原本的"以自动化测试为辅"变成了"以自动化测试为主"。作为测试工程师，不仅需要从业务本身来对软件进行手动测试验证，还需要掌握各种自动化测试开发技术来实现自动化测试用例。

- 随着分布式服务架构、微服务架构以及下一代微服务架构（服务网格架构）的普及，测试策略的设计从原本面向用户的端到端的测试逐渐向直接面向后端的 API 测试发展。为此，作为测试工程师，你就必须系统地掌握 API 测试的完整方法与技术，并且能够应对微服务架构对 API 测试带来的挑战，能够理解并熟练运用基于消费者契约的 API 测试技术。

- 随着用户基数的快速增长，软件系统的性能和压力测试变得愈发重要，甚至成为项目成功以及可持续发展的关键因素。因此，系统地掌握并熟练运用与性能测试相关的技术将成为测试工程师必备的能力。

- 传统软件企业的产品发布通常是以"月"为单位的。在这种发布周期下,测试总时间不会成为关键问题。但是对于互联网企业,尤其是大型电商网站,产品上线周期通常都是以"天"甚至是以"小时"为单位的,这样留给测试的时间往往非常有限,所以就对总测试时间提出了很高的要求。为了解决这个难题,就需要一套完善的高并发测试执行基础架构的支持。测试架构师必须掌握设计、开发测试基础架构的关键技术。
- 随着自动化测试的规模化,准备测试数据的各种问题逐渐暴露并不断放大,并成为影响自动化测试效率以及稳定性的拦路虎。早期的传统测试数据准备方法,无论是从准备测试数据的时间成本,还是从测试数据的稳定性和测试数据创建的便利性上,都已经很难适应大规模自动化测试的要求。测试工程师必须要系统地思考如何将准备测试数据工具化、服务化,以及最终达到平台化。

由此可见,如果想要成为一名新时代的合格测试架构师和优秀测试工程师,除了需要具备最基本的业务测试能力外,还必须深入理解并能熟练运用以下各项技术和方法:

- 互联网架构的核心技术;
- GUI 自动化测试的核心技术;
- 移动应用测试的核心技术;
- API 测试的核心技术;
- 代码级测试用例的设计与开发方法;
- 性能测试场景的设计与用例开发方法;
- 高效地准备各种测试数据的方法;
- 设计并搭建高效能的测试基础架构的方法;
- 各种测试新技术和方法,包括探索式测试、精准测试和变异测试等。

"千里之行,始于足下",本书首先从最基本的测试基础知识讲起,然后按照由浅入深的思路,并结合实际案例一一讲解上述的每一项技术和方法。下面是本书各章的主要内容。

第1~2章:软件测试基础知识精要

本书开始的两章对软件测试的基础知识做了快速介绍。

- 从"用户登录"测试讲到了测试的多样性以及测试的不可穷尽性。
- 颠覆了传统观念,重新定义了什么是"好的"测试用例。
- 介绍了单元测试的核心知识。
- 探讨了软件开发各个阶段的自动化测试技术。
- 分析了测试覆盖率的内涵以及局限性。
- 讨论了如何才能写出一份优秀的缺陷报告。
- 探讨了如何编写测试计划以及其中容易犯错误的地方。
- 讨论了测试工程师的核心竞争力。
- 讲解了测试技术人员必须掌握的非测试知识。
- 介绍了传统软件产品和大型互联网产品的测试策略设计以及异同点。

第 3 章：GUI 自动化测试精要

该章从最基础的 GUI 测试开始，讲解了 GUI 测试框架设计与发展的种种困境和突破。同时该章还介绍了框架在大型电商网站的具体实践，并梳理了影响 GUI 自动化测试稳定性的关键因素，给出了切实可行的解决方案。

第 4 章：移动应用测试技术

该章介绍了 3 类移动应用的测试方法与技术，以及如何在移动测试中应用 Appium 来更好地实现自动化测试。同时，该章还讲解了 Web 应用和原生应用、真机测试和模拟器测试，以及面向应用的测试和移动专项测试等。

第 5 章：API 自动化测试技术

面对 GUI 自动化测试投入产出比不高的窘境，现在互联网企业逐渐将测试重点从 GUI 移到了 API。该章从最基础的 API 测试开始，循序渐进地讲解了 API 测试的关键技术以及微服务架构下的 API 测试，并给出了基于消费者契约的 API 测试方法。最后，对 API 测试的企业级应用场景进行系统讲解，给出了测试策略设计与实践。

第 6 章：代码级软件测试技术基础与进阶

代码级测试通常都由开发人员完成，但是单元测试框架选型、覆盖率统计、打桩技术选型、测试用例设计原则等内容都需要测试架构师或者资深测试工程师全程参与，因此，该章系统地讲解了测试人员所要学习的代码级测试知识点，包括代码测试技术入门、代码级测试方法、代码级测试用例设计、覆盖率衡量、典型难点以及解决问题的思路等。

第 7~8 章：性能测试基础与实战

性能测试本身是一个非常庞大的主题并且具有很强的专业性。这两章以入门者的视角，系统地对性能测试的方法以及应用领域进行阐述，以通俗易懂的实例解释软件的各种性能指标，使读者对这些晦涩难懂的概念有清晰的认识。另外，这两章还从实战的角度对前端和后端性能测试工具的基本原理进行了阐述，并基于 LoadRunner 讲解了大型企业性能测试的规划、设计、实现的具体实例，用某软件公司性能测试的实际案例介绍了更多的性能测试创新实践，以及大型互联网产品的全链路压测的行业实践。

第 9 章：准备测试数据

该章以准备测试数据的痛点为切入点，探讨了准备测试数据的技术演进，以及很多准备测试数据的新方法。

第 10 章：自动化测试基础架构的建设与实践

该章会与当下流行的 DevOps 和 CI/CD 有很多交集，从 0 到 1 深入剖析大型互联网企业的测试基础架构设计，讲解测试执行环境的设计、测试报告平台的设计以及如何与 CI/CD 流水线集成等内容，其中还会涉及很多具有前瞻性的设计创新。

第 11 章：软件测试新技术

面对各种新的测试方法，测试架构师必须做到胸有成竹。该章讲解了当下比较热门的探索式测试、测试驱动开发、精准测试、渗透测试、基于模型的测试以及人工智能在测试领域的应用，以帮助读者拓展思路及知识面。

第 12 章：测试人员的互联网架构核心知识

该章主要讲解了测试技术人员必须掌握的大型互联网架构的核心知识，剖析了大型网站技术架构模式，深入分析了大型互联网架构设计的核心原理与发展历程，从高性能、高可用性、可伸缩性和可扩展性 4 个维度对大型网站架构进行了针对性的剖析，弥补了测试工程师和开发工程师、架构师相比在知识结构上的短板。

通过阅读本书，你能够有以下收获。

- 深入理解 GUI 自动化测试的核心原理，能够独立完成 GUI 自动化测试策略设计，并能够将高效率、低维护成本的测试用例设计思路应用到实际工作中。
- 掌握 API 测试工具的基本原理和测试方法，能够在微服务项目中应用契约测试方法。
- 掌握移动应用的测试技术与方法，能够将传统的软件测试方法熟练应用到移动应用的测试中，同时掌握移动应用的专项测试方法。
- 全面掌握人工动态、人工静态、自动动态和自动静态这 4 种代码级测试方法，并且能够从测试架构师的视角完成实际单元测试工作。
- 能够按照书中介绍的思路，设计出符合自己公司需求的测试数据平台，解决准备测试数据方面的难题。
- 掌握前后端性能测试的基本原理和方法，深入理解性能测试各项指标的内在含义，能够掌握基于 LoadRunner 和 JMeter 开发并执行企业级性能测试的主要步骤与方法。
- 深入理解测试基础架构的概念，了解大型电商网站的测试基础架构设计技术，并能够有所取舍地应用到项目中。
- 掌握互联网架构设计的核心知识，包括高性能、高可用性、可伸缩性和可扩展性，以便更好地进行测试设计。
- 了解前沿的测试新技术，能够在实际项目中"有的放矢"地应用。
- 初步了解人工智能、大数据和云计算技术在测试领域的应用场景。

编辑联系邮箱是 zhangtao@ptpress.com.cn。

作　者

服务与支持

本书由异步社区出品，社区（https://www.epubit.com/）为您提供后续服务。

提交勘误

作者和编辑尽最大努力来确保书中内容的准确性，但难免会存在疏漏。欢迎您将发现的问题反馈给我们，帮助我们提升图书的质量。

当您发现错误时，请登录异步社区，按书名搜索，进入本书页面，单击"提交勘误"，输入勘误信息，单击"提交"按钮即可，如下图所示。本书的作者和编辑会对您提交的勘误进行审核，确认并接受后，您将获赠异步社区的 100 积分。积分可用于在异步社区兑换优惠券、样书或奖品。

扫码关注本书

扫描下方二维码，您将会在异步社区微信服务号中看到本书信息及相关的服务提示。

与我们联系

我们的联系邮箱是 contact@epubit.com.cn。

如果您对本书有任何疑问或建议，请您发邮件给我们，并请在邮件标题中注明本书书名，以便我们更高效地做出反馈。

如果您有兴趣出版图书、录制教学视频，或者参与图书翻译、技术审校等工作，可以发邮件给我们；有意出版图书的作者也可以到异步社区在线提交投稿（直接访问 www.epubit.com/selfpublish/submission 即可）。

如果您所在的学校、培训机构或企业想批量购买本书或异步社区出版的其他图书，也可以发邮件给我们。

如果您在网上发现有针对异步社区出品图书的各种形式的盗版行为，包括对图书全部或部分内容的非授权传播，请您将怀疑有侵权行为的链接发邮件给我们。您的这一举动是对作者权益的保护，也是我们持续为您提供有价值的内容的动力之源。

关于异步社区和异步图书

"**异步社区**"是人民邮电出版社旗下 IT 专业图书社区，致力于出版精品 IT 技术图书和相关学习产品，为作译者提供优质出版服务。异步社区创办于 2015 年 8 月，提供大量精品 IT 技术图书和电子书，以及高品质技术文章和视频课程。更多详情请访问异步社区官网 https://www.epubit.com。

"**异步图书**"是由异步社区编辑团队策划出版的精品 IT 专业图书的品牌，依托于人民邮电出版社近 30 年的计算机图书出版积累和专业编辑团队，相关图书在封面上印有异步图书的 LOGO。异步图书的出版领域包括软件开发、大数据、AI、测试、前端、网络技术等。

异步社区

微信服务号

目 录

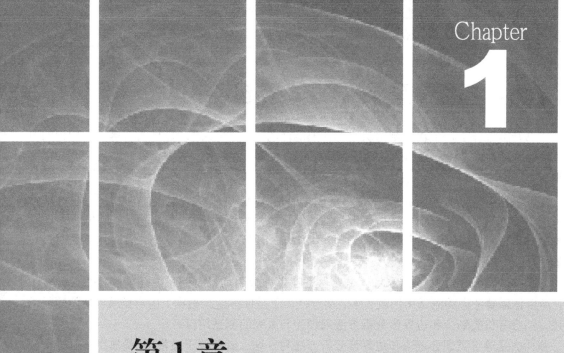

Chapter

1

第 1 章

软件测试基础知识
精要（上）

1.1 从"用户登录"测试谈起

本书开篇选择了一个软件测试从业者耳熟能详的"用户登录"功能作为讲解测试知识的对象，希望通过讲解这样一个简单的功能测试，展示如何做好测试，并介绍现阶段要加强和提高的测试技能。

可能有读者会认为，"用户登录"这个测试对象有点太简单，只要找一个用户，首先让他在界面上输入用户名和密码，然后单击"确认"按钮，验证一下用户是否登录成功就可以了。这的确简单，但它构成了一个最基本、最典型的测试用例，这也是终端用户在使用系统时最典型的"Happy Path"场景。

但是作为测试工程师，你的目标是要保证在各种应用场景下的系统功能是符合设计要求的，所以你需要考虑的测试用例就更多、更全面，于是你可能会根据"用户登录"功能的需求描述，结合等价类划分和边界值分析方法来设计一系列的测试用例。

那什么是等价类划分方法和边界值分析方法呢？这二者都属于最常用、最典型并且最重要的黑盒测试方法。

- 等价类划分方法，是将所有可能的输入数据划分成若干个子集，在每个子集中，如果任意一个输入数据对于揭露程序中潜在错误都具有同等效果，那么这样的子集就构成了一个等价类。后续只要从每个等价类中任意选取一个值进行测试，就可以用少量具有代表性的测试输入取得较好的测试覆盖结果。
- 边界值分析方法，是选取输入、输出的边界值进行测试。因为通常大量的软件错误是发生在输入或输出范围的边界上的，所以需要对边界值进行重点测试，通常选取正好等于、刚刚大于或刚刚小于边界的值作为测试数据。

从方法论上可以看出来，边界值分析方法是对等价类划分方法的补充，所以这两种测试方法经常结合起来使用。

1.1.1 功能测试用例

现在，针对"用户登录"功能，基于等价类划分方法和边界值分析方法，我们设计的功能测试用例包括：

- 输入已注册的用户名和正确的密码，验证是否登录成功；
- 输入已注册的用户名和不正确的密码，验证是否登录失败，并且提示信息正确；
- 输入未注册的用户名和任意密码，验证是否登录失败，并且提示信息正确；
- 用户名和密码两者都为空，验证是否登录失败，并且提示信息正确；
- 用户名和密码两者之一为空，验证是否登录失败，并且提示信息正确；
- 如果登录功能启用了验证码功能，在用户名和密码正确的前提下，输入正确的验证码，验证是否登录成功；

● 如果登录功能启用了验证码功能,在用户名和密码正确的前提下,输入错误的验证码,验证是否登录失败,并且提示信息正确。

列出这些测试用例后,你可能觉得比较满意了,因为你已经把自己的测试知识都用在这些用例设计中了。的确,上面的测试用例集已经涵盖了主要的功能测试场景。然而,在一个测试工程师眼中,这些用例只能达到勉强及格的水平。

1.1.2 更多的测试用例

测试用例才刚刚及格?如果你有这个疑问,建议你在继续阅读下面的内容前,先仔细思考一下,这些测试用例是否真的还需要扩充。

现在,分享一下有测试工程师应增加的测试用例。

● 用户名和密码是否区分大小写?

● 页面上的密码框是否加密显示?

● 后台系统创建的用户第一次登录成功时,是否提示修改密码?

● 忘记用户名和忘记密码的功能是否可用?

● 前端页面是否根据设计要求限制用户名和密码长度?

● 如果登录功能需要验证码,单击验证码图片是否可以更换验证码?更换后的验证码是否可用?

● 刷新页面是否会刷新验证码?

● 如果验证码具有时效性,需要分别验证时效内和时效外验证码的有效性。

● 如果用户登录成功但是会话超时,继续操作是否会重定向到用户登录界面?

● 不同级别的用户（如管理员用户和普通用户）登录系统后的权限是否正确?

● 页面默认焦点是否定位在用户名的输入框中?

● Tab 和 Enter 等键是否可以正常使用?

看完这些用例你可能会说："原来一个简简单单的登录功能居然有这么多需要测试的点!"但是,"用户登录"功能的测试还远没结束。

1.1.3 功能性需求与非功能性需求

虽然改进后的"用户登录"测试用例集相比之前的测试覆盖率的确已经提高了很多,但是从高级测试人员的角度来看,还有很多用例需要设计。

你可能已经发现,上面所有的测试用例设计都是围绕显式功能性需求的验证展开的。换句话说,这些用例都是直接针对"用户登录"的功能性需求进行验证和测试的。但是,在一个质量过硬的软件系统中,除了做显式功能性需求的验证外,其他的非功能性需求（即隐式功能性需求）的验证也要做。

显式功能性需求的含义从字面上就很好理解，指的是软件本身需要实现的具体功能，如"注册用户使用正确的用户名和密码可以成功登录""非注册用户无法登录"等，这都是典型的显式功能性需求描述。

那什么是非功能性需求呢？从软件测试的角度来看，非功能性需求主要涉及安全性、性能以及兼容性三大方面。在上面所有的测试用例设计中，完全没有考虑对非功能性需求的测试，但这些往往是决定软件质量的关键因素。

明白了非功能性需求测试的重要性后，你可以先思考一下还需要设计哪些测试用例，然后再来看看本章会给出哪些用例。

1. 安全性测试用例

安全性测试用例包括：

- 验证存储在后台的用户密码是否加密；
- 验证用户密码在网络传输过程中是否加密；
- 验证密码是否具有有效期，以及到期后是否提示用户需要修改密码；
- 不登录的情况下，在浏览器地址栏中直接输入登录后的 URL，验证是否会重新定向到用户登录界面；
- 验证密码输入框是否不支持复制和粘贴；
- 验证密码输入框内输入的密码是否都可以在页面源码模式下查看；
- 在用户名和密码的输入框中分别输入典型的"SQL 注入攻击"字符串，验证系统返回的页面；
- 用户名和密码的输入框中分别输入典型的"跨站脚本攻击"字符串，验证系统的行为是否被篡改；
- 连续多次登录失败的情况下，验证系统是否会阻止后续的登录以应对暴力破解密码；
- 同一用户在同一终端的多种浏览器上登录，验证登录功能的互斥性是否符合设计预期；
- 同一用户先后在多台终端的浏览器上登录，验证登录是否具有互斥性。

2. 性能压力测试用例

性能压力测试用例包括：

- 验证单用户登录的响应时间是否短于 3s；
- 验证单用户登录时，后台请求数量是否过多；
- 验证高并发场景下用户登录的响应时间是否短于 5s；
- 验证高并发场景下服务器端的监控指标是否符合预期；
- 验证高集合点并发场景下，是否存在资源死锁和不合理的资源等待；
- 同一时间大量用户连续登录和登出，验证服务器端是否存在内存泄露。

3. 兼容性测试用例

兼容性测试用例包括：

- 不同浏览器下，验证登录页面的显示以及功能正确性；
- 相同浏览器的不同版本下，验证登录页面的显示以及功能正确性；
- 不同移动设备终端的不同浏览器下，验证登录页面的显示以及功能正确性；
- 不同分辨率的界面下，验证登录页面的显示以及功能正确性。

说到这里，你还会觉得"用户登录"功能的测试非常简单、不值一提吗？一个看似简单的功能测试，居然涵盖了如此多的测试用例，除了要覆盖显式的功能性需求，还需要考虑其他诸多的非功能性需求。

另外，通过这些测试用例的设计，你也可以发现，一个优秀的测试工程师必须具有很广的知识面，如果不能深入理解被测系统的设计、不明白安全攻击的基本原理、没有掌握性能测试的基本设计方法，很难设计出"有的放矢"的测试用例。

希望"用户登录"功能测试这个实例可以激发你对测试的兴趣，并且开阔你设计测试用例的思路，以达到抛砖引玉的效果。

1.1.4　测试的不可穷尽性

看完了上述的这些测试用例，你可能会认为还有一些遗漏的测试点没有覆盖到，这个功能的测试点还不够全面。接下来，讨论测试的不可穷尽性，即在绝大多数情况下，是不可能进行穷尽测试的。

所谓的"穷尽测试"是指包含了软件输入值和前提条件的所有可能组合的测试方法，完成穷尽测试的系统里应该不残留任何未知的软件缺陷。如果有未知的软件缺陷，你总是可以通过做更多的测试来找到它们，也就是说，测试还没有穷尽。

但是，在绝大多数的软件工程实践中，由于受限于时间成本和经济成本，人们是不可能穷尽所有可能的测试组合的，而会采用基于风险驱动的模式，有所侧重地选择测试范围和设计测试用例，以寻求缺陷风险和研发成本之间的平衡。

1.2　设计"好的"测试用例

上一节以"用户登录"这一简单的功能作为测试对象，介绍了如何设计测试用例。现在你应该已经知道，为了保证软件系统的质量，测试用例的设计不仅需要考虑功能性需求，还要考虑大量的非功能性需求。

那么，接下来我们会重点讲解如何才能设计出一个"好的"测试用例。

1.2.1 "好的"测试用例的定义

在正式开始讲解之前，先讲一下什么是"好的"测试用例，这个"好"又应该体现在哪些方面。这两个问题看似简单实则难以回答。

你可能会说："发现软件缺陷可能性大的测试用例就是好用例。"然而，我会反问你："你打算用什么方法来量化测试用例发现缺陷的可能性？"

类似地，你可能还会说："发现至今未被发现的软件缺陷的测试用例就是好用例。"那么我想问你的是："如何评估是否还存在未被发现的缺陷？如果软件中根本就没有错误呢？"

其实，这是定义"好的"测试用例的思路错了。比如，一个人吃烧饼，连吃 5 个不饱，吃完第 6 个终于饱了。早知道吃了第 6 个就会饱，何必吃前面 5 个呢？他吃的 6 个烧饼其实是一个整体，一起吃下去才会饱，无法从 6 个烧饼中找到吃一个就能饱的"好"烧饼。

测试用例其实也是同样的道理，"好的"测试用例一定是一个完备的集合，它能够覆盖所有等价类以及各种边界值，而与能否发现缺陷无关。

这里举一个"池塘捕鱼"的例子，以帮你更好地理解什么是"好的"测试用例。如果把被测试软件看作一个池塘，软件缺陷是池塘中的鱼，建立测试用例集的过程就像是在编织一张渔网。"好的"测试用例集就是一张能够覆盖整个池塘的大渔网，只要池塘里有鱼，这个大渔网就一定能把鱼给捞上来。如果渔网本身是完整的且合格的，但是捞不到鱼，就证明池塘中没有鱼，而渔网的好坏与池塘中是否有鱼无关。

1.2.2 "好的"测试用例具备的特征

通常来说，一个"好的"测试用例必须具备以下 3 个特征。
- 整体完备性："好的"测试用例一定是一个完备的整体，是有效测试用例组成的集合，能够完全覆盖测试需求。
- 等价类划分的准确性：指的是对于每个等价类都能保证只要其中一个输入测试通过，其他输入也一定测试通过。
- 等价类集合的完备性：需要保证所有可能的边界值和边界条件都已经正确识别。

做到了以上 3 点，就可以说测试是充分且完备的，即做到了完整的测试需求覆盖。

1.2.3 常用测试用例的设计方法

明白了"好的"测试用例的内涵和外延后，下面我们讲一下，为了能够设计出"好的"测试用例，通常都要使用哪些设计方法。

从理论层面来讲，设计测试用例的方法有很多，如等价类划分方法、边界值分析方法、错误推测方法、因果图方法、判定表驱动分析方法、正交实验设计方法、功能图分析方法、场景设计方法、形式化方法、扩展有限状态机方法等，但是从软件企业实际的工程实践来讲，真正具有实用价值并且最常用的一般是前 3 种方法。

当然，对于那些与人的生命安全直接或间接相关的软件，比如飞行控制、轨道交通的列车控制、医疗检测相关的软件或者系统，由于需要达到严格的百分之百的测试覆盖率，会采用更多的测试用例设计方法。但对于大多数的软件测试而言，综合使用等价类划分方法、边界值分析方法和错误推测方法这 3 种方法就基本够用了。

接下来，结合实际的例子，解释一下这 3 种方法的核心概念以及在使用时需要注意的问题。

1. 等价类划分方法

从前面的讲述中我们已经知道了，等价类中任意一个输入数据对于揭露程序中潜在错误都具有同等效果，后续我们只要从每个等价类中任意选取一个值进行测试，就可以用少量具有代表性的测试输入取得较好的测试覆盖结果。

现在，这里给出一个具体的例子。学生信息系统中有一个"考试成绩"的输入项，成绩的取值范围是 0～100 的整数，考试成绩及格的分数线是 60。为了测试这个输入项，显然，不可能用 0～100 的每一个数去测试。通过需求描述可以知道，输入 0～59 的任意整数，以及输入 60～100 的任意整数，去验证输入框的潜在缺陷是等价的，因此可以在 0～59 和 60～100 两个区间各随机抽取一个整数来进行验证，这样的设计就构成了所谓的"有效等价类"。

但不要觉得进行到这里，就已经完成了等价类划分的工作，因为等价类划分方法的另一个关键点是要找出所有"无效等价类"。显然，如果输入的成绩是负数，或者是大于 100 的数，就构成了"无效等价类"。

在全面考虑了无效等价类后，最终设计的测试用例如下。

- 有效等价类 1：0～59 的任意整数。
- 有效等价类 2：59～100 的任意整数。
- 无效等价类 1：小于 0 的负数。
- 无效等价类 2：大于 100 的整数。
- 无效等价类 3：0～100 的任何浮点数。
- 无效等价类 4：其他任意非数字字符。

2. 边界值分析方法

边界值分析方法是对等价类划分方法的补充。我们从工程实践中可以发现，大量的程序错误发生在输入/输出的边界值上，所以需要对边界值进行重点测试，通常选取正好等于、刚刚大于或刚刚小于边界的值作为测试数据。

我们继续看学生信息系统中"考试成绩"的例子，选取的边界值数据应该包括：-1、0、1、59、60、61、99、100、101。

3. 错误推测方法

错误推测方法是指基于对被测试软件系统设计的理解、过往经验以及个人直觉，推测出软件可能存在的缺陷，从而有针对性地设计测试用例的方法。这种方法强调的是对被测试软件的需求理解以及设计实现的细节把握，当然，还包括个人的能力和经验。

错误推测方法和目前非常流行的"探索式测试方法"的基本思想与理念是不谋而合的，这类方法在目前的敏捷开发模式下的投入产出比很高，因此被广泛应用，并且成为发现软件缺陷的主要方法。但是，这种方法的缺点也显而易见，那就是难以系统化，并且过度依赖个人能力和经验。

例如，Web 界面的 GUI 功能测试，需要考虑浏览器在有缓存和没有缓存下的表现；Web 服务的 API 测试，需要考虑被测 API 所依赖的第三方 API 出错情况下的处理逻辑；对于代码级的单元测试，需要考虑被测函数的输入参数为空情况下的内部处理逻辑等。由此可见，这些测试用例的设计都基于从业者曾经遇到的问题进行错误推测，也和个人能力和经验有关。

在软件企业的具体实践中，为了降低对个人能力的依赖，通常会建立常见缺陷知识库，在测试设计的过程中，会使用缺陷知识库作为检查表（checklist），帮助优化、补充测试用例的设计。

对于中小企业，可能最初的方法就是建立一个简单的 Wiki 页面，在测试工程师完成测试用例的最初设计后，对这个 Wiki 页面先做一轮自检，如果在后续测试中发现了新的关注点，就会继续完善这个 Wiki 页面。

对于测试基础架构比较成熟的中大型软件企业，通常会以该缺陷知识库作为数据驱动测试的输入来自动生成部分的测试数据，这部分内容会在本书后续的章节中详细介绍。

1.2.4   "好的"测试用例的设计方法

掌握了最基本的 3 种设计测试用例的方法，就相当于拿到了打仗所需要的枪支和弹药，接下来要做的就是在实战中用这些武器打个大胜仗了。

在真实的工程实践中，不同的软件项目在研发生命周期的各个阶段都会有不同的测试类型。比如，传统软件的开发阶段通常会有单元测试，软件模块集成阶段会有代码级集成测试，打包部署后会有面向终端用户的 GUI 测试。再比如，电商网站的测试会分为服务器端基于 API 的测试、中间件测试、前端 GUI 测试等。

对于每一种不同的测试类型，设计出"好的"测试用例的方法可能会有很大的差异，有些可能采用黑盒方法，有些可能采用白盒方法，有些还会采用灰盒方法（例如，微服务架构中的测试），所以很难有一套放之四海而皆准的"套路"。这里仅以最常见、最容易理解的面向终端用户的 GUI 测试为例，讲解如何才能设计一个"好的"测试用例。

在面向终端用户的 GUI 测试中，最核心的测试点就是验证软件对用户需求的满足程度，这就要求测试工程师对被测软件的需求有深入的理解。在我看来，深入理解被测软件用户需求的最好方法是，测试工程师在软件需求分析和设计阶段就开始介入，因为这个阶段是理解和掌握软件的原始业务用户需求的最好时机。只有真正理解了原始业务需求，才有可能从业务需求的角度去设计针对性明确、从终端用户使用场景考虑的端到端的测试用例集。在这个阶段，测试用例设计的主要目的是验证各个业务需求是否满足，主要采用黑盒的测试方法。

在设计具体的测试用例时，首先需要搞清楚每一个业务需求所对应的多个软件功能点，然后分析出每个软件功能点对应的多个测试需求点，最后针对每个测试需求点设计测试用例。

你可能觉得这个测试用例设计过程有点绕，为了说明这个设计过程，这里还以"用户登录"功能的测试用例设计为例，画一张图（见图 1-1）来帮你理清这些概念之间的映射关系。

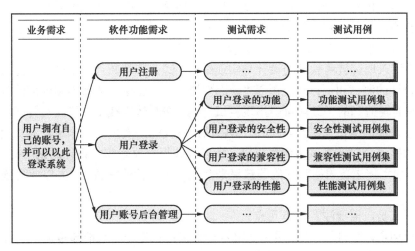

图 1-1　概念之间的映射关系

图 1-1 中的业务需求到软件功能需求、软件功能需求到测试需求，以及测试需求到测试用例的映射关系，在非互联网软件企业的实践中，通常会使用需求追踪管理工具（如 ALM、Doors、JIRA、Test Link 等）来管理，并以此来衡量测试用例对业务需求、软件功能需求的覆盖率。

具体到测试用例本身的设计，有两个关键点需要特别注意。

（1）从软件功能需求出发，全面地、无遗漏地识别出测试需求是至关重要的，这将直接关系到测试用例的测试覆盖率。比如，如果没有识别出用户登录功能的安全性测试需求，那么后续设计的测试用例就完全不会涉及安全性，最终造成重要测试遗漏。

（2）对于识别出的每个测试需求点，需要综合运用等价类划分方法、边界值分析方法和错误推测方法来全面地设计测试用例。这里需要注意的是，要综合运用这 3 种方法，并针对每个测试需求点的具体情况，进行灵活选择。以"用户登录"的功能性测试需求为例，首先应该对"用户名"和"密码"这两个输入项分别进行等价类划分，列出对应的有效等价类和无效等价类。对于无效等价类的识别，可以采用错误猜测法（比如，用户名包含特殊字符等）。然后基于两者可能的组合，设计出第一批测试用例。等价类划分完后，需要补充"用户名"和"密码"这两个输入项的边界值的测试用例，比如，用户名为空（NULL）、用户名长度刚刚大于允许长度、用户名包含非英文字符串等。

1.2.5 测试用例设计的其他经验

本节给出 3 个独创的测试用例设计"秘诀"，以帮读者设计出"好的"测试用例集。

（1）只有深入理解被测试软件的架构，才能设计出有的放矢的测试用例集，去发现系统边界以及系统集成上的潜在缺陷。作为测试工程师，切忌把整个被测系统看作一个大黑盒，必须对内部的架构有清楚的认识，比如，数据库连接方式、数据库的读写分离、消息中间件 Kafka 的配置、缓存系统的层级分布、第三方系统的集成等。

（2）必须深入理解被测软件的设计与实现细节，深入理解软件内部的处理逻辑。单单根据测试需求点设计的测试用例，只能覆盖"表面"的一层，往往会覆盖不到内部的处理流程、分支处理，而没有覆盖到的部分就可能出现测试遗漏。在具体实践中，测试人员可以通过代码覆盖率指标找出可能的测试遗漏点。同时，切忌以开发代码的实现为依据设计测试用例。因为开发代码实现的错误会导致测试用例也出错，所以应该根据原始需求设计测试用例。

（3）需要引入需求覆盖率和代码覆盖率来衡量测试执行的完备性，并以此为依据来找出遗漏的测试点。

作为测试人员，需要注意以下几点。

（1）需要明白，"好的"测试用例一定是一个完备的集合，它能够覆盖所有等价类以及各种边界值，而能否发现软件缺陷并不是衡量测试用例好坏的标准。

（2）设计测试用例的方法有很多种，但综合运用等价类划分方法、边界值分析方法和错误推测方法，可以满足绝大多数软件测试用例设计的需求。

（3）在设计时，"好的"测试用例需要从软件功能需求出发，全面地、无遗漏地识别出测试需求。

（4）如果想设计一个"好的"测试用例，必须要深入理解被测软件的架构设计，深入理解软件内部的处理逻辑。

1.3 单元测试的基础知识

本节讲解的主题是单元测试。如果你没有开发背景，感觉本节的内容理解起来有些难度，学完本书第 6 章的内容后再回过头来读这一节，这样会有更好的收获。

1.3.1 单元测试的定义

在正式开始本节的话题之前，我先分享一个工厂生产电视机的例子。

工厂首先会将各种电子元器件按照图纸组装在一起，构成各个功能电路板，如供电板、音视频解码板、射频接收板等，然后再将这些电路板组装起来构成一台完整的电视机。如果一切顺利，接通电源后，就可以开始观看电视节目了。然而，如果组装的电视机根本无法开机，就需要把电视机拆开，然后逐个模块排查问题。假设发现供电板的供电电压不足，那就要继续逐级排查组成供电板的各个电子元器件，最终你可能发现罪魁祸首是一个电容。这时，为了定位到这个问题，你已经花费了大量的时间和精力。

在后续的生产中，如何才能避免类似的问题呢？为什么不在组装前，就测试每个要用到的电子元器件呢？这样就可以先排除有问题的元器件，最大限度地防止组装完成后电视机无法开机的事情发生。实践也证明，这的确是一个行之有效的好办法。

如果把电视机的生产和测试与软件的开发和测试进行类比，就可以发现：

- 电子元器件就像是软件中的单元，通常是函数或者类，对单个元器件的测试就像是软件测试中的单元测试；
- 组装完成的功能电路板就像是软件中的模块，对电路板的测试就像是软件中的集成测试；
- 全部组装完成的电视机就像是预发布版本的软件，电视机全部组装完成后的开机测试就像是软件中的系统测试。

通过这个类比，相信你已经体会到了单元测试对于保障软件整体质量的重要性，那么单元测试到底是什么呢？单元测试是指，对软件中的最小可测试单元在与程序其他部分相隔离的情况下进行检查和验证的工作，这里的最小可测试单元通常是指函数或者类。

单元测试属于最严格的软件测试手段，是最接近代码底层实现的验证手段，可以在软件开发的早期以最小的成本保证局部代码的质量。另外，单元测试都以自动化的方式执行，所以在大量回归测试的场景下执行单元测试，更能提高测试效率。

同时，你还会发现，单元测试的实施过程可以帮助开发工程师改善代码的设计与实现。另外，在单元测试代码里提供了函数的使用示例。因为单元测试的具体实现形式就是对函数以各种不同输入参数的组合进行调用，这些调用方法构成了函数的使用说明。

1.3.2 单元测试的最佳实践

要做好单元测试，首先必须弄清楚单元测试的对象是代码，以及代码的基本特征和产生错误的原因，然后必须掌握单元测试的基本方法和主要技术手段，比如，什么是驱动代码、桩代码和 Mock 代码等。

1. 代码的基本特征

开发语言多种多样，程序实现的功能更是千变万化，你可以提炼出代码的基本特征，并总结出形成代码缺陷的主要原因吗？答案是肯定的。当你静下心来思考时，会发现其中是有规律可循的。

因为无论是开发语言还是脚本语言，都会有条件分支、循环处理和函数调用等最基本的逻辑控制，如果抛开代码需要实现的具体业务逻辑，仅看代码结构，你会发现所有的代码都在对数据进行分类处理，每一次条件判定都是一次分类处理，嵌套的条件判定或者循环也在做分类处理。

2. 代码产生错误的原因

如果有任何一个代码分类遗漏，就会产生缺陷；如果有任何一个代码分类错误，也会产生缺陷；如果代码分类正确也没有遗漏，但是代码分类时的处理逻辑错误，也同样会产生缺陷。

要确保代码的逻辑功能正确，必须做到代码分类正确并且无遗漏，同时每个代码分类的处理逻辑必须正确。

在具体的工程实践中，开发工程师为了设计并实现逻辑功能正确的代码，通常会有如下的考虑过程。

（1）如果要实现正确的逻辑功能，会有哪几种正常的输入？

（2）是否有需要特殊处理的多种边界输入？

（3）各种非法输入的可能性有多大？如何处理？

讲到这里，你可能回想起在本书前面提到的"等价类"。没错，这些开发工程师眼中的代码"功能点"，就是单元测试的"等价类"。

1.3.3 单元测试用例详解

在实际工作中，要做好单元测试，就必须对单元测试的用例设计有深入的理解。

通常来讲，单元测试的用例是一个"输入数据"和"预计输出"的集合。测试人员需要针对确定的输入，根据逻辑功能推算出预期正确的输出，并且以执行被测试代码的方式进行验证，用一句话概括就是"在明确了代码需要实现的逻辑功能的基础上，针对什么输入，应该产生什么输出"。

但是，对于单元测试来讲，测试用例的"输入数据"和"预计输出"可能远比想象的要复杂得多。

首先，解释一下单元测试用例"输入数据"都有哪些种类，如果你想当然地认为只有被测试函数的输入参数是"输入数据"，那就大错特错了。这里总结了几种"输入数据"，希望可以帮助你理解什么才是完整的单元测试"输入数据"：

- 被测函数的输入参数；
- 被测函数内部需要读取的全局静态变量；
- 被测函数内部需要读取的成员变量；
- 在函数内部调用子函数获得的数据；
- 在函数内部调用子函数改写的数据；
- 嵌入式系统中，在中断调用时改写的数据；
- ……

然后，让我们再来看看"预计输出"。如果没有明确的预计输出，那么测试本身就失去了意义。同样地,"预计输出"绝对不是只有函数返回值这么简单,它还应该包括函数执行完之后所改写的所有数据等。具体来看有以下几大类:

- 被测函数的返回值;
- 被测函数的输出参数;
- 被测函数所改写的成员变量;
- 被测函数所改写的全局变量;
- 被测函数中进行的文件更新;
- 被测函数中进行的数据库更新;
- 被测函数中进行的消息队列更新;
- 被测试函数中调用的其他函数;

······

另外,对于预计输出,必须严格根据代码的逻辑功能来设定,而不能通过阅读代码来推算预期输出,否则就是"掩耳盗铃"了。后一种情况在测试中经常出现,主要原因是,开发工程师测试自己写的代码时会有严重的惯性思维,常会根据自己的代码来推算预计输出。

最后,还要再提一点,如果开发工程师在开发的时候没有考虑到某些等价类或者边界值,测试的时候就更不会设计对应的测试用例了,这样会造成测试盲区。

1. 驱动代码、桩代码和 Mock 代码

驱动代码、桩代码和 Mock 代码,是单元测试中最常出现的 3 个名词。驱动代码是用来调用被测函数的,而桩代码和 Mock 代码是用来代替被测函数调用真实代码的。图 1-2 展示了驱动代码、桩代码、Mock 代码以及被测函数之间的逻辑关系。

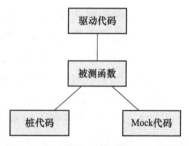

图 1-2 驱动代码、桩代码和 Mock 代码三者的逻辑关系

驱动代码指调用被测函数的代码。在单元测试过程中,驱动模块通常包括调用被测函数前的数据准备、调用被测函数以及验证相关结果 3 个步骤。驱动代码的结构,通常由单元测试的框架决定。

桩代码是用来代替真实代码的临时代码。比如,某个函数 A 的内部实现中调用了一个尚未实现的函数 B,为了对函数 A 的逻辑进行测试,就需要模拟一个函数 B,这个模拟的函数 B 的实现就是所谓的桩代码。

为了帮助读者理解,下面看一个例子。假定函数 A 是被测函数,其内部调用了函数 B(具体伪代码如图 1-3 所示)。

在单元测试阶段,由于函数 B 尚未实现,但是为了不影响对函数 A 自身实现逻辑的测试,可以用一个假的函数 B 来代替真实的函数 B,这个假的函数 B 就是桩函数。

为了实现函数 A 的全路径覆盖,需要控制不同的测试用例中函数 B 的返回值。桩函数 B 的伪代码如图 1-4 所示。当执行第一个测试用例的时候,桩函数 B 应该返回 true,而当执行第

二个测试用例的时候，桩函数 B 应该返回 false，这样就覆盖了被测函数 A 的两个分支。

```
void funA()
{
    boolean funB_returnValue;
    funB_returnValue = funB();

    if ( true == funB_returnValu )
        { do Operation 1; }
    else if ( false == funB_returnValue )
        { do Operation 2; }
}
```

```
void funB()
{
    if (testcaseID == 'TC00001')
    {
        return true;
    }
    else if (testcaseID == 'TC00002')
    {
        return false;
    }
}
```

图 1-3   在被测函数 A 内部调用了函数 B   图 1-4   桩函数 B 的伪代码

从这个例子可以看出，桩代码的应用首先起到了隔离和补充的作用，使被测代码能够独立编译、链接，并独立运行。同时，桩代码还具有控制被测函数执行路径的作用。

2. 桩代码的编写

接下来，我们再看看编写桩代码通常需要遵守的原则。

- 桩函数要具有与原函数完全相同的原型，仅仅内部实现不同，这样测试代码才能正确链接到桩函数。
- 用于实现隔离和补充的桩函数比较简单，只须保持原函数的声明，并加一个空的实现即可，目的是通过编译和链接。
- 实现控制功能的桩函数是应用最广泛的，要根据测试用例的需要，输出合适的数据作为被测函数的内部输入。

3. Mock 代码和桩代码的异同

Mock 代码和桩代码非常类似，都是用来代替真实代码的临时代码，起到隔离和补充的作用。但是很多人，甚至是具有多年单元测试经验的开发工程师，也很难说清二者的区别。在我看来，Mock 代码和桩代码的本质区别是在测试结果的验证上。

对于 Mock 代码来说，我们的关注点是 Mock 方法有没有调用，以什么样的参数调用，调用的次数，以及多个 Mock 函数的先后调用顺序。所以，在使用 Mock 代码的测试中，对结果的验证（也就是断言），通常出现在 Mock 函数中。

对于桩代码来说，我们的关注点是利用桩来控制被测函数的执行路径，不会关注桩是否调用以及怎样调用。所以，在使用桩的测试中，对结果的验证，通常出现在驱动代码中。

因为从实际应用的角度看，就算你不能分清 Mock 代码和桩代码，也不会影响你做好单元测试，所以我并没有从理论层面去深入比较它们的区别。在这里，只展示两者的本质区别，如果你想深入比较两者，可以参考马丁·福勒（Martin Fowler）的著名文章"Mocks Aren't Stubs"。

1.3.4   单元测试在实际项目中的最佳实践

本节讲解在实际软件项目中如何开展单元测试。这里归纳了以下 3 点。

（1）并不是所有的代码都要进行单元测试，通常只在底层模块或者核心模块的测试中采用单元测试。

（2）需要确定单元测试框架的选型，这和开发语言直接相关。比如，Java 最常用的单元测试框架是 JUnit 和 TestNG，C/C++最常用的单元测试框架是 CppTest 和 Parasoft C/C++ test。

（3）框架选型完成后，还需要对桩代码框架和 Mock 代码框架进行选型。选型的主要依据是开发所采用的具体技术栈。通常，单元测试框架、桩代码/Mock 代码的选型工作由开发架构师和测试架构师共同完成。

（4）为了能够衡量单元测试的代码覆盖率，通常还需要引入计算代码覆盖率的工具。不同的语言会有不同的代码覆盖率统计工具，如 Java 的 JaCoCo、JavaScript 的 Istanbul。

（5）需要对单元测试的执行、代码覆盖率的统计和持续集成的流水线进行集成，以确保每次提交代码，都会自动触发单元测试，并在单元测试的执行过程中自动统计代码覆盖率，最后以"单元测试通过率"和"代码覆盖率"为标准来决定本次提交的代码是否能够被接受。

如果你有开发背景，那么单元测试入门是比较容易的。但真正在项目中全面进行单元测试时，你会发现还有一些困难。

- 紧密耦合的代码难以隔离。
- 隔离后编译、链接、运行困难。
- 代码本身的可测试性较差，通常代码的可测试性和代码规模成正比。
- 无法通过桩代码直接模拟系统底层函数的调用。
- 代码覆盖率越往后越难提高。

1.4 自动化测试的原始驱动力和使用场景

上一节介绍了什么是单元测试，以及如何做好单元测试，现在我们讲解什么是自动化测试，为什么要做自动化测试，以及什么样的项目适合使用自动化测试。

1.4.1 自动化测试的基本概念

不管你是刚入行的新手，还是已经在做软件测试的从业人员，相信你一定听说过或者接触过自动化测试。那么，自动化测试到底是什么呢？

顾名思义，自动化测试是把人对软件的测试行为转化为由机器执行测试行为的一种实践。对于最常用的 GUI 自动化测试来讲，就是用自动化测试工具模拟之前在软件界面上的各种人工操作，并且自动验证其结果是否符合预期。

这种测试似乎开启了用机器代替重复手工劳动的自动化时代，测试人员可以从简单重复的劳动中解放出来了。但现实情况呢？

自动化测试的本质是先编写一段代码，然后测试另一段代码，所以实现自动化测试用例本身属于开发工作，需要投入大量的时间和精力，并且已经完成的测试用例还必须随着被测对象的改变而不断更新，还需要为此付出维护测试用例的成本。

当你发现自动化测试用例的维护成本高于其节省的测试成本时，自动化测试就失去了价值与意义，就需要在是否使用自动化测试上权衡取舍了。

1.4.2　自动化测试的优势与劣势

为了更好地理解自动化测试的价值，即为什么需要自动化测试，先介绍一下自动化测试通常有哪些优势。

（1）自动化测试可以替代大量的手工机械重复性操作，测试工程师可以把更多的时间花在更全面的用例设计和新功能的测试上。

（2）自动化测试可以大幅提升回归测试的效率，非常适合敏捷开发过程。

（3）自动化测试可以更好地利用无人值守时间，更频繁地执行测试，特别适合非工作时间执行测试、工作时间分析失败用例的工作模式。

（4）自动化测试可以高效实现某些手工测试无法完成或者代价巨大的测试，比如，关键业务 7×24 小时持续运行的系统稳定性测试和高并发场景下的压力测试等。

（5）自动化测试还可以保证每次测试执行的操作以及验证的一致性和可重复性，避免人为的遗漏或疏忽。

而为了避免对自动化测试的过度依赖，你还需要了解自动化测试有哪些劣势，这有助于绕过实际工作中的"坑"。

（1）自动化测试并不能取代手工测试，它只能替代手工测试中执行频率高、机械化的重复步骤。千万不要奢望所有的测试都自动化，否则一定会得不偿失。

（2）自动测试远比手工测试脆弱，自动化测试无法应对被测系统的变化，业界一直有句玩笑话"开发人员手一抖，自动化测试忙一宿"，这也从侧面反映了自动化测试用例的维护成本一直居高不下的事实。其根本原因在于自动化测试本身不具有任何"智能"，只是按部就班地执行事先定义好的测试步骤并验证测试结果。对于执行过程中出现的明显错误和意外事件，自动化测试没有任何处理能力。

（3）自动化测试用例的开发工作量远大于单次的手工测试，所以只有当开发完成的测试用例的有效执行次数大于或等于 5 时，才能收回自动化测试的成本。

（4）手工测试发现的缺陷数量通常比自动化测试要更多，并且自动化测试仅能发现回归测试范围的缺陷。

（5）自动化测试的效率很大程度上依赖于自动化测试用例的设计以及实现质量，不稳定的自动化测试用例的实现比没有用自动化测试的更糟糕。

（6）实行自动化测试的初期，用例开发效率通常都很低，通常在整个自动化测试体系成熟且测试工程师全面掌握测试工具后，大量初期开发的测试用例都需要重构。

（7）业务测试专家和自动化测试专家通常是两批人，前者懂业务不懂自动化测试技术，后者懂自动化测试技术但不懂业务，只有二者紧密合作，才能高效开展自动化测试。

（8）自动化测试开发人员必须具备一定的编程能力，这对传统的手工测试工程师是一个挑战。

1.4.3　自动化测试的使用场景

看到这里，你心里可能会想："有没有搞错啊？自动化测试的劣势居然比优势还多。"那为什么还有那么多的企业级项目在实行自动化测试呢？接下来要讲的内容就是，到底什么样的场景适合使用自动化测试？

第一，需求稳定、不会频繁变更的场景。

自动化测试最怕的就是需求不稳定，过高的需求变更频率会导致自动化测试用例的维护成本直线上升。刚刚开发完并调试通过的测试用例可能因为界面变化，或者业务流程变化，不得不重新开发和调试。所以，自动化测试更适用于需求相对稳定的软件项目。

第二，研发和维护周期长，需要频繁执行回归测试的场景。

（1）软件产品比软件项目更适合做自动化测试。

首先，软件产品的生命周期一般都比较长，通常会有多个版本陆续发布，每次发布版本都会有大量的回归测试需求。同时，软件产品预留给自动化测试开发的时间也比较充裕，可以和产品一起迭代。其次，自动化测试用例的执行比高于 1∶5，即开发完的用例至少可以有效执行 5 次以上时，自动化测试的优势才可以更好地体现。

（2）对于软件项目的自动化测试，要看项目的具体情况。

如果是短期的一次性开发项目，就算从技术上讲用自动化测试的可行性很高，但从投入产出比的角度看也不适合实施自动化测试，因为千辛万苦开发完成的自动化测试用例可能执行一两次之后项目就结束了。我还遇到过更夸张的情况，自动化测试用例还没开发完，项目都已经要上线了。所以，对于短期的一次性项目，应该选择手工探索式测试，以发现缺陷为第一要务。而对于一些中期项目，建议对比较稳定的软件功能进行自动化测试，对变动较大或者需求暂时不明确的功能进行手工测试，最终目标是用 20%的精力去覆盖 80%的回归测试。

第三，需要在多种平台上重复运行相同测试的场景。

这样的场景其实有很多，比如：

- 对于 GUI 测试，同样的测试用例需要在多种不同的浏览器上执行；
- 对于移动端应用测试，同样的测试用例需要在多个不同的 Android 或者 iOS 版本上执行，或者同样的测试需要在大量不同的移动终端上执行；
- 对于一些企业级软件，如果对不同的客户有不同的定制版本，各个定制版本的主体功能绝大多数是一致的，可能只有个别功能有轻微差别，测试也需要覆盖每个定制版本的所有功能。

这些都是自动化测试的应用场景，因为单个测试用例都需要反复执行多次，从而使自动化测试的投入产出比最大化。

第四，通过手工测试无法实现或者手工测试成本太高的测试项目。

比如，某一个项目要求进行1万名并发用户的基准性能测试，难道真的要找1万名用户按照口令来操作被测软件吗？又比如，对于7×24小时的稳定性测试，难道要找一批用户没日没夜地操作被测软件吗？这时候，就必须借助自动化测试技术，用机器来模拟大量用户反复操作被测软件的场景。当然，对于此类测试是不可能通过GUI操作来模拟大量用户行为的，必须基于协议的自动化测试技术。

第五，被测软件的开发较为规范并且能够保证系统可测试性的场景。

从技术上讲，如果要实现稳定的自动化测试，被测软件的开发过程就必须规范。比如，GUI上的控件命名如果没有任何规则可循，就会造成GUI自动化的控件识别与定位不稳定，从而影响自动化测试的效率。另外，某些测试用例的自动化测试要求开发人员必须在产品中预留可测试性接口，否则后续的自动化测试会很难开展。比如，有些用户登录操作，需要图片验证码，如果开发人员没有为测试提供绕开图片验证码的方法，那么自动化测试就必须借助光学字符识别（Optical Character Recognition，OCR）技术来对图片验证码进行模式识别。而OCR的设计初衷是为了防止机器人操作，可想而知OCR的识别率会很低，并且会直接影响测试用例的稳定性。

第六，测试人员已经具备一定编程能力的场景。

如果测试团队的成员没有任何编程的基础，要推行自动化测试就会有比较大的阻力。这个阻力会来自两个方面。

- 前期的学习成本通常会比较大，很难在短期内对实际项目产生实质性的帮助，此时如果管理层对自动化测试没有正确的预期，很可能会叫停自动化测试。
- 测试工程师通常会非常热衷于学习使用自动化测试技术，以至于他们的工作重点会发生错误的偏移，把大量的精力放在自动化测试技术的学习与实践上，而忽略了测试用例的设计，这将直接降低软件整体的质量。

自动化测试是一把"双刃剑"，虽然它可以从一定程度上解放测试工程师的劳动力，完成一些人工无法实现的测试，但它并不适用于所有的测试场景。如果维护自动化测试的代价高于节省的测试成本，那么在这样的项目中推进自动化测试就会得不偿失。

1.5 软件开发各阶段的自动化测试技术

前面几节介绍了为什么要做自动化测试，以及什么样的项目适合做自动化测试，下面讲一下软件开发生命周期的各个阶段都有哪些类型的自动化测试技术。

在自动化测试方面，你可能最熟悉的就是GUI自动化测试了。比如，早期的C/S架构通常就使用自动化测试脚本打开被测应用，然后在界面上以自动化的方式执行一系列的操作。再比如，现今的 Web 站点测试也使用自动化测试脚本打开浏览器，然后输入要访问的网址，之后用自动化脚本识别、定位页面元素，并进行相应的操作。因此，说到自动化测试，读者的第一反应很可能就是 GUI 自动化测试。然而，在软件研发生命周期的各个阶段都有自动化测试技术的存在，并且对提升测试效率有着至关重要的作用。

本节将会以不同的软件开发阶段涉及的自动化测试技术为主线，介绍单元测试、代码级集成测试、Web Service 测试和 GUI 测试阶段的自动化测试技术，揭示"自动化测试"的内涵以及外延。

1.5.1 单元测试的自动化技术

首先，读者可能认为单元测试本身就是自动化测试，因为它根据软件的详细设计采用等价类划分方法和边界值分析方法设计测试用例，在测试代码实现后再以自动化测试的方式统一执行。这个观点非常正确，但这仅仅是一部分解释，并没有完整地描述单元测试"自动化"的内涵。从广义上讲，单元测试阶段的"自动化"内涵不仅指测试用例执行的自动化，还包含以下6 个方面：

- 测试用例框架代码的自动生成；
- 部分测试输入数据的自动生成；
- 桩代码的自动生成；
- 被测代码的自动静态分析；
- 测试覆盖率的自动统计与分析；
- 单元测试用例的自动执行。

你可能感觉这些内容有些陌生，不过没关系，本节详细地讲解每一条的具体含义。

1. 测试用例框架代码的自动生成

有些框架代码应该由自动化工具生成，而不是由开发者手工完成。这样一来，单元测试开发者可以把更多的精力放在测试逻辑的覆盖和测试数据的选择上，从而大幅提高单元测试用例的质量和开发效率。图 1-5 展示的就是基于 TestNG 的单元测试代码，理想情况下，这类框架性的代码应该由自动化工具来协助生成。

2. 部分测试输入数据的自动生成

这是指，自动化工具能够根据不同变量类型自动生成测试输入数据。自动化工具本身不可能明白代码逻辑，读者可能很难理解它如何根据需要测试的代码逻辑生成合适的输入数据并去判断预计的测试结果。下面用一个例子讲解。

假设某个被测函数的原型是 void fun(int* p，short b)，那么测试数据自动生成技术就会为输入参数 int* p 自动生成"空"和"非空"的两个指针 p，然后分别执行函数 void fun(int* p，short b)，并观察函数的执行情况。如果函数内部没有对空指针进行特殊处理，那么函数 fun 的调用必定会抛出异常，从而发现函数的设计缺陷。同样地，对于输入参数 short b 会自动生成超出 short 范围的 b，测试函数 fun 的行为。

```java
import org.testng.Assert;
import org.testng.annotations.DataProvider;
import org.testng.annotations.Test;

public class TestNGExample {

    @DataProvider(name = "addMethodDataProvider")
    public Object[][] dataProvider() {
        return new Object[][] { { 0, 0, 0 }, { 0, 0, 0 }, { 0, 0, 0 } };
    }

    @Test(dataProvider = "addMethodDataProvider")
    public void testAddMethod(int a, int b, int result) {
        Calculator calculator = new Calculator();
        Assert.assertEquals(calculator.add(a, b), result);
    }

}
```

图 1-5　基于 TestNG 的单元测试代码

3. 桩代码的自动生成

简单地说，桩代码是用来代替真实代码的临时代码。比如，某个函数 A 的内部实现中调用了一个尚未实现的函数 B，为了对函数 A 的逻辑进行测试，就需要模拟一个函数 B，这个模拟的函数 B 就是所谓的桩代码。

桩代码的自动生成是指自动化工具可以对被测代码进行扫描、分析，自动为被测函数内部调用的其他函数生成可编程的桩代码，并提供基于测试用例的桩代码管理机制。此时，单元测试开发者只须重点关注桩代码内的具体逻辑实现，以及桩代码的返回值。

必要的时候，自动化工具还需要实现 "抽桩"，以适应后续的代码级集成测试的需求。那什么是"抽桩"呢？其实也很简单，在单元测试阶段，假如函数 A 内部调用的函数 B 是桩代码，那么在代码级集成测试阶段，我们希望函数 A 不再调用假的函数 B，而是调用真实的函数 B，这个用真实函数 B 代替原桩代码函数 B 的操作，就称为"抽桩"。

4. 被测代码的自动静态分析

静态分析主要指代码的静态扫描，目的是识别出违反编码规则或编码风格的代码行。通常这部分工作是结合项目具体的编码规则和编码风格，由自动化工具通过内建规则和用户自定义规则自动化完成的。目前比较常用的代码静态分析工具有 Sonar 和 Coverity 等。

从严格意义上讲，静态分析不属于单元测试的范畴，但这部分工作一般是在单元测试阶段通过自动化工具完成的，所以也把它归入到了单元测试自动化的范畴。

5. 测试覆盖率的自动统计与分析

单元测试用例执行结束后，自动化工具可以自动统计各种测试覆盖率，包括代码行覆盖率、分支覆盖率等。这些自动统计的指标，可以帮你衡量单元测试用例集合的充分性和完备性。

6. 单元测试用例的自动执行

单元测试用例的自动执行是指，在每次提交代码后都会由 CI/CD 流水线脚本自动触发单元测试的执行。从严格意义上来讲，这也不属于测试的范畴，而是属于 CI/CD 流水线，但是因为这种方式目前被广泛使用，所以也在这里特别提一下。

1.5.2 代码级集成测试的自动化技术

通俗地讲，代码级集成测试是指将已经开发完的软件模块放在一起测试。

从测试用例设计和测试代码结构来看，代码级集成测试和单元测试非常相似，它们都是对被测函数以不同的输入参数组合进行调用并验证结果，只不过代码级集成测试的关注点，更多的是软件模块之间的接口调用和数据传递。

代码级集成测试与单元测试最大的区别只是，代码级集成测试中被测函数内部调用的其他函数必须是真实的，不允许使用桩代码代替，而单元测试中允许使用桩代码来模拟内部调用的其他函数。

以上的这些异同点就决定了代码级集成测试"自动化"的内涵与单元测试非常相似，尤其体现在实际操作层面，比如，测试用例的设计方法、测试用例的代码结构以及数据驱动思想的应用等。但是，代码级集成测试对测试框架的要求非常高，除了可以顺利装载软件模块外，测试框架还必须装载其他相互依赖的模块，使被测软件模块可运行。

目前还没有哪个测试框架能够很普遍地应用于不同软件项目的代码级集成测试，所以，对于软件集成测试的自动化，通常的做法是借鉴单元测试框架（如 XUnit）的设计思想，自行开发适合于特定软件的测试框架。

另外，像 C++Test 这样的测试工具就可以借助"抽桩"技术来实现软件的代码级集成测试。所谓"抽桩"技术是指在单元测试用例中，我们可以通过人工把桩代码替换成真实的代码。显然，这样的技术非常适合于软件的代码级集成测试，而且大量的单元测试用例与测试数据可以和集成测试用例复用。

代码级集成测试主要应用在早期非互联网的传统软件企业。那时候的软件以"单体"应用居多，一个软件内部包含大量的功能，每一个软件的功能都是通过不同的内部模块来实现的，这些内部模块在做集成的时候，就需要做代码级集成测试。

现在的开发理念追求的是系统复杂性的解耦，尽量避免"大单体"应用，采用 Web Service 或者 RPC 调用的方式来协作实现各个软件功能。所以现在的软件企业，尤其是互联网企业，基本上不会去做代码级集成测试，在这里也就不再进一步展开讨论。

1.5.3 Web Service 测试的自动化技术

Web Service 测试，主要是指 SOAP API 和 REST API 这两类 API 测试，最典型的是采用

SoapUI 或 Postman 等类似的工具进行 API 测试。但这类测试工具的使用基本上都在界面上操作，手动发起请求并验证响应，所以难以和 CI/CD 集成，于是就出现了 API 自动化测试框架。

如果采用 API 自动化测试框架来开发测试用例，那么这些测试用例的表现形式就是代码。为了让读者更直观地理解基于代码的 API 测试用例是什么样子的，下面举一个"创建用户"API 的例子。图 1-6 展示了基于代码的 API 测试用例。

```
public void testCreateUser(data provide parameters) {
    CreateUserAPI createUserAPI = new CreateUserAPI();
    // build the request for the API
    Request req = createUserAPI.buildXXXRequest(String userId, String oldPassword);
    // call the API and get the reponse
    Response response = req.request();
    //Validate repsonse
    assert(response.statusCode == 200);
}

public class CreateUserAPI extends RestAPI {
    public static String ENDPOINT = "https://xxx.com/user/create/v2/{%userId%}/";
    public CreateUserAPI() {
        super(Method.PUT, ENDPOINT);
    }
    public Request buildRequest(String userId, String password) {
        Request req = _buildRequest();
        req.getEndpoint().addInlineParam("userId", userId);
        req.getEndpoint().addParam("oldPassword", oldPassword);
        return req;
    }
}
```

图 1-6　基于代码的 API 测试用例

要开发基于代码的 API 测试用例，通常包含三大步骤。

（1）准备 API 调用时需要的测试数据。

（2）准备 API 的调用参数并发起 API 的调用。

（3）验证 API 调用的返回结果。

目前流行的 API 自动测试框架是 REST Assured，它可以方便地发起 Restful API 调用并验证返回结果。关于 REST Assured 的用法，建议参考其官方网站。

同样，Web Service 测试"自动化"的内涵不仅包括 API 测试用例执行的自动化，还包括以下 4 个方面。

（1）测试脚手架代码的自动生成。

（2）部分测试输入数据的自动生成。

（3）响应验证的自动化。

（4）基于 SoapUI 或者 Postman 的脚本自动生成。

接下来，解释这 4 个方面的含义。

1. 测试脚手架代码的自动生成

和单元测试阶段的用例框架代码自动生成类似，测试人员在开发 API 测试的过程中更关心的是，如何设计测试用例的输入参数及组合，以及在不同参数组合情况下响应的验证，而不希望将精力浪费在代码层面，例如，组织测试用例的方式、测试数据驱动的实现等非测试业务。这时，测试脚手架代码的自动生成技术就派上用场了。它生成的测试脚手架代码，通常包含了被测 API 的调用、测试数据与脚本的分离，以及响应验证的空实现。

2. 部分测试输入数据的自动生成

这一点和单元测试的测试输入数据的自动生成也很类似。唯一不同的是，单元测试针对的参数是函数输入参数和函数内部输入，而 API 测试对应的是 API 的参数以及 API 调用的有效负载。数据生成的原则同样遵循边界值原则。

3. 响应验证的自动化

对于 API 调用返回结果的验证，通常关注的点是返回的状态码（status code）、Scheme 结构以及具体的字段值。如果你写过这种类型的测试用例，那就会知道字段值的验证相当麻烦。只有你明确写了 assert 的字段才会被验证，但是通常你不可能针对所有的字段都写 assert，这时就需要响应验证的自动化技术了。响应验证自动化的核心思想是自动比较两次相同 API 调用的返回结果，并自动识别出有差异的字段值。比较过程中可以通过规则配置去掉诸如时间戳、会话 ID 等动态值。这部分内容也会在后续章节中详细讲解。

4. 基于 SoapUI 或者 Postman 的脚本自动生成

你在使用 SoapUI 或者 Postman 等工具进行 Web Service 测试时，已经在这些工具里面积累了很多测试用例。在引入了基于代码实现的 API 测试框架之后，就意味着需要把这些测试用例都用代码重写一遍，而额外的工作量是很多的。

其实，像 Postman 这样的工具，目前已经直接支持将 Postman 的测试用例转换成主流代码级 API 测试框架下的测试用例代码。图 1-7 和图 1-8 展示了 Postman 的界面和代码转换功能。

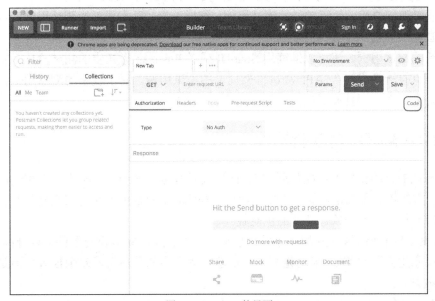

图 1-7　Postman 的界面

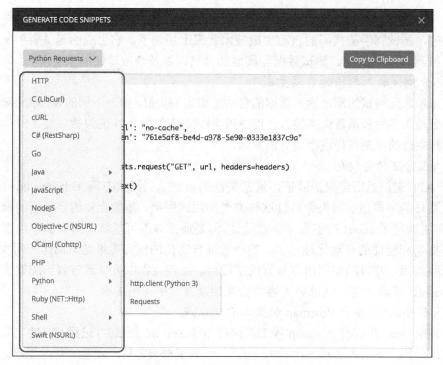

图 1-8　Postman 支持的代码转换

在不支持 API 测试代码转换的情况下，建议开发一个自动化的代码转换工具。这个工具的输入是 SoapUI 或者 Postman 的测试用例元数据（即测试用例的 JSON 元文件），输出是符合 API 测试框架规范的基于代码实现的测试用例。这样一来，原本积累的测试用例可以直接转换成在 CI/CD 上直接接入的自动化测试用例。

对于新的测试用例，还可以继续用 SoapUI 或者 Postman 做初步的测试验证。初步验证没有问题后，直接转换成符合 API 测试框架规范的测试用例。对于复杂的测试用例，也可以直接基于代码来实现，而且灵活性会更好。

1.5.4　GUI 测试的自动化技术

GUI 测试的自动化技术可能是测试人员较熟悉的，也是出现时间较长、应用较广的自动化测试技术。它的核心思想是，基于页面元素识别技术，对页面元素进行自动化操作，以模拟实际终端用户的行为并验证软件功能的正确性。

目前，GUI 自动化测试主要分为两大方向——对于传统 Web 浏览器的 GUI 自动化测试和对于移动端原生应用的 GUI 自动化测试。虽然二者采用的具体技术差别很大，但是测试用例设计的思路类似。

- 对于传统 Web 浏览器的 GUI 自动化测试，业内主流的开源方案采用 Selenium，商业方案采用 Micro Focus 的 UFT（前身是 HP 的 QTP）。

● 对于移动端原生应用的 GUI 自动化测试，通常采用主流的 Appium，它对 iOS 环境集成了 XCUITest，对 Android 环境集成了 UIAutomator 和 Espresso。

其他一些技术可以用来自动化生成 GUI 测试用例的，常见的有基于 BDD 自动生成 GUI 测试用例、基于 GUI 页面自动生成页面对象的定义、基于模型生成 GUI 自动化测试用例等，这些技术都属于"自动化"的范畴，并且应用在一些 GUI 自动化测试成熟度较高的企业。

1.6 测试覆盖率

上一节，介绍了软件测试各个阶段的自动化技术。本节详细讲解测试覆盖率这个主题。

测试覆盖率通常用来衡量测试的充分性和完整性。从广义的角度来讲，测试覆盖率主要分为两大类：一类是面向项目的需求覆盖率，另一类是更偏向技术的代码覆盖率。

1.6.1 需求覆盖率

需求覆盖率是指测试对需求的覆盖程度。通常的做法是为每一条分解后的软件需求和对应的测试用例建立一对多的映射关系，最终目标是保证测试可以覆盖每个需求，从而保证软件产品的质量。通常采用 ALM、Doors 和 Test Link 等需求管理工具来建立需求和测试的对应关系，并以此计算测试覆盖率。

需求覆盖率统计方法属于比较重量级的方法体系，属于传统瀑布模型下的软件工程实践。传统瀑布模型追求自上而下地制订计划、分析需求、设计软件、编写代码、测试和运维等，在流程上是重量级的，已经很难适应当今互联网时代下的敏捷开发实践。所以，互联网测试项目中很少直接基于需求来衡量测试覆盖率，而是将软件需求转换成测试需求，然后基于测试需求来设计测试点。因此，互联网企业中涉及的测试覆盖率，通常默认指代码覆盖率，而不是需求覆盖率。目前只有少量沿用瀑布开发模型的传统型软件企业还在继续使用需求覆盖率来衡量测试的完备性。

1.6.2 代码覆盖率

简单来说，代码覆盖率是指，至少执行了一次的条目数占整个条目数的百分比。如果"条目数"是语句，对应的就是行覆盖率；如果"条目数"是函数，对应的就是函数覆盖率；如果"条目数"是路径，那么对应的就是路径覆盖率。

这里简单介绍一下最常用的几种代码覆盖率指标。

● 行覆盖率（Statement Coverage）又称为语句覆盖率，指已经执行的语句占全部可执行语句（不包含类似 C++ 的头文件声明、代码注释、空行等）的百分比。这是最常用也是要求最低的覆盖率指标。实际项目中通常会结合判定覆盖率或者条件覆盖率一起使用。

- 函数覆盖率（Function Coverage）又称为方法覆盖率，指的是执行到的函数占总函数数量的百分比。
- 判定覆盖率（Decision Coverage）又称分支覆盖率，用于度量程序中每一个判断的分支是否都被测试到了，即代码中每个判断的取真分支和取假分支是否均覆盖至少一次。比如，对于 if(a>0 && b>0)，就要求覆盖 "a>0 && b>0" 为 ture 和 false 各一次。
- 条件覆盖率（Condition Coverage）是指判断的每个条件的可能取值至少满足一次，用于度量判断的每个条件的结果（true 和 false）是否都测试到了。比如，对于 if(a>0 && b>0)，就要求 "a>0" 取 true 和 false 各一次，同时要求 "b>0" 取 true 和 false 各一次。
- 条件/判断覆盖率（Condition/Decision Coverage）是指需要同时满足判断覆盖率和条件覆盖率。
- 修改条件/判断覆盖率（Modified Condition/Decision Coverage，MC/DC）是一个要求最高的覆盖率指标。在一些与安全息息相关的应用中，一般会需要满足修改条件/判断覆盖的准则。此准则是条件/判断覆盖的延伸，而且每个条件都要可以独立影响判断结果的成立或不成立。例如以下语句。

```
if (a or b) and c then
```

以下测试可满足条件/判断覆盖率。

- ➢ a=true, b=true, c=true
- ➢ a=false, b=false, c=false

不过，若要求第一项测试中 b 的值改为 false，不影响判断结果，第二项测试中 c 的值改为 true，不影响判断结果，就需要用以下的测试来满足修改条件/判断覆盖率。

- ➢ a=false, **b=false**, **c=true**
- ➢ **a=true**, b=false, **c=true**
- ➢ **a=false**, **b=true**, c=true
- ➢ a=true, b=true, **c=false**

其中粗体的条件表示影响判断结果的条件。在影响判断结果的条件中，每个变量都出现至少二次，其中至少一次其值为 true，至少一次其值为 false。

1.6.3　代码覆盖率的价值

那么，代码覆盖率的价值体现在哪些方面呢？现在很多项目都在单元测试以及集成测试阶段统计代码覆盖率，但是统计代码覆盖率仅仅是手段，我们必须透过现象看事物的本质，才能从根本上保证软件整体的质量。

统计代码覆盖率的根本目的是找出潜在的遗漏测试用例，并针对性地进行补充，同时还可以识别出代码中那些由于需求变更等原因造成的不可用的废弃代码。

通常我们希望代码覆盖率越高越好。代码覆盖率越高，越能说明测试用例设计是充分且完备的，但你也会发现测试的成本会随着代码覆盖率的提高以接近指数级的方式迅速增加。如果想达到 70% 的代码覆盖率，你可能只需要 30min 的时间成本。但如果你想把代码覆盖率提高到 90%，那么为了这额外的 20%，可能花的时间就远不止 30min 了。更进一步，如果想达到 100% 的代码覆盖率，花费的时间成本就会更高。

那么，为什么代码覆盖率的提高，需要付出越来越大的代价呢？因为在后期需要大量的桩代码、Mock 代码和全局变量的配合来控制执行路径，所以在软件企业中只有单元测试阶段对代码覆盖率有较高的要求。因为从技术实现上讲，单元测试可以最大化地利用打桩技术来提高覆盖率。而如果你想在集成测试或者 GUI 测试阶段将代码覆盖率提高到一定的百分比，所要付出的代价将是巨大的，而且在很多情况下根本就实现不了。

1.6.4 代码覆盖率的局限性

如果你通过努力，已经把某个函数的 MC/DC（正如前面已经提到过的，MC/DC 覆盖率是最高标准的代码覆盖率指标，除了直接关系人生命安全的软件以外，很少有项目会有严格的 MC/DC 要求）提高到了 100%，软件质量是否就真的高枕无忧、万无一失了呢？

即使你所设计的测试用例已经达到 100% 的代码覆盖率，软件产品的质量也做不到万无一失。其根本原因在于代码覆盖率的计算是基于现有代码的，并不能发现那些"未考虑某些输入"以及"未处理某些情况"形成的缺陷。例如，如果一个被测函数里面只有一行代码，只要这个函数被调用过了，那么衡量这一行代码质量的所有覆盖率指标都会是 100%，但是这个函数是否真正实现了应该需要实现的功能呢？显然，代码覆盖率反映的仅仅是已有代码的哪些逻辑执行过了，哪些逻辑还没有执行过。以此为依据，你可以补充测试用例，可以测试那些还没有覆盖到的执行路径。但仅此而已，对于那些完全还没有代码实现的部分，基于代码覆盖率的统计指标就无能为力了。总体来讲，高的代码覆盖率不一定能保证软件的质量，但是低的代码覆盖率一定不能保证软件的质量。

1.6.5 关于代码覆盖率的报告

了解了代码覆盖率的概念、价值和局限性后，接下来就以代码覆盖率工具 JaCoCo 为例，解释一下关于代码覆盖率工具的报告。

当你理解了这部分内容以后，再面对各个不同开发语言的不同代码覆盖率工具时，就可以做到根据具体的项目性质，胸有成竹地选择合适的代码覆盖率工具。

现在以 JaCoCo 为例，介绍一下代码覆盖率工具生成的统计报告。JaCoCo 是一款统计 Java

代码的覆盖率工具，可以很方便地嵌入到 Ant、Maven 中，并且和很多主流的持续集成工具以及代码静态检查工具（如 Jekins 和 Sonar 等）有很好的集成。下面看一下 JaCoCo 的代码覆盖率报告的样式。

图 1-9 展示了 JaCoCo 的代码覆盖率统计报告，包括了每个 Java 代码文件的行覆盖率以及分支覆盖率统计，并给出了每个 Java 代码文件的行数、方法数和类数等具体信息。

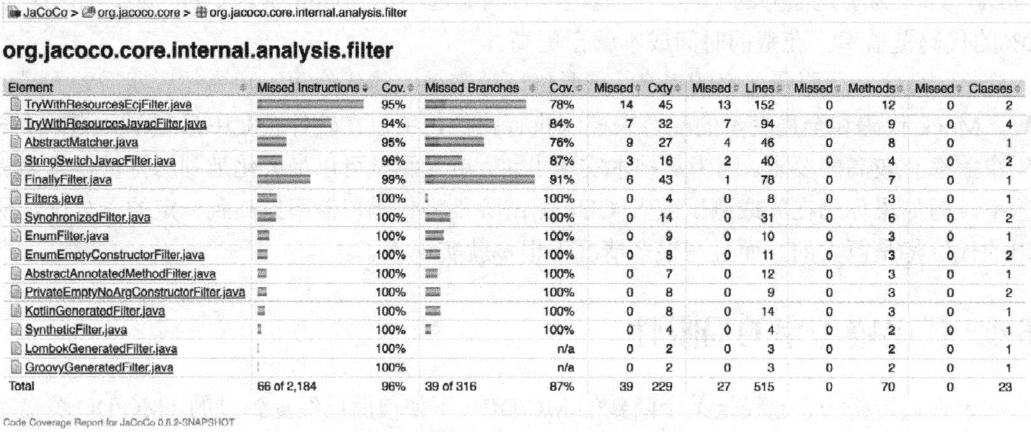
JaCoCo > org.jacoco.core > org.jacoco.core.internal.analysis.filter

org.jacoco.core.internal.analysis.filter

Element	Missed Instructions	Cov.	Missed Branches	Cov.	Missed	Cxty	Missed	Lines	Missed	Methods	Missed	Classes
TryWithResourcesEcjFilter.java		95%		78%	14	45	13	152	0	12	0	2
TryWithResourcesJavacFilter.java		94%		84%	7	32	7	94	0	9	0	4
AbstractMatcher.java		95%		76%	9	27	4	46	0	8	0	1
StringSwitchJavacFilter.java		96%		87%	3	16	2	40	0	4	0	2
FinallyFilter.java		99%		91%	6	43	1	78	0	7	0	1
Filters.java		100%		100%	0	4	0	8	0	3	0	1
SynchronizedFilter.java		100%		100%	0	14	0	31	0	6	0	2
EnumFilter.java		100%		100%	0	9	0	10	0	3	0	1
EnumEmptyConstructorFilter.java		100%		100%	0	8	0	11	0	3	0	2
AbstractAnnotatedMethodFilter.java		100%		100%	0	7	0	12	0	3	0	1
PrivateEmptyNoArgConstructorFilter.java		100%		100%	0	8	0	9	0	3	0	2
KotlinGeneratedFilter.java		100%		100%	0	8	0	14	0	3	0	1
SyntheticFilter.java		100%		100%	0	4	0	4	0	2	0	1
LombokGeneratedFilter.java		100%		n/a	0	2	0	3	0	2	0	1
GroovyGeneratedFilter.java		100%		n/a	0	2	0	3	0	2	0	1
Total	66 of 2,184	96%	39 of 316	87%	39	229	27	515	0	70	0	23

Code Coverage Report for JaCoCo 0.8.2-SNAPSHOT

图 1-9 JaCoCo 的代码覆盖率统计报告

图 1-10 展示了 Java 文件内部详细的代码覆盖率。其中绿色（实际运行后可见）的行表示已经被覆盖，红色的行表示尚未被覆盖，黄色的行表示部分覆盖。左侧绿色菱形块表示该分支已经被完全覆盖、黄色菱形块表示该分支仅被部分覆盖。

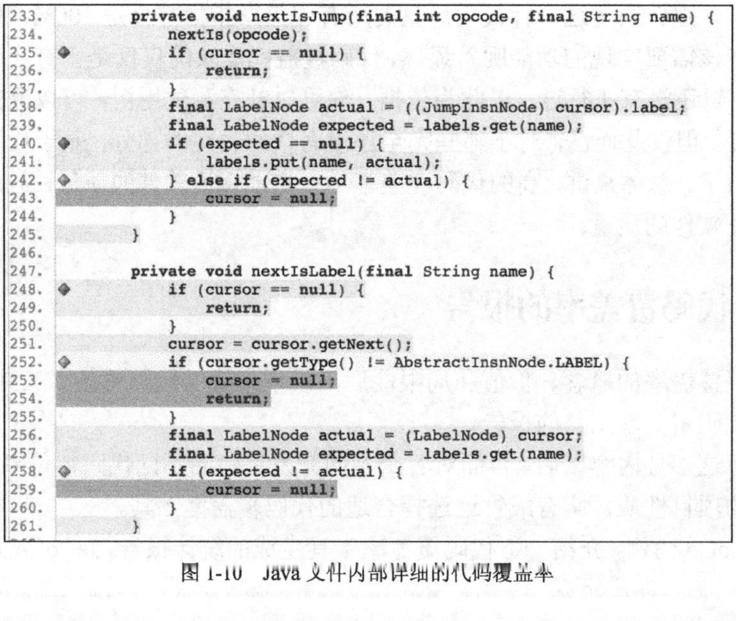

图 1-10 Java 文件内部详细的代码覆盖率

显然，通过这个详尽的报告，就可以知道代码真实的执行情况、哪些代码未被覆盖。以此为基础，再去设计测试用例就会更有针对性了。

1.6.6 代码覆盖率工具的实现技术

JaCoCo 的详细报告体现了代码覆盖率工具的强大。但你有没有仔细想过，这样的统计信息是如何获取到的呢？图 1-11 展示了代码覆盖率工具的不同实现技术。

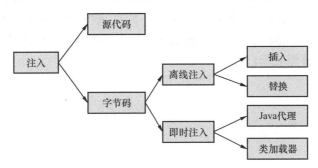

图 1-11 代码覆盖率工具的不同实现技术

实现代码覆盖率的统计，最基本的方法就是注入（Instrumentation）。简单地说，注入就是在被测代码中自动插入用于覆盖率统计的探针（Probe）代码，并保证插入的探针代码不会给原代码带来任何影响。

对于 Java 代码来讲，根据注入目标的不同，可以分为源代码（Source Code）注入和字节码（Byte Code）注入两大类。基于 JVM 本身特性以及执行效率的原因，目前主流的工具基本上都使用字节码注入，注入的具体实现采用 ASM 技术。ASM 是一个 Java 字节码操纵框架，能用来动态生成类或者增强既有类的功能，可以直接产生 Class 文件，也可以在类加载到 JVM 中之前动态改变类行为。根据注入发生的时间点，字节码注入又可以分为两大模式——即时（On-The-Fly）注入模式和离线（Offline）注入模式。

1. 即时注入模式

即时注入模式的特点在于无须修改源代码，也无须提前进行字节码插桩，适用于支持 Java 代理的运行环境。这样做的优点是，可以在系统不停机的情况下，实时收集代码覆盖率信息。缺点是运行环境必须允许使用 Java 代理。

实现即时注入模式主要有两种技术方案。

（1）开发自定义的类加载器（Class Loader），实现类装载策略，每次加载类前，需要在 Class 文件中插入探针，早期的 Emma 就是使用这种方案实现的探针插入。

（2）借助 Java 代理，利用在 main()方法之前执行的拦截器方法 premain()来插入探针，实际使用过程中需要在 JVM 的启动参数中添加 "-javaagent"，并指定用于实现字节码注入的代理程序，这样代理程序在装载每个 Class 文件前，先判断是否已经插入了探针，如果没有则需要将探针插入 Class 文件中，目前主流的 JaCoCo 就使用这种方式。

2. 离线注入模式

离线注入模式也无须修改源代码，但是需要在测试开始之前先对文件进行插桩，并提前生成插过桩的 Class 文件。它适用于不支持 Java 代理的运行环境，以及无法使用自定义类加载器的场景。这样做的优点是，JVM 启动时不再需要额外开启代理，缺点是无法实时获取代码覆盖率信息，只能在系统停机时获取。

离线模式根据生成新的 Class 文件还是直接修改原 Class 文件，又可以分为替换（Replace）和插入（Inject）两种不同模式。和即时注入模式不同，替换和插入，在测试运行前就已经通过 ASM 将探针插入了 Class 文件，而在测试的运行过程中不需要任何额外的处理。Cobertura 就是使用离线模式的典型代表。

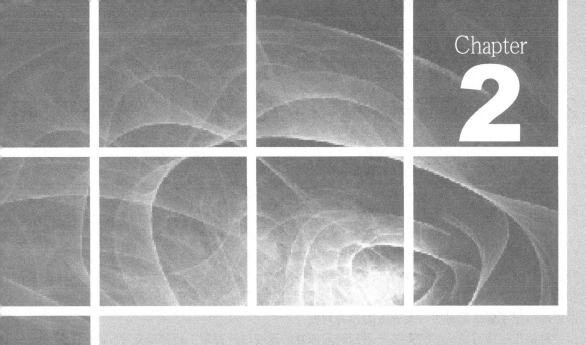

第 2 章

软件测试基础知识精要（下）

2.1 高效撰写软件缺陷报告

上一章介绍了测试覆盖率的概念，并重点介绍了代码覆盖率的应用价值以及局限性。下面介绍如何才能写出一份高效的软件缺陷报告。

测试工程师需要利用对需求的理解、高效的执行力以及严密的逻辑推理能力，迅速找出软件中潜在的缺陷，并以缺陷报告的形式递交给开发团队。

缺陷报告是测试工程师与开发工程师沟通的重要桥梁，也是测试工程师日常工作的重要"输出"。作为优秀的测试工程师，最基本的一项技能就是，准确、无歧义地表达发现的缺陷。"准确、无歧义地表达"意味着，开发工程师可以根据缺陷报告快速理解软件缺陷，并精确定位问题。同时，通过这个缺陷报告，开发经理可以准确预估缺陷修复的优先级和严重程度，产品经理可以了解缺陷对用户或业务的影响程度。

缺陷报告撰写的质量将直接关系到缺陷修复的速度以及开发工程师的效率，同时还会影响测试与开发人员协作的有效性。

那么，如何才能写出一份高质量的缺陷报告呢？或者说，一份好的缺陷报告需要包括哪些具体内容呢？

一些测试人员可能觉得这并不困难，毕竟软件企业通常都有缺陷管理系统，如典型的 ALM（以前的 Quality Center）、JIRA、Bugzilla、BugFree 和 Mantis 等。当使用这类系统提交缺陷时，会自动生成报告模板，测试人员只要按照其中的必填字段提供缺陷的详细信息就可以了。很多时候，测试人员不用想应该提供什么信息，系统会引导测试人员提供相关的信息。但是，作为测试人员，你仔细想过为什么要填写这些字段，这些字段都起什么作用，以及每个字段的内容具体应该怎么填写吗？

必须牢牢记住的是，好的缺陷报告绝对不是大量信息的堆叠，而是提供准确有用的信息。接下来，就带读者一起看一份高质量的缺陷报告主要由哪些部分组成，以及每部分内容的关键点是什么。

2.1.1 缺陷标题

缺陷标题通常是别人最先看到的部分，是对缺陷的概括性描述，通常采用"在什么情况下发生了什么问题"的模式。

首先，对"什么问题"的描述不仅要做到清晰简洁，还要具体，不能采用过于笼统的描述。描述"什么问题"的同时还必须清楚地表述与问题相关的上下文，也就是问题出现的场景。"用户不能正常登录""搜索功能有问题"和"用户信息页面的地址栏位置不正确"等，这样的描述会给人"说了等于没说"的感觉。这样的描述很容易引起开发工程师的反感和抵触情绪，从而造成拒绝修改缺陷的后果。同时，还会造成缺陷管理上的困难。比如，如果你发现了一个菜单栏上某个条目缺失的问题,在提交缺陷报告前,建议从缺陷管理系统搜索一下是否已经有人提交过类似的缺陷。当你以"菜单栏"为关键字搜索时,可能会得到一堆"菜单栏有问题"的缺陷。如果缺陷标题的描述过于笼统,你就不得不单击每个已知缺陷以查看细节,这就会大大降低你的工作效率。所以,如果缺陷标题本身就能概括性地描述具体问题,就可以通过阅读标题判断类似的缺陷是否提交过,大大提高测试工程师提交缺陷报告的效率。

其次,标题应该尽可能描述问题本质,而避免只停留在问题的表面。比如,"在商品金额输入框中,可以输入英文字母和其他字符"这个描述就只描述了问题的表面现象,而采用诸如"在商品金额输入框中,没有对输入内容做校验"的描述,就可以透过标题看到缺陷的问题,这样可以帮助开发人员快速掌握问题的本质。

最后,缺陷标题不宜过长,对缺陷更详细的描述应该放在"缺陷概述"里。

2.1.2　缺陷概述

缺陷概述通常会提供更多概括性的缺陷本质与现象的描述,是缺陷标题的细化。因为这部分内容通常是开发工程师打开缺陷报告后最先关注的内容,所以用清晰简短的语句将问题描述清楚是关键。

缺陷概述还会包括缺陷的其他延展部分,比如,可以在这部分列出同一类型的缺陷可能出现的所有场景,还可以描述同样的问题是否会在之前的版本中重现等。在这里,应该尽量避免以缺陷重现步骤的形式来描述,而应该使用概括性的语句。

总之,缺陷概述的目的是,清晰简洁地描述缺陷,使开发工程师能够聚焦缺陷的本质。

2.1.3　缺陷影响

缺陷影响描述的是,缺陷引起的问题对用户或者对业务的影响范围以及严重程度。

缺陷影响决定了缺陷的优先级(Priority)和严重程度(Severity)。开发经理会以此为依据来决定修复该缺陷的优先级;而产品经理会以此为依据来衡量缺陷的严重程度,并决定是否要等该缺陷被修复后才发布产品。测试工程师准确描述缺陷影响的前提是,必须对软件的应用场景以及需求有深入的理解,这也是对测试工程师业务基本功的考验。

2.1.4　环境配置

环境配置用于详细描述测试环境的配置细节,为缺陷的重现提供必要的环境信息。比如,操作系统的类型与版本、被测软件版本、浏览器的种类和版本、被测软件的配置信息、集群的配置参数、中间件的版本信息等。

需要注意的是,环境配置的内容通常按需描述。也就是说,通常只描述那些重现缺陷的环境敏感信息。比如,"菜单栏上某个条目缺失的问题"只会发生在 Chrome 浏览器中,而其他浏览器中都没有类似问题。那么，Chrome 浏览器就是环境敏感信息，必须予以描述，而至于 Chrome 浏览器是运行在什么操作系统上就无关紧要了，无须特意描述。

2.1.5　前置条件

前置条件是指测试步骤开始前系统应该处在的状态，其目的是减少缺陷重现步骤的描述。合理地使用前置条件可以在描述缺陷重现步骤时排除不必要的干扰，使其更有针对性。比如，某个业务操作需要先完成用户登录，你在缺陷重现步骤里就没有必要描述登录操作的步骤细节，可以直接使用 "前置条件：用户已完成登录"的描述方式。再比如，用户在执行登录操作前，需要事先在被测系统中准备好待登录用户，你在描述时也无须增加"用测试数据生成工具生成用户"的步骤，可以直接使用"前置条件：用户已完成注册"的描述方式。

2.1.6　缺陷重现步骤

缺陷重现步骤是整个缺陷报告中最核心的内容，其目的在于用简洁的语言向开发工程师展示缺陷重现的具体操作步骤。这里需要注意的是，操作步骤通常是从用户角度出发来描述的，每个步骤都应该是可操作并且是连贯的，所以往往会采用步骤列表的表现形式。

通常测试工程师在写缺陷重现步骤前，需要确保缺陷的可重现性，并找到最短的重现路径，从而过滤掉那些非必要的步骤，避免产生不必要的干扰。

对于缺陷重现步骤的描述应该尽量避免以下 3 个常见问题。

（1）笼统的描述，缺乏可操作的具体步骤。

（2）出现与缺陷重现不相关的步骤。

（3）缺乏对测试数据的相关描述。

2.1.7　期望结果和实际结果

期望结果和实际结果通常与缺陷重现步骤绑定在一起，在描述重现步骤的过程中，需要明确说明期望结果和实际结果。期望结果来自对需求的理解，实际结果则来自测试执行的结果。通常来讲，当描述期望结果时，需要说明应该发生什么，而不是什么不应该发生；而描述实际结果时，应该说明发生了什么，而不是什么没有发生。

2.1.8　优先级和严重程度

之所以将优先级和严重程度放在一起，是因为这两个概念看起来有点类似，而本质却完全不同。另外，很多入行不久的测试工程师，也很难搞清楚这两者的差异到底在哪里。

根据百度百科的解释，缺陷优先级是指缺陷必须被修复的紧急程度，而缺陷严重程度是指因缺陷引起的故障对软件产品的影响程度。

可见，严重程度是缺陷本身的属性，通常确定后就不再变化，而优先级是缺陷的工程属性，会随着项目进度、解决缺陷的成本等因素而变动。那么，缺陷的优先级和严重程度又有什么关系呢？

- 缺陷越严重，优先级就越高。
- 缺陷影响的范围越大，优先级也会越高。
- 有些缺陷虽然从用户影响角度来说不算严重，但是会妨碍测试或者自动化测试的执行，这类缺陷的严重程度低，但是优先级高。
- 有些缺陷虽然严重程度比较高，但是考虑到修复成本以及技术难度，同时存在变通方案的，也会出现优先级低的情况。

2.1.9　变通方案

变通方案（Workaround）是提供一种临时绕开当前缺陷而不影响产品功能的解决问题方式，通常由测试工程师或者开发工程师提出，或者他们一同提出。

变通方案以及实施方式，是决定缺陷优先级的重要依据。如果某个严重的缺陷没有任何可行的变通方案，那么不管修复缺陷的代价有多大，优先级一定会是最高的，但是如果该缺陷存在比较简单的变通方案，那么优先级就不一定会是最高的。

2.1.10　根原因分析

根原因分析（Root Cause Analysis）就是平时常说的 RCA。如果你能在发现缺陷的同时，定位出问题的根本原因，清楚地描述缺陷产生的原因并反馈给开发工程师，那么开发工程师修复缺陷的效率就会大幅提升。

可以做好根原因分析的测试工程师，通常都具有开发背景，或者至少有较好的代码阅读以及代码调试能力。所以作为测试工程师，很有必要深入学习一门高级语言，这将帮助你系统地建立编程思想，这样在之后的工作中，无论是面对开发的代码，还是自动化测试代码和脚本，都能做到得心应手。

2.1.11　附件

附件（Attachment）通常为缺陷的存在提供必要的证据支持，常见的附件有界面截图、测试用例日志、服务器端日志、GUI 测试的执行视频等。

对于那些很难用文字描述清楚的界面布局的缺陷，可以通过截图和高亮显示相关区域的方式提交缺陷报告。

2.2　以终为始，做好测试计划

上一节介绍了如何填写软件缺陷报告，并解读了缺陷报告中的关键内容。下面介绍一份成功的测试计划应该包含哪些内容，以及如何才能做好测试计划。

软件项目通常都会有详细的项目计划。软件测试作为整个项目中的重要一环，也要执行详细的测试计划。正所谓运筹帷幄之中，决胜千里之外，强调的就是预先计划的重要性和必要性。

在早期的软件工程实践中，软件测试计划的制订通常在需求分析以及测试需求分析完成后开始，并且是整个软件研发生命周期中的重要环节。但是，在敏捷开发模式下，你可能会有这样的疑问：软件测试计划有那么重要吗？有些软件项目完全没有正式的测试计划，测试不也没出什么大问题吗？

的确，对于很多非产品型的互联网公司来说，由于采用了敏捷开发模式，的确很少制订传统意义上的测试计划，但这并不是说它们就不再制订测试计划了。只不过测试计划的表现形式已经不再是传统意义上庞大的、正式的测试计划文档了，更多地体现在每次迭代（sprint）的计划环节，而且这样的短期测试计划可以非常迅速地根据项目情况实时调整。所以，测试计划依旧存在，只是从原来的一次性集中制订测试计划，变成了以迭代的方式持续制订测试计划。但是对于传统软件企业，或者做非互联网软件产品的企业，它们通常还会有非常正式的软件测试计划。

由此可知，无论是对于早期典型的瀑布开发模型，还是现在的敏捷开发模型，测试计划的重要性始终没有发生变化。那么，读者可能会问，测试计划的重要性到底体现在哪些方面呢？在回答这个问题之前，先介绍一下没有测试计划会带来什么问题。

2.2.1　没有测试计划会怎么样

如果没有测试计划，会带来哪些问题呢？
- 很难确切地知道具体的测试范围，以及应该采取的具体测试策略。
- 很难预估具体的工作量和所需要的测试工程师数量，同时还会造成各个测试工程师分工不明确，导致某些测试工作重复执行而有些测试被遗漏。
- 测试的整体进度完全不可控，甚至很难确切知道目前测试的完成情况，对于测试完成时间，就更难准确预估了。
- 整个项目对潜在风险的抵抗能力很弱，很难应对需求的变更以及其他突发事件。

从这些问题中可以逆向推导出，一份好的测试计划要包括测试范围、测试策略、测试资源、测试进度和测试风险预估，并且每一方面都要给出应对可能出现问题的解决办法。

2.2.2　测试范围

顾名思义，测试范围描述的是被测对象以及主要的测试内容。比如，对于用户登录模块，功能测试既需要测试浏览器端又需要测试移动端，同时还考虑与登录的安全性和并发性能相关的非功能性需求的测试等。测试范围的确定通常在测试需求分析完成后进行，所以确定测试范围的过程在一定程度上也是对测试需求分析的进一步检验，这将有助于在早期阶段就发现潜在的测试疏漏。同时，由于不可能进行穷尽测试，而且测试的时间和资源都是有限的，因此必须有所取舍，进行针对性的测试。于是，在测试范围中需要明确"测试什么"和"不测试什么"。

2.2.3　测试策略

测试策略简单来讲就是需要明确"先测试什么后测试什么"和"如何来测试"这两个问题。事有轻重缓急，重要的项先测试，不重要的项后测试。测试策略要求我们明确测试的重点，以及各项测试的先后顺序。比如，对于用户登录模块来讲，"用户无法正常登录"和"用户无法重置密码"这两个潜在问题，对业务的影响孰轻孰重一目了然，因此，按照优先级你应该先测试"用户正常登录"，再测试"用户重置密码"。

测试策略还需要说明，采用什么样的测试类型和测试方法。这里需要注意的是，不仅要给出为什么要选用这个测试类型，还要详细说明具体的实施方法。

1.　功能测试

对于功能测试，应该根据测试需求分析的思维导图来设计测试用例。因为主线业务的功能测试经常需要执行回归测试，所以需要考虑实施自动化测试，并且根据项目技术栈和测试团队成员的习惯与能力来选择合适的自动化测试框架。这里需要注意的是，通常应该先实现主干业务流程的测试自动化。

实际操作中，通常需要先列出主要的功能测试点，决定哪些测试点适合采用自动化测试，并且决定使用什么样的框架和技术。

对于需要手工测试的测试点，要决定采用什么类型的测试用例设计方法，以及如何准备相关的测试数据。另外，还要评估被测软件的可测试性，如果有可测试性的问题，需要提前考虑切实可行的变通方案，甚至要求开发人员提供可测试的接口。

2.　兼容性测试

对于兼容性测试来说，Web 测试需要确定覆盖的浏览器类型和版本，移动设备测试需要确定覆盖的设备类型和具体 iOS/Android 的版本等。读者可能会问：怎么确定需要覆盖的移动设备类型以及 iOS/Android 的版本列表呢？这个问题的解决方案具体如下。

● 对于已有的产品，你可以通过大数据技术分析产品的历史数据，得出前 30%的移动设备以及 iOS/Android 的版本列表，兼容性测试只需覆盖这部分即可。

- 对于一个全新的产品，可以通过 TalkingData 这样的网站来查看目前主流的移动设备、分辨率大小、iOS/Android 版本等信息来确定测试范围。

兼容性测试的实施往往发生在功能测试的后期，也就是说，等功能基本上稳定了，才会开始兼容性测试。

- 当然，也有特例。比如，如果前端引入了新的前端框架或者组件库，往往就会先在前期做兼容性评估，以确保不会引入后期无法解决的兼容性问题。兼容性测试用例的选取，往往依据已经实现的自动化测试用例。道理很简单，因为兼容性测试往往要覆盖最常用的业务场景，而这些最常用的业务场景通常也是首批实现自动化测试的目标。所以，GUI 自动化框架就需要能够支持同一套测试脚本，在不做修改的前提下运行于不同的浏览器上。

3. 性能测试

对于性能测试，需要在明确了性能需求（并发用户数、响应时间、事务吞吐量等）的前提下，结合被测系统的特点，设计性能测试场景并确定性能测试框架。比如，是直接在 API 级别发起压力测试，还是必须模拟终端用户行为进行基于协议的压力测试？是基于模块进行压力测试，还是发起全链路压测？

如果性能是基于数据敏感的场景，还需要确定场景的数据量与分布，并决定产生数据的技术方案，比如：是通过 API 并发调用来产生测试数据，还是直接在数据库上做批量插入和更新操作，或者两种方式的结合？最后，无论采用哪种方式，都需要明确待开发的单用户脚本的数量，以便后续能够顺利确定压测场景。

性能测试的实施是一个比较复杂的问题。首先，需要根据想要解决的问题，确定性能测试的类型。然后，根据具体的性能测试类型开展测试。

性能测试的实施，往往先要根据业务场景来决定需要开发哪些单用户脚本，脚本的开发会涉及很多性能测试脚本特有的概念，如思考时间、集合点、动态关联等。

脚本开发完成后，还要以脚本为单位组织测试场景。场景定义简单来说就是确定百分之多少的用户在做登录，百分之多少的用户在做查询，每个用户的操作步骤之间需要等待多少时间，并发用户的增速是 5s 一个还是 5s 两个等。

最后在具体的场景中执行测试。和自动化功能测试不同，性能测试执行完之后，性能测试报告的解读是整个测试过程中最关键的点。

除了功能测试、兼容性测试和性能测试外，还有很多测试类型（比如，接口测试、集成测试、安全测试、容量验证、安装测试、故障恢复测试等）。这些测试类型都有各自的应用场景，也有独特的测试方法，这里就不再一一介绍了。

2.2.4　测试资源

测试资源通常包括测试人员和测试环境，这两类资源都是有限的。测试计划的目的就是保证在有限资源下的产出最大化。所以，测试资源就需要明确"谁来测试"和"在哪里测试"这两个问题。

测试人员是最重要的资源，直接关系到整个测试项目的成败和效率。作为资源的测试人员通常有两个维度：一是测试工程师的数量；二是测试工程师的个人经验和能力。

在实战中会发现，如果测试工程师的经验和能力不足，通过测试人员数量的增加很难达到测试目的。相反，在测试工程师经验丰富和能力非常强的情况下，测试人员的数量可以适当地减少。

通常在测试团队中，既有资深测试工程师也有初级测试工程师，因此管理者就必须针对团队的实际情况去安排测试计划。比如，难度较大的工作，或者一些新工具、新方法的应用，又或者自动化测试工作，通常由资深测试工程师来承担；而那些相对机械性、难度较小的工作则由初级工程师完成。

可是，你要想规划好测试资源，除了要了解项目本身外，还必须对测试团队的人员特点有清晰的认识。另外，这里强烈建议把具体的任务落实到每个人的身上，这将有利于建立清晰的责任机制，避免后续可能发生的争论。

相对于测试人员，测试环境就比较好理解了。不同的项目可能会使用共享的测试环境，也可能使用专用的测试环境，甚至还会直接使用生产环境。另外，对于目前一些已经实现容器化部署与发布的项目，测试环境就会变得更简单与轻量级，这部分内容会在后续的章节中详细讲解。

2.2.5 测试进度

在明确了测试范围、测试策略和测试资源之后，就要考虑具体的测试进度了。测试进度主要描述各类测试的开始时间、所需工作量、预计完成时间，并以此为依据来推算最终产品的上线和发布时间是否可以满足。比如，版本接受测试（Build Acceptance Test）的工作量，冒烟测试（Smoke Test）的工作量，自动化脚本开发的工作量，缺陷修复的验证工作量，回归测试的轮数，每一轮回归测试的工作量等。

在传统瀑布模型中，测试进度完全依赖于开发完成并提交测试版本的时间。如果测试版本的提交发生了延误，那么在不裁减测试需求的情况下，产品整体的上线时间同样会延期。

然而，在敏捷模式下，测试活动贯穿于整个开发过程，很多测试工作会和开发工作同步进行，比如，采用行为驱动开发（Behavior-Driven Development，BDD）模式或者测试驱动开发模式，这样测试进度就不会完全依赖于提交可测试版本的时间。

行为驱动开发指的是可以通过自然语言书写非程序员可读的测试用例，并通过 StepDef 来关联基于自然语言的步骤描述和具体的业务操作，最典型的框架就是"Cucumber"。

2.2.6 测试风险预估

俗话说，计划赶不上变化。对于测试也是一样的道理，整个测试过程很少是完全按照测试计划执行的。通常需求变更、开发延期、发现重大缺陷和人员变动是引入项目测试风险的主要原因。

对于需求变更，如增加需求、删减需求、修改需求等，一定要重新进行测试需求分析，确定变更后的测试范围和资源，并与项目经理和产品经理及时沟通测试进度的变化。测试经理/测试负责人不能有"自己咬牙扛过去"的想法，这对测试团队及产品本身都不会有任何好处。

另外，随着测试的开展，可能会发现前期对于测试工作量的预估不够准确，也可能发现需要增加更多的测试类型，也可能发现因为要修改产品架构的严重缺陷而导致很多的测试需要全部回归，还有可能出现测试版本延期提交，或者人员变动等各种情况。

在制订测试计划时，需要预估整个测试过程中可能存在的潜在风险，以及当这些风险出现时的应对策略。这样，在真的遇到类似问题时，你才可以做到心中不慌，有条不紊地应对这些挑战。

2.3 软件测试工程师的核心竞争力

前面的章节介绍了测试工程师应该具备的一些基础知识，包括如何设计测试用例、如何制订测试计划、什么是测试覆盖率，以及软件生命周期各个阶段的自动化技术等。在介绍完这些比较基础的内容后，下面就讲解测试工程师的核心竞争力。只有真正明白了自己的核心竞争力，才能弄清"应该做什么"和"应该怎么做"这两个问题，才能朝着正确的方向前行。

这里以作者以前带领的测试开发团队招聘功能测试和测试开发工程师为例，带你了解一下测试工程师的核心竞争力到底是什么。

2.3.1 两个实际面试案例

案例一来自资深功能测试工程师招聘。当时，作者接触过一位拥有近 9 年测试经验的资深测试面试者，作者对他的简历还是比较满意的，所以就安排了面谈。但是，在沟通过程中作者很快发现，这位候选人绝大多数的测试经验积累都绑定在特定的业务领域。如果抛开这个特定的业务领域，他对测试技术本身以及产品技术实现都缺乏系统的思考和理解。换言之，他的价值仅能够体现在这个特定的产品业务上，而一旦离开了这个业务领域，他的经验很难有效重用。也就是说，他很难快速适应并胜任我们的业务领域测试。因此，他最终没有得到录用。从这个案例中可以看出，作为测试人员必须要深入理解业务，但是业务知识不等同于测试能力。

案例二来自我们的测试开发岗位招聘。当时，有一位拥有 5 年测试开发从业经验的候选人，他是某大学软件学院的硕士，毕业后一直在国内的互联网巨头公司从事测试框架和工具平台的开发工作。看完他的简历，作者发现他参与开发过的测试框架及工具和我们当时在做的项目很匹配，加之他的背景也相当不错，内心感觉这个职位基本上就是他的了。但是，面谈结束后，作者彻底改变了想法。他所做的的确是测试框架和工具平台的开发工作，但是他的核心能力纯粹就是开发，他只关注如何实现预先设计的功能，而完全不关心所开发的测试框架和工具平台在测试中的具体应用场景。作者承认他的开发能力，但他并不能胜任我们的测试开发岗位。因为，测试开发岗位的核心其实是"测试"，"开发"的目的是更好地服务于测试，我们看重的是对测试的理解，以及在此基础上设计、开发帮助测试人员提高效率并解决实际问题的工具，而不是一个按部就班、纯粹意义上的开发人员。

这两个实际案例是否已经引发读者思考这样一个问题：什么才是测试工程师的核心竞争力？

目前的测试工程师分为两大类别：一类是做业务功能测试的，另一类是做测试开发的。二者的核心竞争力有很大差别。接下来介绍功能测试工程师和测试开发工程师的核心竞争力分别是什么。

2.3.2 传统测试工程师的核心竞争力

按照能力对测试工程师的重要程度来分，这里归纳了测试工程师要具备的 7 项核心竞争力，包括测试策略设计能力、测试用例设计能力、快速学习能力、探索性测试思维、缺陷分析能力、自动化测试技术和良好的沟通能力。

或许，你感觉测试策略设计能力、探索性测试思维等对资深的测试工程师来说更重要，而你现在还处在培养快速学习能力、沟通能力、测试用例设计能力的阶段。那也没有关系，不断地学习、丰富自己的知识体系，具备更强的职场竞争力，也正是读者现在的追求。

1. 测试策略设计能力

测试策略设计能力是指，对于各种不同的被测软件，能够快速准确地理解需求，并在有限的时间和资源下，明确测试重点以及最适合的测试方法的能力。

具备出色的测试策略设计能力之后，你可以非常明确地回答出测试过程中遇到的这些关键问题。

- 测试要具体执行到什么程度？
- 测试需要借助于什么工具？
- 如何运用自动化测试以及自动化测试框架？以及如何选型？
- 测试人员资源如何合理分配？
- 测试进度如何安排？
- 测试风险如何应对？

培养出色的测试策略设计能力，不是一朝一夕的事情，通常需要经过大量项目的实际历练，并且还要保持持续思考，主动提炼共性的内容。测试策略设计能力是功能测试工程师最核心的竞争力，也是最难培养的能力。

2. 测试用例设计能力

测试用例设计能力是指，无论对于什么类型的测试，都能设计出高效地发现缺陷、保证产品质量的优秀测试用例的能力。

要做好测试用例设计，不仅需要深入理解被测软件的业务需求和目标用户的使用习惯，还要熟悉软件的具体设计和运行环境，包括技术架构、缓存机制、中间件技术、第三方服务集成等。

测试用例设计能力要求你不仅熟悉业务领域的测试用例设计，还要能够融会贯通，把系统性的测试设计方法和具体业务有机结合，对任何被测软件都可以输出完备的测试用例。

要提高测试用例设计能力，平时就要多积累，对于常见的缺陷模式、典型的错误类型以及遇到过缺陷，不断地总结、归纳，才能逐渐形成体系化的用例设计思维。同时，还可以阅读一些好的测试用例以开阔思路，日后遇到类似的被测系统时，可以融会贯通和举一反三。

3. 快速学习能力

快速学习能力包含两个层面的含义。

● 对不同业务需求和功能的快速学习与理解能力。

● 对于测试新技术和新方法的学习与应用能力。

显然，快速学习能力是各行业的从业者应该具备的能力，但为什么单独列出来呢？

现今的软件项目（尤其是互联网项目）中，生命周期通常以"月"甚至以"周"为单位来计算，一个测试工程师需要接触各种类型的测试项目，而不再像以前可以在很长一段时间内只从事一个产品或者相关产品的测试了，所以快速学习能力对测试工程师来说至关重要，否则就容易被淘汰。

快速学习能力乍一看是比较难培养的，但其实也有一些小窍门。比如，当你学习一个新的开源工具时，建议直接看官方文档。一方面，这里的内容是最新而且是最权威的；另一方面，可以避免网上信息质量的参差不齐带来的干扰。如果知识输入源头单一而且权威，学习曲线也必然会比较平坦。另外，当学习新内容时，一定要理解其原理，而不是只停留在表面的、简单的操作和使用上，长期保持这种学习状态，可以在很大程度上提高逻辑思维和理解能力。这样，当你再面对其他新鲜事物时，也会更容易理解，形成良性循环。

4. 探索性测试思维

探索性测试是指，测试工程师在执行测试的过程中不断学习被测系统，同时结合自己的猜测和逻辑推理，整理和分析出更多针对性的测试关注点。

本质上，探索性测试思维是"测试用例设计能力"和"快速学习能力"有机结合的必然结果。优秀的探索性测试思维可以帮助你实现低成本的"精准测试"。精准测试可以概括为针对开发代码的变更，其目标明确并且针对性地对变更点以及变更关联点做测试，这也是目前敏捷测试主推的测试实践之一。

5. 缺陷分析能力

缺陷分析能力通常包含 3 个层面的含义。

- 对于已经发现的缺陷，结合发生错误的上下文以及后台日志，可以预测或者定位缺陷的原因，甚至可以明确指出出错的代码行，由此可以大幅缩短缺陷的修复周期。
- 根据已经发现的缺陷，结合探索性测试思维，推断同类缺陷存在的可能性，并由此找出所有相关的潜在缺陷。
- 可以对一段时间内所发生的缺陷类型和趋势进行合理分析，由点到面预估整体质量的健康状态，能够对高频缺陷类型提供系统性的预防措施，并以此来调整后续的测试策略。

这 3 个层面是依次递进的关系，越往后越能体现出测试工程师的核心竞争力。

6. 自动化测试技术

自动化测试技术可以把测试人员从大量的重复性手工劳动中解放出来，使他们把更多的时间花在更多类型的测试上。一方面，自动化测试技术本身不绑定被测对象。假如你掌握了 GUI 的自动化测试技术，你就可以基于这个技术去做任何 GUI 系统的界面功能测试。另一方面，自动化测试技术需要测试工程师具备一定的代码编写能力，所以你会看到很多测试工程师非常热衷于自动化测试。

但是，自动化测试的核心价值还是"测试"本身，"自动化"仅仅是手段。实际工作中千万不要本末倒置，把大量的精力放在"自动化"上，一味追求自动化，而把本质的"测试"弱化了。

7. 良好的沟通能力

测试工程师在软件项目中的作用有点像"润滑剂"。一方面，你需要对接产品经理和项目经理，以确保需求的满足和项目整体质量的达标；另一方面，你还要和开发人员不断地沟通、协调，确保缺陷及时修复与验证。

所以，测试工程师的沟通能力会直接影响测试的效率。良好的沟通能力，是一个技术优秀的测试工程师获得更大发展的"敲门砖"，也是资深测试工程师或者测试主管应具有的核心竞争力。

2.3.3 测试开发工程师的核心竞争力

接下来，介绍一下测试开发工程师的核心竞争力。

既然是测试开发工程师，那么代码开发能力是最基本的要求。合格的测试开发工程师一定可以成为合格的开发工程师，但是合格的开发工程师不一定会成为合格的测试开发工程师。

1. 测试系统需求分析能力

除了代码开发能力之外，测试开发工程师更要具备分析测试系统需求的能力。你要能够站在测试架构师的高度，识别出测试基础架构的需求，提出提高效率的方法。

2. 更宽广的知识面

测试开发工程师需要具备非常宽广的知识面。你不仅需要和开发工程师打交道，还要和 CI/CD、运维工程师有紧密的联系（因为你构建的测试工具或者平台，需要接入 CI/CD 流水线以及运维的监控系统中）。

除此之外，还要了解更高级别的测试架构部署和生产架构部署，还必须对采用的各种技术非常熟悉。可见，对于测试开发工程师的核心竞争力要求是非常高的，这也是工作中资深的测试开发工程师的待遇会高于资深的开发工程师的原因。

2.4 软件测试工程师需要掌握的非测试知识

上一节介绍了测试工程师应该具备的核心竞争力，其中大多是测试专业知识方面的内容。但是，一个优秀的测试工程师必须具备宽广的知识面，才能设计出有的放矢的测试用例，保证整个软件产品的质量。所以，除了学习测试专业知识外，你还要掌握其他知识，才能一路披荆斩棘，成为一名优秀的测试工程师。

那么，测试工程师需要掌握的非测试知识主要有哪些呢？

2.4.1 迷你版的系统架构师

如果你花时间静下心来仔细想一下，很可能会把自己吓一跳，需要掌握的非测试知识实在是太多了，这简直就是一个迷你版的系统架构师需要具备的知识。

小到 Linux/UNIX/Windows 操作系统、Oracle/MySQL 等传统关系型数据库技术、NoSQL 非关系型数据库技术、中间件技术、Shell/Python 脚本开发、版本管理工具、CI/CD 流水线设计、F5 负载均衡技术、Fiddler/Wireshark/Tcpdump 等抓包工具、浏览器 Developer Tool 等。大到网站架构设计、容器技术、微服务架构、服务网格（Service Mesh）、DevOps、云计算、大数据、人工智能和区块链技术等。

可以说，测试工程师需要掌握的这些技术，几乎涵盖了当今主流软件技术的方方面面。当然，你也不可能全学会，所以这里就介绍几个比较重要又符合当前技术趋势的关键知识点。

2.4.2 网站架构的核心知识

现如今，互联网产品已经占据了软件行业的半壁江山。作为测试工程师，很多时候都在和互联网产品（尤其是网站类应用产品）的测试打交道。如果想要做好互联网产品功能测试以外的其他测试，如性能测试、稳定性测试、全链路压测、故障切换测试、动态集群容量伸缩测试、服务降级测试和安全渗透测试等，就要掌握网站的架构知识。否则，面对这类测试时，你将束手无策。

比如，如果你不清楚 Memcached 这类分布式缓存集群的应用场景和基本原理，不清楚缓存击穿、缓存雪崩、缓存预热、缓存集群扩容的局限性，你就设计不出针对缓存系统特有问题的测试用例。再比如，如果你对网站的可伸缩性架构设计不了解，不清楚应用服务器的各种负载均衡实现的基本原理，不了解数据库的读写分离技术，就无法完成诸如故障切换、动态集群容量伸缩、服务降级等测试，同时对于性能测试和全链路压测过程中可能遇到的各种瓶颈，也会很难定位和调整。这就有点像当年做传统软件产品测试时，我们必须了解软件的架构设计一样，现在被测对象成了互联网产品，我们就必须要了解网站架构。

所以，强烈建议你掌握网站架构的核心知识（不需要像系统架构师那样能够熟练驾驭各种架构）。根据业务选型，你至少需要理解与架构相关的基本知识以及核心原理。基于此，第 12 章安排一些内容，包括了网站高性能架构设计、网站高可用架构设计、网站可伸缩性架构设计和网站可扩展性架构设计，详细讲解互联网架构的核心知识，提升读者的互联网产品测试能力。

2.4.3　容器技术

“容器”已不再是一个陌生词汇了，大多数人都在实际工作中或多或少地用到了容器技术。与传统的虚拟机相比，容器技术在轻量化程度、资源占用、运行效率等方面具有压倒性的优势。除了那些专门做容器测试的测试工程师外，一般的测试工程师接触容器技术的机会也越来越多。很多中大型互联网企业都在推行容器化开发与运维，开发人员提交给测试工程师的软件版本通常就是一个 Docker Image，可以直接在容器上进行测试。有些公司还会把测试用例和执行框架也打包成 Docker Image，配合版本管理机制，用容器测试容器。

对于测试开发工程师来说，需要应用容器的场景就更多了。比如，目前主流的 Selenium Grid 就已经提供了官方 Docker 版本，可以直接以容器的方式建立测试执行环境，也可以很方便地在 Pivotal Cloud Foundry 和 Google Cloud Platform 等云计算平台上快速建立测试执行环境。

基于 Docker 的 Selenium Grid 大大减轻了大量虚拟机节点上 WebDriver、浏览器版本和守护进程版本等升级和维护的工作量。

测试开发工程师还可以通过 Docker Image 的形式，提供某些测试工具，而不是以传统的安装包或者 JAR 文件的形式，实现测试工具的开箱即用。

容器技术已经慢慢渗透到软件研发与运维的各个层面。新时代的测试开发工程师必须像熟练使用 VMware 一样，掌握 Docker 和 Kubernetes 的原理与使用方法。

那对于一个测试工程师来说，怎么才能快速掌握容器的相关知识并上手涉及容器技术的互联网产品测试呢？在这里，还是要强调在选择学习资料时，一定要注意权威性。推荐的依然是 Docker 官方的教程，通过官方资料可以理清 Docker 的概念以及具体使用方法。再结合具体的实战，相信读者必定收获颇丰。

2.4.4 云计算技术

一方面，很多企业（尤其是互联网企业）都在尝试"上云"，也就是逐渐把生产环境从原本的集中式数据中心模式转向私有云或者混合云模式。前段时间，eBay 的一些产品线就对外宣布了和 Pivotal Cloud Foundry 的合作，指出会将部分产品线迁移到云端。显然，作为测试工程师，你必须理解服务在云端部署的技术细节，才能更好地完成测试任务。另一方面，作为提供测试服务的基础，比如，测试执行环境服务和测试数据准备服务等，测试基础服务也在逐渐走向云端。比如，Sauce Labs 就是一个著名的测试执行环境公有云服务。

一些大型互联网企业通常还会考虑建立自己的测试执行私有云。最典型的就是，基于 Appium + Selenium Grid，搭建移动终端设备的测试执行私有云。

所以，除了专门进行云计算平台测试的工程师必须要掌握云计算的知识外，其他互联网产品的测试工程师也要理解并掌握基本的云计算知识和技术。

对于云计算的学习，你的侧重点应该是如何使用云提供的基础设施以及服务。建议的高效学习方法是，参考你所采用的云方案的官方文档，再结合实际案例进行试用。你可以尝试用云服务去部署自己的应用，同时还可以通过云平台提供的各类服务（配置服务和数据库服务等）集成你的应用。另外，建议你尝试用云平台建立自己的小应用集群，体验集群规模的动态收缩与扩展。还可以尝试在云平台上直接使用 Docker 部署和发布你的服务。更进一步，可以尝试在云端建立自己的 Selenium Gird 集群。现在 Selenium Gird 已经发布了对应的 Docker 版本镜像，可以非常方便地在云平台上搭建自己的 Selenium Grid。

不要以为这会有多复杂，理解了 Docker 的基本概念以及对应云平台的使用方法，就可以在短短时间内快速搭建起这样的 Selenium 集群。

以上这些基本的应用场景将帮助你更好地理解云平台的核心功能以及使用场景，从而帮你完成对应产品的测试。

2.4.5 DevOps 思维

DevOps 强调的是，开发、测试和运维等团队之间通过自动化工具的协作和沟通，来完成软件的全生命周期管理，从而更频繁地交付高质量的软件。其根本目的是提升业务的交付能力。

DevOps 的具体表现形式可以是工具、方法和流水线，但其更深层次的内涵还是思想和方法，以敏捷和精益为核心，通过发现问题，以系统性的方法或者工具来解决问题，从而实现持续改进。

因此，测试工程师必须深入理解 DevOps 思想的核心和精髓，才能在自动化测试和测试工具平台的实现上做得更好。无论是测试工程师，还是测试开发工程师，都会成为 DevOps 实践成功落地的重要推动者。

要真正学习和掌握 DevOps，不是简单地学习几款工具的使用，更重要的是需要有 DevOps 思维，能够将各个工具有机结合，提供高效的 CI/CD 流水线。

对于 DevOps，建议的学习路径是，可以从深入了解 Jenkins 之类的工具开始，然后熟练应用和组合各种插件来完成灵活高效的流水线搭建，之后再将更多的工具逐渐集成到流水线中以完成更多的任务。相信通过这样的学习，当你再面对相关的测试工作时，必然可以轻松应对。

2.4.6 前端开发技术

前端开发技术的发展突飞猛进，新的框架与技术层出不穷，Vue.js、Angular 和 React 等让人应接不暇。另外，还有很多在此类框架基础上开发的组件库可以直接使用，如 AntD 大大降低了前端开发的难度和时间成本。但是，前端开发技术的发展和测试又有什么关联呢？

从测试工程师的角度来讲，如果能够掌握前端开发技术，也就意味着你可以更高效地做前端的测试，更容易发现潜在缺陷。同时，你还可以自己构建测试页面，来完成各类前端组件的精细化测试，提高测试覆盖率和效率。

从测试开发工程师的角度来讲，很多测试平台和工具都需要 UI，比如，很多公司内部构建的测试数据服务和测试执行服务。如果你能熟练掌握基本的前端开发技术，就可以高效地构建测试平台和工具的 UI。

关于前端技术的学习路径，首先需要掌握最基本的 JavaScript、CSS、jQuery 和 HTML5 等知识，然后再去学习一些主流的前端开发框架，如 Angular.js、Backbone.js 等。当然，现在 Node.js 的生态圈非常庞大，如果能够掌握 Node.js，那么很多东西实现起来都可以得心应手。

建议从网上下载一些样例代码进行学习，同时学习使用脚手架从无到有去建立自己的前端应用。

2.5 互联网产品的测试策略设计

上面介绍了做好互联网产品测试要具备的非测试知识，接下来介绍应该如何设计互联网产品的测试策略。

在开始介绍之前，请读者先思考一下，为什么把互联网产品的测试策略单独拿出来讨论，互联网产品的测试策略和传统软件产品的测试策略到底有哪些不同。

2.5.1 研发流程的不同决定了测试策略的不同

如果直接回答互联网产品和传统软件产品的测试策略有何不同，读者可能一时回答不出来，那么按照知其然知其所以然的原则，读者可以先总结这两类产品的最大不同。

前面的章节已经提到了互联网产品的发布周期通常以"天"甚至以"小时"为单位，而传统软件产品的发布周期多以"月"甚至以"年"为单位。发布周期的巨大差异决定了，传统软件产品的测试策略必然不适用于互联网产品的测试，二者的测试策略必然在测试执行时间和测试执行环境上有巨大差异。比如，对于功能自动化测试用例，执行一轮全回归测试需要 12h，这对传统软件来说这根本不是问题，因为发布周期很长，留给测试的时间也会很充裕。不要说执行全回归测试需要 12h，哪怕是几天几夜也没有任何问题，就像作者以前在思科（Cisco）做传统软件测试时，一轮完整的全回归测试的 GUI 测试用例数接近 3000 个，API 测试用例数接近 25000 个，运行完全部测试用例需要将近 60h。

但对于互联网产品来说，通常 24h 就会有一到两次的发布，发布流程通常包含了代码静态扫描、单元测试、编译、打包、上传、下载、部署和测试的全流程。显然，留给测试的时间就非常有限，传统软件动辄十几个小时的测试时间，在互联网产品的测试上，根本行不通。

通常情况下，互联网产品要求全回归测试的时间不能超过 4h。那么，如何在保证测试质量和测试覆盖率的前提下，有效缩短测试时间呢？

首先，可以引入测试的并发执行机制，用包含大量测试执行节点的测试执行集群来并发执行测试用例。测试执行集群是一批专门用来并发执行测试用例的机器。常见的测试执行集群由一个主节点和若干个子节点组成。其中，主节点用来分发测试用例到各个子节点，而各个子节点用来具体执行测试用例。目前，很多互联网企业都建立了自己的测试执行集群。

其次，必须从测试策略上找到突破口。接下来，会先简单介绍传统软件产品的测试策略设计，然后再介绍互联网产品的测试策略，这样可以通过对传统软件产品测试策略的回顾，加深你对互联网产品测试策略的认识。

2.5.2　传统软件产品的测试策略——金字塔模型

传统软件产品通常采用图 2-1 所示的金字塔测试策略。该金字塔模型是迈克·科恩（Mike Cohn）提出的，在很长一段时间内都认为它是测试策略设计的较好实践。

1. 单元测试

金字塔最底部是单元测试，单元测试属于白盒测试的范畴，通常由开发工程师自己完成。由于越早发现缺陷其修复成本越低，因此传统软件产品的测试策略提倡对单元测试的高投入，单元测试这一层通常都会比较"厚"。

另外，传统软件产品生命周期都比较长，通常会有多个版本持续发布。为了在后期的版本升级过程中尽早发现并快速定位问题，每次在构建的过程中都会多次反复执行单元测试，这也从另一个角度反映出单元测试的重要性。

图 2-1　传统软件产品的金字塔测试策略

2. API 测试

金字塔中间的部分是 API 测试，主要针对的是各模块暴露的接口。API 测试通常采用灰盒测试方法。灰盒测试方法是介于白盒测试和黑盒测试之间的一种测试技术，其核心思想是利用测试执行的代码覆盖率来指导测试用例的设计。

以 API 测试为例，首先以黑盒方式设计如何调用 API 的测试用例，同时在测试的执行过程中统计代码覆盖率，然后根据代码覆盖率情况来补充更多、更有针对性的测试用例。

总体来看，API 测试用例的数量会少于单元测试，但多于上层的 GUI 测试。

3. GUI 测试

金字塔最上层的是 GUI 测试，也称为端到端（End-to-End，E2E）测试，是最接近软件真实用户使用行为的测试类型。通常 GUI 测试模拟真实用户使用软件的行为，即模拟用户在软件界面上的各种操作，并验证这些操作对应的结果是否正确。

GUI 测试的优点是，能够模拟真实用户的行为，直接验证软件的商业价值；缺点是执行的代价比较大，即使采用 GUI 自动化测试技术，用例的维护和执行代价也依然很大。因此，要尽可能地避免对 GUI 测试的过度依赖。

另外，GUI 测试的稳定性问题，是长期以来阻碍 GUI 测试发展的重要原因。即使你采用了诸如 retry 以及异常场景恢复等方式，GUI 测试的随机失败率也依旧很高。

2.5.3 互联网产品的测试策略——菱形模型

然而，对于互联网产品来说，迈克的金字塔模型已经不再适用。下面从 GUI 测试、API 测试、单元测试这 3 个方面，介绍互联网产品的测试策略有哪些变化，应该如何设计互联网产品的测试策略。

1. GUI 测试

GUI 测试中，互联网产品的上线周期决定了 GUI 测试不可能大范围开展。互联网产品的迭代周期，决定了留给开发 GUI 自动化测试用例的时间非常有限。互联网产品客户端界面的频繁变化，决定了开展 GUI 自动化测试的效率会非常低。

因为敏捷模式下的快速反馈，在下一个迭代（sprint）中可能就需要根据反馈来做修改和调整客户端界面，所以刚开发完，甚至还没开发完的 GUI 自动化测试用例就要跟着项目一起修改。这种频繁的修改对开发 GUI 自动化测试是非常不利的。因为刚开发完的自动化测试用例只运行了一次，甚至一次还没来得及运行就需要更新了，导致 GUI 自动化测试还不如手工测试效率高。

由此可见，互联网产品的 GUI 测试通常采用"手工为主，自动化为辅"的测试策略，手工测试往往利用探索性测试思想，针对新开发或者新修改的界面功能进行测试，而自动化测试主要验证相对稳定的核心业务的基本功能。所以，GUI 的自动化测试往往只覆盖最核心且直接影响主营业务流程的 E2E 场景。

另外，从 GUI 测试用例的数量来看，传统软件的 GUI 测试属于重量级的，动不动就有上千个测试用例，因为传统软件的测试周期很长，测试用例可以轮流排队慢慢执行，时间长点也没关系。而互联网产品要求 GUI 测试是轻量级的，你用过或者听过有哪个互联网产品设计了上千个 GUI 测试用例吗？互联网产品的上线周期不允许你执行大量的测试用例。

2. API 测试

你现在可能要问，既然互联网产品不适宜做重量级的 GUI 测试，那么怎样才能保证其质量呢？

其实，对于互联网产品来说，把测试重点放在 API 测试上，才是最明智的选择。为什么呢？有以下 5 条原因。

（1）API 测试用例的开发与调试效率比 GUI 测试要高得多，而且测试用例的代码实现比较规范，通常就是准备测试数据、发起请求、验证响应这几个标准步骤。

（2）API 测试用例的执行稳定性远远高于 GUI 测试。GUI 测试执行的稳定性始终是难题，即使采用了很多技术手段（这些具体的技术手段会在后面章节中详细展开），也无法做到 100% 的稳定。而 API 测试"天生"就没有执行稳定性的问题，因为测试执行过程不依赖于任何界面上的操作，而是直接调用后端 API，且调用过程比较标准。

（3）单个 API 测试用例的执行时间往往要比 GUI 测试短很多。当有大量 API 测试需要执行时，API 测试易于以并发方式执行，所以可以在短时间内完成大批量 API 测试用例的执行。

（4）现在很多互联网产品采用了微服务架构，而对微服务的测试，本质上就是对不同 Web 服务的测试，也就是 API 测试。在微服务架构下，客户端应用的实现都基于对后端微服务的调用，如果做好了每个后端服务的测试，你就会对应用的整体质量有充分的信心。所以，互联网产品的 API 测试非常重要。

（5）API 的改动一般比较少，即使有改动，绝大多数情况下也需要保证后向兼容性。所谓后向兼容性，最基本的要求就是保证原本的 API 调用方式维持不变。显然，如果调用方式没有发生变化，那么原本的 API 测试用例就不需要做大的改动，这样测试用例的可重用性就很高，进而可以保证较高的投入产出比。

可见，互联网产品的这些特性决定了 API 测试可以实现较高的投入产出比，因此 API 测试应该成为互联网产品的测试重点。这也就是互联网产品的测试策略更像菱形结构的原因。图 2-2 所示就是这个菱形的测试策略，遵循"重量级 API 测试、轻量级 GUI 测试、轻量级单元测试"的原则，以及 GUI 测试充分利用探索式测试思想的原则。

3. 单元测试

了解了"重量级 API 测试"和"轻量级 GUI 测试"，接下来介绍"轻量级单元测试"。

从理论上讲，无论是传统软件产品还是互联网产品，单元测试都是从源头保证软件质量的

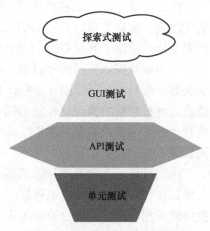

图 2-2　互联网产品的菱形测试策略

重要手段，因此它非常重要。但真正能全面开展互联网产品的单元测试并严格控制代码覆盖率的企业还凤毛麟角。最主要的原因还是在于互联网产品的"快"——快速实现功能，快速寻求用户反馈，快速试错，快速迭代更新。在这样的模式下，互联网产品追求的是快速地实现功能并上线，基本不会给测试人员多余的时间去做全面的单元测试。即使预留了单元测试的时间，频繁的迭代也会让单元测试处于不断重写的状态。因此，单元测试原本的价值很难在实际操作层面得到体现。那么，互联网产品真的可以不用做单元测试吗？答案是否定的，只是这里的单元测试策略要采用"分而治之"的思想。

互联网产品通常会分为应用层和后端服务。后端服务又可以进一步细分为应用服务和基础服务。后端服务中的基础服务和一些公用的应用服务相对稳定，而且对于系统来说是"牵一发而动全身"，所以后端服务很有必要开展全面的单元测试。而对于变动非常频繁的客户端应用和非公用的应用服务，一般很少会去做单元测试。另外，对于一些核心算法和关键应用，如银行网关接口、第三方支付集成接口等，也要做比较全面的单元测试。

总体来讲，互联网产品的全面单元测试只会应用在那些相对稳定并且最核心的模块和服务上，而应用层或者上一层业务服务很少会大规模开展单元测试。

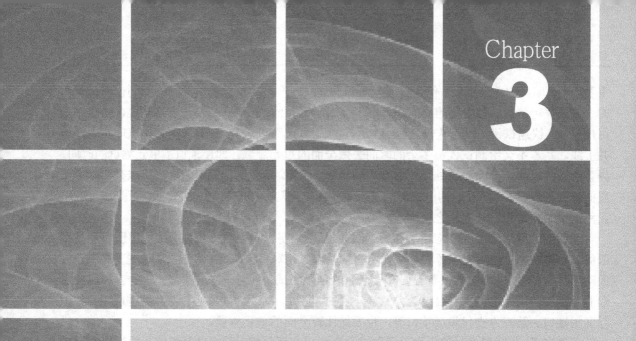

第 3 章

GUI 自动化测试精要

3.1　从 0 到 1：GUI 自动化测试初探

前面章节介绍了与测试相关的基础知识，从测试用例的设计，到测试覆盖率，再到测试计划的制订，这些都是测试人员需要掌握的一些基本知识。本章开始介绍 GUI 自动化测试的技术、原理和行业实践。

本节以一个简单的 GUI 自动化测试用例的开发为例，带读者构建一个 Selenium 的 GUI 自动化测试用例。先让读者对 GUI 自动化测试有一个感性认识，然后以此为基础，解释 Selenium 自动化测试的核心原理与机制，从而帮读者由点到面建立起 GUI 测试的基础知识体系。

3.1.1　示例：构建一个 Selenium 自动化测试用例

本测试需求非常简单：访问百度主页，搜索某个关键词，并验证搜索结果页面的标题是"被搜索的关键词" + "_百度搜索"。如果搜索的关键词是"极客时间"，那么搜索结果页面的标题就应该是"极客时间_百度搜索"。

明白了测试需求后，建议读者先用手工方式执行一遍测试，具体步骤如下。

（1）打开 Chrome 浏览器，在地址栏中输入百度的网址。

（2）在搜索输入框中输入关键词"极客时间"并按 Enter 键。

（3）验证搜索结果页面的标题是否是"极客时间_百度搜索"。

明确了 GUI 测试的具体步骤后，我们就可以用 Java 代码，基于 Selenium 实现这个测试用例了。

这里，要用到 Chrome 浏览器，因此需要先下载 Chrome Driver，并将其存放路径放入环境变量中。接下来，可以用自己熟悉的方式建立一个空的 Maven 项目，然后在 POM 文件中加入 Selenium 2.0 的依赖，如图 3-1 所示。

接着用 Java 创建一个 main 方法，并把图 3-2 所示的代码复制到 main 方法中。现在，可以尝试运行这个 main 方法，看看会执行哪些操作。

以下这些步骤都是由测试代码自动完成的。

（1）这段代码会自动在你的计算机上打开 Chrome 浏览器。

（2）在 URL 栏自动输入百度的网址。

（3）打开百度主页后，在输入框自动输入"极客时间"并执行搜索。

（4）返回搜索结果页面。

（5）Chrome 浏览器自动退出。

```xml
<?xml version="1.0" encoding="UTF-8"?>
<project xmlns="http://maven.apache.org/POM/4.0.0"
         xmlns:xsi="http://www.w3.org/2001/XMLSchema-instance"
         xsi:schemaLocation="http://maven.apache.org/POM/4.0.0
         http://maven.apache.org/xsd/maven-4.0.0.xsd">
    <modelVersion>4.0.0</modelVersion>

    <groupId>seleniumTest</groupId>
    <artifactId>example</artifactId>
    <version>1.0-SNAPSHOT</version>

    <dependencies>
        <dependency>
            <groupId>org.seleniumhq.selenium</groupId>
            <artifactId>selenium-server</artifactId>
            <version>2.9.0</version>
        </dependency>
    </dependencies>

</project>
```

图 3-1　在 POM 文件中加入 Selenium 2.0 的依赖

```java
1   import org.junit.Assert;
2   import org.openqa.selenium.By;
3   import org.openqa.selenium.WebDriver;
4   import org.openqa.selenium.WebElement;
5   import org.openqa.selenium.chrome.ChromeDriver;
6
7   public class seleniumBaiduExample{
8       public static void main(String[] args) throws InterruptedException{
9
10          //创建Chrome Driver的实例
11          WebDriver driver = new ChromeDriver();
12
13          //打开百度首页
14          driver.navigate().to("百度官网域名");
15          //driver.get("http://www.baidu.com");
16
17          //通过name属性找到搜索输入框
18          WebElement search_input = driver.findElement(By.name("wd"));
19
20          //在搜索输入框中输入搜索关键字"极客时间"
21          search_input.sendKeys("极客时间");
22
23          //提交搜索请求
24          search_input.submit();
25
26          //等待3s
27          Thread.sleep(3000);
28
29          //验证搜索结果页面的标题
30          Assert.assertEquals("极客时间_百度搜索", driver.getTitle());
31
32          //关闭浏览器窗口
33          driver.quit();
34      }
35  }
```

图 3-2　基于 Selenium 的自动化测试用例的样本代码

下面，快速解读一下这些代码，以明白这些自动化测试步骤是怎么实现的，具体的原理和内部机制会在后面的章节中详细介绍。

- 在第 11 行中，先创建一个 Chrome Driver 的实例，也就是打开了 Chrome 浏览器，但实际上没这么简单，后台还做了些额外的 Web Service 绑定工作，具体后面会解释。
- 在第 14 行中用刚才已经打开的 Chrome 浏览器访问百度主页。
- 在第 18 行中，使用 driver 的 findElement 方法，并通过 name 属性定位到了搜索输入框，将该搜索输入框命名为 search_input。
- 在第 21 行中，通过 WebElement 的 sendKeys 方法向搜索输入框 search_input 输入了字符串"极客时间"。
- 在第 24 行中，提交了搜索请求。
- 在第 27 行中，强行等待了 3s。
- 在第 30 行中，通过 Junit 的 assertEquals 比较了浏览器的标题与预计结果，其中页面标题通过 driver 的 getTitle 方法得到。如果标题与预计结果一致，测试通过，否则测试失败。
- 在第 33 行中，显式关闭了 Chrome 浏览器。

现在，你对 main 方法中的代码已经比较清楚了。但是，你知道 Selenium 内部是如何实现 Web 自动化操作的吗？这就要从 Selenium 的历史版本和基本原理开始讲起。

3.1.2　Selenium 的实现原理

首先，你要知道刚才建立的测试用例基于 Selenium 2.0，也就是采用 Selenium + WebDriver 的方案。其次，你需要知道，对于 Selenium 而言，V1.0 和 V2.0 的技术是截然不同的，V1.0 的核心是 Selenium RC，而 V2.0 的核心是 WebDriver，可以说二者完全是两个技术。最后，Selenium 3.0 已经发布一段时间了，V3.0 相比 V2.0 并没有本质上的变化，主要是增加了对 Mac OS 的 Safari 浏览器和 Windows 的 Edge 浏览器的支持，并彻底删除了对 Selenium RC 的支持。所以接下来，会针对 V1.0 和 V2.0 来解释 Selenium 实现 Web 自动化测试的原理。

1. Selenium 1.0 的工作原理

Selenium 1.0，又称 Selenium RC，其中 RC 是 Remote Control 的缩写。Selenium RC 的原理是：JavaScript 代码可以很方便地获取页面上的任何元素并执行各种操作。但是因为"同源政策（只有来自相同域名、端口和协议的 JavaScript 代码才能被浏览器执行），所以要想在测试用例运行的浏览器中注入 JavaScript 代码从而实现自动化的 Web 操作，Selenium RC 就必须"欺骗"被测站点，让它误以为被注入的代码是同源的。

那如何实现"欺骗"呢？这其实就是引入 Selenium RC Server 的根本原因，其中的 HTTP Proxy 模块就是用来"欺骗"浏览器的。

除了 Selenium RC 服务器之外，Selenium RC 提供的另一大部分就是客户端库。Selenium RC

的基本模块如图 3-3 所示。

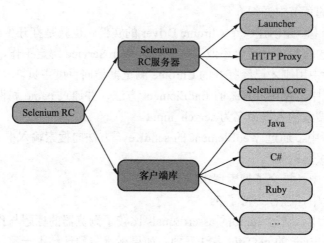

图 3-3　Selenium RC 的基本模块

Selenium RC 服务器主要包括 Selenium Core、HTTP Proxy 和 Launcher 三部分。

● Selenium Core，是被注入浏览器页面中的 JavaScript 函数集合，用来实现界面元素的识别和操作。

● HTTP Proxy，作为代理服务器修改 JavaScript 的源，以达到"欺骗"被测站点的目的。

● Launcher，用来在启动测试浏览器时完成 Selenium Core 的注入和浏览器代理的设置。

客户端库，是测试用例代码向 Selenium RC Server 发送 HTTP 请求的接口，支持多种语言，包括 Java、C#和 Ruby 等。

为了帮读者更好地理解 Selenium RC 的基本原理，图 3-4 展示了 Selenium RC 的执行流程。接下来解释其中的 7 个步骤。

（1）测试用例通过基于不同语言的客户端库向 Selenium RC 服务器发送 HTTP 请求，要求与其建立连接。

（2）连接建立后，Selenium RC 服务器的 Launcher 就会启动浏览器或者重用之前已经打开的浏览器，把 Selenium Core（JavaScript 函数的集合）加载到浏览器页面当中，并同时把浏览器的代理设置为 HTTP Proxy。

（3）测试用例通过客户端库向 Selenium RC 服务器发送 HTTP 请求，Selenium RC 服务器解析请求，然后通过 HTTP Proxy 发送 JavaScript 命令，通知 Selenium Core 执行浏览器上控件的具体操作。

（4）Selenium Core 接收到指令后，执行操作。

（5）如果浏览器收到新的页面请求信息，则会发送 HTTP 请求来请求新的 Web 页面。因为 Launcher 在启动浏览器时把 HTTP Proxy 设置成了浏览器的代理，所以 Selenium RC 服务器会接收到所有由它启动的浏览器发送的请求。

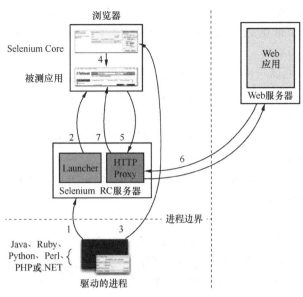

图 3-4　Selenium RC 的执行流程

（6）Selenium RC 服务器接收到浏览器发送的 HTTP 请求后，重组 HTTP 请求以规避"同源策略"，然后获取对应的 Web 页面。

（7）HTTP Proxy 把接收的 Web 页面返回给浏览器，浏览器对接收的页面进行渲染。

2．Selenium 2.0 的工作原理

接下来，我们回到上面那个百度搜索的测试用例，这个测试用例用的就是 Selenium 2.0。

Selenium 2.0 又称 Selenium WebDriver，它的原理是使用浏览器原生的 WebDriver 实现页面操作。它的实现方式完全不同于 Selenium 1.0。

Selenium 2.0 是典型的服务器-客户端模式，服务器端就是远程服务器。图 3-5 所示是 Selenium 2.0 的执行流程。

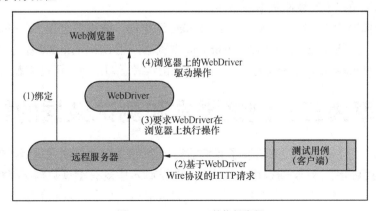

图 3-5　Selenium 2.0 的执行流程

（1）当使用 Selenium 2.0 启动 Web 浏览器时，后台会同时启动基于 WebDriver Wire 协议的 Web 服务作为 Selenium 的远程服务器，并将其与浏览器绑定。绑定完成后，远程服务器就开始监听客户端的操作请求。

（2）执行测试时，测试用例会作为客户端，将需要执行的页面操作请求以 HTTP 请求的方式发送给远程服务器。该 HTTP 请求的正文以 WebDriver Wire 协议规定的 JSON 格式来描述需要浏览器执行的具体操作。

（3）远程服务器接收到请求后，会对请求进行解析，并将解析结果发给 WebDriver，由 WebDriver 实际执行浏览器的操作。

（4）WebDriver 可以看作直接操作浏览器的原生组件，所以搭建测试环境时，通常需要先下载浏览器对应的 WebDriver。

3．Selenium 3.0 的工作原理

2016 年 Selenium 官方发布了 Selenium 3.0 版本，读者可能会纠结，在学习和工作中到底应该用 2.0 还是 3.0。Selenium 2.0 面世已经好多年了，并且已经相当成熟，对 Firefox 和 Chrome 的支持都很好，对 IE 高版本的支持较差，尤其在高版本 IE 下，64 位的 IEDriver 还有卡顿的问题，需要换成 32 位的 IEDriver。此次 Selenium 从 2.0 升级到 3.0，虽然大版本号变更了，但是从应用角度上看，并没有带来本质的飞跃。以下总结了 Selenium 3.0 的特性。

- 3.0 版本的 API 向下兼容 2.0，也就是说，当 2.0 版本的代码迁移到 3.0 版本时不会出现 API 找不到的问题。
- JDK 环境需要升级到 JDK 1.8 或者以上。
- 移除了 1.0 版本的 RC，也就是说，Selenium 1.0 不再得到官方的支持。
- 2.0 版本的 Firefox 不需要单独下载驱动，3.0 官方提供了一个 geckodriver，具体用法类似于 Chrome Driver。
- 官方开始支持微软的 Edge 浏览器，但是需要下载对应的 Driver（MicrosoftWeb Driver.exe）。
- 官方支持的 IE 的最低版本为 IE 9。

如果需要测试新版本的 Firefox、Edge、Safari 浏览器，就推荐使用 Selenium 3.0。如果对浏览器版本要求不严格，或者主要测试 Chrome 浏览器，用 Selenium 2.0 稳定性会更好。目前 Selenium 3.0 中的 geckodriver 稳定性还有些问题，初学者学习的话，还是推荐稳定的 2.0 版本。

3.2 效率为王：测试脚本和测试数据的解耦

在上一节中，用 Selenium 2.0 实现了我们的第一个 GUI 自动化测试用例，在你感觉奇妙的同时，是否也隐隐感到一丝丝的担忧呢？比如，测试脚本中既有测试数据又有测试操作，所有操作都集中在一个脚本中等。下面就通过 GUI 测试中另一个非常重要的概念——测试脚本和测试数据的解耦，讲解如何优化这个测试用例。

前面的章节已经介绍过 GUI 自动化测试适用的场景，它尤其适用于需要回归测试页面功能的场景。你现在已经掌握了一些基本的 GUI 自动化测试用例的实现方法，是不是正准备批量开发 GUI 自动化脚本，把自己从简单、重复的 GUI 操作中解放出来呢？在正式开始之前，先介绍一下测试脚本和测试数据的解耦。

3.2.1 测试脚本和测试数据的解耦

如果在测试脚本中硬编码（hardcode）测试数据，测试脚本的灵活性会非常低。另外，对于那些具有相同页面操作而只是测试输入数据不同的用例来说，就会存在大量重复的代码。

举个最简单的例子，对于之前实现的百度搜索的测试用例，当时测试用例中搜索的关键词是"极客时间"。假设我们还需要测试搜索关键词是"极客邦"和"InfoQ"的场景，如果不做任何处理，那我们就可能需要将之前的代码复制 3 份，每份代码的主体完全一致，只是其中的搜索关键词和断言的预期结果不同。显然，这样的做法是低效的。

更糟糕的是，当界面有任何的变更需要修改自动化脚本时，之前复制的 3 份脚本都需要做相应的修改。比如，如果搜索输入框的名字发生了变化，就需要修改所有脚本中 findElement 方法的 by.name 属性。而这里只有 3 个脚本，还好维护，如果有 30 个或者更多的脚本呢？你会发现脚本的维护成本实在是太高了。那么，这种情况应该怎么处理呢？

3.2.2 数据驱动测试

相信你现在已经想到了，把测试数据和测试脚本分离。也就是说，测试脚本只有一份，其中需要输入数据的地方会用变量来代替，然后把测试输入数据单独放在一个文件中。这个存放测试输入数据的文件，通常是表格的形式，也就是最常用的 CSV 文件。接下来，在测试脚本中通过测试数据提供程序从 CSV 文件中读取一行数据，并赋值给相应的变量，执行测试用例。接着再从 CSV 文件中读取下一行数据，读取完所有的数据后，测试结束。CSV 文件中有几行数据，测试用例就会执行几次。具体流程如图 3-6 所示。

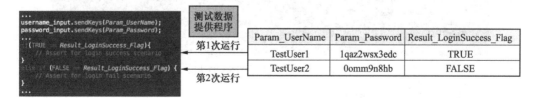

图 3-6　数据驱动的测试中的流程

数据驱动的测试很好地解决了大量重复脚本的问题，实现了"测试脚本和测试数据的解耦"。目前几乎所有成熟的自动化测试工具和框架，都支持数据驱动的测试，而且除了支持 CSV 这种最常用的数据源外，还支持 XLS 文件、JSON 文件、YAML 文件，甚至还有直接以数据库中的表作为数据源的，比如，QTP 就支持以数据库中的表作为数据驱动的数据源。

数据驱动的测试的数据文件中不仅可以包含测试输入数据，还可以包含测试验证结果数据，甚至可以包含测试逻辑分支的控制变量。图 3-6 中的 "Result_LoginSuccess_Flag" 变量其实就是用户分支控制变量。

数据驱动测试的思想不仅适用于 GUI 测试，还可以用于 API 测试、接口测试、单元测试等。所以，很多 API 测试工具（如 SoapUI Postman），以及单元测试框架（如 TestNG、Junit）都支持数据驱动测试，它们往往都是通过测试数据提供程序模块将外部测试数据源逐条 "喂"给测试脚本。

3.3 效率为王：页面对象模型

为了让读者了解页面对象（Page Object）模型这个概念的来龙去脉，并深入理解这个概念的核心思想，本节会先从早期的 GUI 自动化测试开始讲起。

3.3.1 早期 GUI 测试脚本的结构

早期的 GUI 自动化测试脚本，无论是用开源的 Selenium 开发，还是用商用的 QTP（Quick Test Professional，现在已经改名为 Unified Functional Testing）开发，脚本通常是由一系列的页面控件的顺序操作组成的。图 3-7 所示的伪代码展示了一个典型的早期 GUI 测试脚本的结构。

```
1   findElementByName("username").input("testuser001");
2   findElementByName("password").input("password");
3   findElementByName("login_ok_button").click();
4   wait(3000);
5   findElementByName("book_homepage").click();
6   wait(3000);
7   findElementByName("bookname_search_field").input("book name");
8   findElementByName("search_button").click();
9   wait(3000);
10  assert(...);
11  findElementByName("logout_button").click();
12  findElementByName("logout_ok_button").click();
```

图 3-7　早期的 GUI 测试脚本的结构

先简单介绍一下这个脚本实现的功能。

● 在第 1~4 行中，输入用户名和密码并单击 "登录" 按钮，登录完成后页面将跳转至新页面。

● 在第 5 行中，在新页面找到 "图书" 链接，然后单击链接跳转至图书的页面。

● 在第 7~10 行中，在图书搜索框输入需要查找的书名，单击 "搜索" 按钮，然后通过断言验证搜索结果。

- 在第 11～12 行中，用户退出。

看完这段伪代码，你是不是觉得脚本有点像操作级别的"流水账"，而且可读性也比较差，这主要体现在以下几个方面。

- 脚本逻辑层次不够清晰，属于一体化的风格，既有页面元素的定位查找，又有对元素的操作。
- 脚本的可读性差。为了方便你理解，示例中的代码用了比较直观的 findElementBy-Name，你可以很方便地从 name 的取值，如"username"和"password"，猜出脚本所执行的操作。但在实际代码中，很多元素的定位都会采用 Xpath、ID 等方法，此时就很难从代码中直观看出到底脚本在操作哪个控件了。也就是说，代码的可读性会更差，带来的直接后果就是后期脚本的维护难度增大。有些公司中自动化测试脚本的开发和维护是两批人，脚本开发并调试完以后，开发人员就会把脚本移交给自动化测试执行团队，供其使用并维护，这种情况下脚本的可读性就至关重要了。但即使是同一批人维护，一段时间后，当时的开发人员也会遗忘某些甚至大部分的开发步骤。
- 由于脚本的每一行都直接描述各个页面上的元素操作，很难一眼看出脚本更高层的业务测试流程。比如，图 3-7 的业务测试流程其实就三大步：用户登录、搜索图书和用户退出，但是通过阅读代码很难一下看出来。
- 通用步骤会在大量测试脚本中重复出现。脚本中的某些操作集合在业务上是属于通用步骤，比如图 3-7 中第 1～4 行完成的是用户登录操作，第 11～12 行完成的是用户的退出操作。
- 这些通用的操作会在其他测试用例的脚本中多次重复。无论操作发生变动，还是页面控件的定位发生变化，都需要同时修改大量的脚本。

其实，上面说到的这几方面正是早期 GUI 自动化测试的主要问题，这也是"开发几个 GUI 自动化测试会觉得很高效，但是开发成百上千个 GUI 自动化测试会很痛苦"的原因。

那怎么解决这个问题呢？你可能已经想到了软件设计中模块化设计的思想。

3.3.2　基于模块化思想实现 GUI 测试用例

利用模块化思想把一些通用的操作集合打包成函数，通过 GUI 自动化测试脚本直接调用这些函数来构成整个测试用例，这样 GUI 自动化测试脚本就从原本的"流水账"过渡到了"可重用的脚本片段"。图 3-8 所示就是利用了模块化思想的 GUI 测试用例伪代码。

第 1～6 行就是测试用例，非常简单，一眼就可以看出测试用例具体在执行什么操作，而各个操作函数的具体内部实现还是之前那些"流水账"。当然，这里对于测试输入数据完全可以采用测试驱动的方法，为了直观这里就直接硬编码了测试输入数据。

```
1   testcase_001()
2   {
3       login("testuser001", "password");
4       search("bookname");
5       logout();
6   }
7
8   login(username,password)
9   {
10      findElementByName("username").input(username);
11      findElementByName("password").input(password);
12      findElementByName("login_ok_button").click();
13      wait(3000);
14  }
15
16  search(bookname)
17  {
18      findElementByName("book_homepage").click();
19      wait(3000);
20      findElementByName("bookname_search_field").input(bookname);
21      findElementByName("search_button").click();
22      wait(3000);
23      assert(...);
24  }
25
26  logout()
27  {
28      findElementByName("logout_button").click();
29      findElementByName("logout_ok_button").click();
30  }
```

图 3-8　模块化思想的 GUI 测试用例伪代码

实际工程应用中，第 1～6 行的测试用例和第 8～30 行的操作函数通常不会放在一个文件中，因为操作函数往往会被很多测试用例共享。这种模块化的设计思想的好处如下。

（1）解决了脚本可读性差的问题，脚本的逻辑层次也更清晰了。

（2）解决了通用步骤会在大量测试脚本中重复出现的问题，现在操作函数可以被多个测试用例共享，当某个步骤的操作或者界面控件发生变化时，只要一次性修改相关的操作函数就可以了，而不需要在每个测试用例中逐个修改。

但是，这样的设计并没有完全解决早期 GUI 自动化测试的主要问题，比如每个操作函数内部的脚本可读性问题依然存在，而且还引入了新的问题，即如何把控操作函数的粒度，以及如何衔接两个操作函数之间的页面。关于这两个新引入的问题，后面的章节会详细阐述。

现在，操作函数的内部实现还只是停留在"既查找页面元素又操作元素"的阶段，当业务操作本身比较复杂或者需要跨多个页面时，"可读性差、难以维护"的问题就会更加明显了。那么，有什么更好的办法来解决这个问题吗？答案就是 GUI 自动化测试中的第二个重要概念——页面对象（Page Object）模型。

3.3.3 基于页面对象模型实现 GUI 测试用例

页面对象模型的核心理念是，以页面（Web 页面或者原生应用页面）为单位来封装页面上的控件以及控件的部分操作。而测试用例（更确切地说是操作函数），基于页面封装对象来完成具体的界面操作，最典型的模式是 "XXXPage.YYYComponent.ZZZOperation"。

基于这个思想，上述用例的伪代码可以修改成图 3-9 所示的结构。这里，只给出了 login 函数的伪代码，建议你按照这种思路，自己实现 search 和 logout 的代码，这样可以体会页面对象模型带来的变化。

```
1   Class loginPage{
2       username_input = findElementByName("username");
3       password_input = findElementByName("password");
4       login_ok_button = findElementByName("login_ok_button");
5       login_cancel_button = findElementByName("login_cancel_button");
6   }
7
8
9   login(username,password)
10  {
11      loginPage.username_input.input(username);
12      loginPage.password_input.input(password);
13      loginPage.login_ok_button.click();
14  }
```

图 3-9　基于页面对象模型的伪代码示例

通过这样的代码结构，可以清楚地看到在什么页面上执行了什么操作，也可以更容易地将具体的测试步骤转换成测试脚本，同时代码的可读性以及可维护性大幅度提高。

3.4　更接近业务的抽象：让自动化测试脚本更好地描述业务

上一节介绍了 GUI 自动化测试中两个主要的概念"测试脚本与测试数据的解耦"以及"页面对象模型"。在引入"操作函数"封装时，操作函数在改善测试脚本可读性问题的同时，也引入了两个新的问题，即：如何把控操作函数的粒度，以及如何衔接两个操作函数之间的页面。

现在，就以这两个问题作为引子，介绍 GUI 自动化测试中业务流程（Business Flow）的概念、核心思想以及应用场景。

3.4.1　操作函数的粒度把控

操作函数的粒度是指，一个操作函数到底应该包含多少操作步骤才是最合适的。

如果粒度太大，就会降低操作函数的可重用性。极端的例子就是，前面章节中涉及的百度搜索的案例，把"登录""搜索"和"登出"的操作作为一个操作函数。

如果粒度太小，也就失去了操作函数封装的意义。极端的例子就是，把每一个步骤都作为一个操作函数。

更糟糕的是，在企业实际的自动化测试开发中，每个测试工程师对操作函数的粒度理解也不完全相同，很有可能出现同一个项目中脚本粒度差异过大，以及某些操作函数的可重用性低的问题。

那么，操作函数的粒度到底应该如何控制呢？其实这个问题在很大程度上取决于项目的实际情况，以及测试用例步骤的设计，并没有一个放之四海而皆准的绝对标准。

但是，脚本粒度的控制还是有设计依据可以遵循的，即往往以完成一个业务流程为主线，抽象出其中的"高内聚低耦合"的操作步骤集合，操作函数就由这些操作步骤集合构成。比如，对于"用户注册"这个业务流程，其中的"信用卡绑定"操作就会涉及多个操作步骤，而这些操作在逻辑上又是相对独立的，所以就可以包装成一个操作函数。也就是说，业务流程会依次调用各个操作函数，来完成具体的业务操作。

3.4.2　衔接两个操作函数之间的页面

完成一个业务流程操作，往往会需要依次调用多个操作函数，但是操作函数和操作函数之间会有页面衔接的问题，即前序操作函数完成后的最后一个页面，必须是后续操作函数的第一个页面。

如果连续的两个操作函数之间无法用页面衔接，就需要在两个操作函数之间加入额外的页面跳转代码，或者在操作函数内部加入特定的页面跳转代码。

3.4.3　业务流程抽象

在解决如何把控操作函数的粒度，以及如何衔接两个操作函数之间的页面这两个问题的过程中，业界的标杆企业引入了业务流程抽象的概念。接下来就详细介绍什么是业务流程抽象。

业务流程抽象是，基于操作函数的更接近于实际业务的更高层次的抽象方式。基于业务流程抽象实现的测试用例往往灵活性会非常好，可以很方便地组装出各种测试用例。这个概念难以理解，下面通过例子进一步说明。

假设，某个具体的业务流程是：已注册的用户登录电商平台购买指定的图书，那么基于业务流程抽象的测试用例伪代码如图 3-10 所示。

这段伪代码的信息量很大，但是理解了这段代码的设计思想，也就掌握了业务流程抽象的精髓。

```
 1
 2    LoginFlowParameters loginFlowParameters = new LoginFlowParameters();
 3    loginFlowParameters.setUserName("username");
 4    loginFlowParameters.setPassword("password");
 5    LoginFlow loginFlow = new LoginFlow(loginFlowParameters);
 6    loginFlow.execute();
 7
 8
 9    SearchBookFlowParameters searchBookFlowParameters = new SearchBookFlowParameters();
10    searchBookFlowParameters.setBookName("bookname");
11    SearchBookFlow searchBookFlow = new SearchBookFlow(searchBookFlowParameters);
12    searchBookFlow.withStartPage(loginFlow.getEndPage()).execute();
13
14
15    CheckoutBookFlowParameters checkoutBookFlowParameters = new CheckoutBookFlowParameters();
16    checkoutBookFlowParameters.setBookID(searchBookFlow.getOutPut().getBookID());
17    CheckoutBookFlow checkoutBookFlow = new CheckoutBookFlow(checkoutBookFlowParameters);
18    checkoutBookFlow.withStartPage(searchBookFlow.getEndPage()).execute();
19
20
21    LogoutFlow logoutFlow = new LogoutFlow();
22    logoutFlow.withStartPage(checkoutBookFlow.getEndPage()).execute();
```

图 3-10　基于业务流程抽象的测试用例伪代码

首先，从整体结构上看，这段伪代码顺序调用了 4 个业务流程，依次是完成用户登录的 LoginFlow、完成图书查询的 SearchBookFlow、完成图书购买的 CheckoutBookFlow、完成用户退出的 LogoutFlow。

这 4 个业务流程都是作为独立的类封装的，可以很方便地重用并灵活组合。类的内部实现通常是调用操作函数。而在操作函数的内部则基于页面对象模型完成具体的页面控件操作。

然后，对于每一个业务流程类，都会有相应的业务流程输入参数类与之一一对应。具体的步骤如下。

（1）初始化一个业务流程输入参数类的实例。

（2）给这个实例赋值。

（3）用这个输入参数类的实例来初始化业务流程类的实例。

（4）执行这个业务流程实例。

执行业务流程实例的过程，其实就是调用操作函数来完成具体页面对象操作的过程。为了让读者更好地理解业务流程提供了哪些功能，接下来会逐行解读这段伪代码。

伪代码中的第 2～6 行调用的是 LoginFlow，完成了用户登录的操作。第 2 行初始化了 LoginFlow 对应的 LoginFlowParameters 的实例。第 3～4 行通过 setUserName 和 setPassword 方法将用户名和密码传入该参数类的实例。第 5 行用这个已经赋值的参数类的实例来初始化 LoginFlow。第 6 行通过 execute 方法执行。执行之后，LoginFlow 会调用内部的操作函数，或者直接调用页面对象方法，完成用户登录的操作。

伪代码中的第 9～12 行，用和第 2～6 行类似的方式调用了 SearchBookFlow，完成了图书搜索的操作。需要特别注意的是，第 12 行中 withStartPage(loginFlow.getEndPage()) 的含义是，SearchBookFlow 的起始页面将会使用之前 LoginFlow 的结束页面。显然，通过这种方式可以很方便地完成两个业务流程之间的页面衔接。

同时，从中还可以看出，其实每个业务流程都可以接受不同的起始页面。以 SearchBookFlow

为例，它的起始页面既可以是图书首页，也可以是其他页面，但是需要在它的内部对不同的初始页面做出相应的处理，以保证这个业务流程真正开始的页面是在图书搜索页面。

同样，由于业务流程存在分支的可能性，每个业务流程执行完之后的最终页面也不是唯一的，可以使用 getEndPage 方法获取这个业务流程执行结束后的最后页面。

通过这段代码的解读，可以很清楚地理解，业务流程之间的页面衔接是如何实现的。伪代码中的第 15～18 行调用了 CheckoutBookFlow，完成了图书购买操作。第 15 行初始化了 CheckoutBookFlow 对应的 checkoutBookFlowParameters 的实例。第 16 行通过 setBookID(search BookFlow.getOutPut().getBookID())，将上一个业务流程 searchBookFlow 的输出参数作为当前业务流程的输入参数。这是典型的业务流程之间传递数据的示例，也是很多测试场景中用到的。第 17 行用 checkoutBookFlowParameters 参数类的实例来初始化 checkoutBookFlow。第 18 行通过 execute 方法执行。这里需要注意的是，checkoutBookFlow 的起始页面将会使用之前 searchBookFlow 的结束页面。开始执行后，checkoutBookFlow 会调用内部的操作函数，或者直接调用页面对象方法，完成图书的购买操作。

伪代码中的第 21～22 行，调用 LogoutFlow，完成用户退出操作。第 21 行中，因为 LogoutFlow 不带参数，所以直接初始化了 LogoutFlow。第 22 行通过 execute 方法执行。这里 LogoutFlow 的起始页面将会使用之前 CheckoutBookFlow 的结束页面。开始执行后，LogoutFlow 会调用内部的操作函数，或者直接调用页面对象方法，完成用户退出操作。

通过对这些代码的解读，介绍了业务流程是什么，并从使用者的角度分析了业务流程的主要特点。为了加深印象，下面总结一下业务流程的优点。

（1）业务流程的封装更接近实际业务。

（2）基于业务流程的测试用例非常标准化，遵循准备参数、实例化流程和执行流程这 3 个步骤，非常适用于测试代码的自动生成。

（3）因为更接近实际业务，所以可以很方便地和行为驱动开发（Behavior Driven Development，BDD）结合。

3.5 过不了的坎：GUI 自动化过程中的测试数据

前面的章节从页面操作的角度介绍了 GUI 自动化测试，讲解了页面对象模型和业务流程封装。本节将从测试数据的角度再次谈谈 GUI 自动化测试。

为了顺利进行 GUI 测试，往往需要准备测试数据来配合测试的进行。如果不采用事先数据准备的方式，测试效率将会大打折扣，而且还会引入大量不必要的依赖关系。

以"用户登录"功能的测试为例，如果测试的目的仅仅是测试用户是否可以正常登录，比较理想的方式是：这个用户数据已经存在于被测系统中了，或者可以通过很方便的方式在测试用例中生成这个用户数据；否则，只是为了测试用户登录功能，而以 GUI 的方式"当场"注册一个新用户，显然，这是不可取的。

　　其实从这里你就可以看出，测试数据准备是实现测试用例解耦的重要手段，完全不必为了用 GUI 测试用户登录功能而去执行用户注册，只要能够快速创建出这个登录用户就可以了。

　　在正式讨论测试数据的创建方法前，先分析一下 GUI 测试中两种常见的数据类型。

- 测试输入数据，也就是 GUI 测试过程中通过界面输入的数据。比如，"用户登录"测试中输入的用户名和密码就属于这一类数据。
- 为了完成 GUI 测试而需要准备的测试数据。比如，"用户登录"测试中，需要事先准备好用户账户，以便进行用户的登录测试。

　　接下来介绍创建测试数据的方法，以及它们各自的优缺点和使用场景。

　　从创建的技术手段上来讲，创建测试数据的方法主要分为 3 种：

- API 调用；
- 数据库操作；
- 综合运用 API 调用和数据库操作。

　　从创建的时机来讲，创建测试数据的方法主要分为两种：

- 在测试用例的执行过程中，实时创建测试数据；
- 测试用例执行前，事先创建测试数据。

　　在实际项目中，要创建测试数据，最佳的选择是利用 API。只有当 API 不能满足数据创建的需求时，才会使用数据库操作的手段。实际上，往往很多测试数据的创建基于 API 和数据库操作两者的结合来完成，即先通过 API 创建基本的数据，然后通过调用数据库操作来修改数据，以满足对测试数据的特定要求。而对于创建测试数据的时机，在实际项目中，往往是实时创建测试数据和事先创建测试数据结合在一起使用。对于相对稳定的测试数据，如商品类型、图书类型等，往往采用事先创建测试数据的方式以提高效率；而对于那些一次性的测试数据，如商品、订单、优惠券等，往往采用实时创建测试数据的方式，以保证不存在脏数据。

　　接下来，就先从创建测试数据的技术手段开始谈起。

3.5.1　基于 API 调用创建测试数据

　　先看一个电商网站"新用户注册"的例子，当用户通过 GUI 填写新用户注册信息后，向系统后台提交表单，系统后台就会调用 createUser 的 API 完成用户的创建。

　　而对于互联网产品，尤其是现在大量采用微服务架构的网站，这个 API 往往以 Web 服务的形式暴露接口。那么，在这种架构下，测试者完全可以直接调用这个 API 来创建新用户，而无须通过前端页面向后台提交表单。因为 API 通常都有与安全相关的 token 保护机制，所以实际项目中，通常会把对这些 API 的调用以代码的形式封装为测试数据工具。这种方式最大的好处就是，测试数据的准确性直接由产品 API 保证，缺点是并不是所有的测试数据都由相关的 API 来支持。另外，对需要大量创建数据的测试来说，基于 API 调用方式的执行效率，即使采用了并发机制也不会十分理想。为了解决执行效率的问题，就有了基于数据库操作的测试数据创建手段。

3.5.2 基于数据库操作创建测试数据

本节介绍基于数据库操作创建测试数据的手段。实际项目中，并不是所有的数据都可以通过 API 的方式实现创建和修改，很多数据的创建和修改直接在产品代码内完成，而且并没有对外暴露供测试使用的接口。那么，这种情况下，就需要通过直接操作数据库的方式来产生测试数据。同样地，我们可以把创建和修改数据的相关 SQL 语句封装成测试数据工具，以方便测试用例的使用。但是，如果正尝试在实际项目中运用这个方法，不可避免地会遇到如何才能找到正确的 SQL 语句来创建和修改数据的问题。因为，创建或修改一条测试数据往往会涉及很多业务表，任何的遗漏都会造成测试数据的不准确，从而导致有些测试因为数据问题而无法进行。基于此，这里提供两个思路来帮读者解决这个问题。

- 手工方式。查阅设计文档和产品代码，找到相关的 SQL 语句集合。或者，直接找开发人员索要相关的 SQL 语句集合。
- 自动方式。在测试环境中，在只有一个活跃用户的情况下，首先通过 GUI 操作完成数据的创建、修改，然后利用数据库监控工具获取这段时间内所有的业务表修改记录，以此为依据开发 SQL 语句集。

需要注意的是，这两种思路的前提都是，假定产品功能正确，否则就会出现"一错到底"的尴尬局面。

基于数据库操作创建测试数据的最大好处是，可以创建和修改 API 不支持的测试数据，并且由于直接对数据库操作，执行效率会远远高于 API 调用方法。但是，数据库操作这种方式的缺点也显而易见，对于数据库表中结构以及字段的任何变更，都必须同步更新测试数据工具中的 SQL 语句。

但在实际项目中，经常出现因为 SQL 语句更新不及时而导致测试数据错误的问题，而且这里的数据不准确往往只是局部错误，所以这类问题往往比较隐蔽，只有在特定的测试场景下才会暴露。于是，在实际工程项目中，需要引入测试数据工具的版本管理，并通过开发流程来保证 SQL 的变更能够及时通知到测试数据工具团队。

3.5.3 综合运用 API 调用和数据库操作创建测试数据

若已经理解了基于 API 调用和基于数据库操作创建测试数据这两类方法，综合运用这两类方法，就可通过测试数据工具提供更多种类的业务测试数据。

具体来讲，当要创建一种特定的测试数据时，若发现没有直接 API 支持，可首先通过 API 创建基本的数据，然后通过修改数据库的方式来更新数据，以此来满足创建特定测试数据的要求。比如，要创建一个已经绑定了信用卡的新用户，如果创建新用户有直接的 API，而绑定信用卡需要操作数据库，这种情况下就需要综合运用这两种方式完成测试数据工具的开发。

3.5.4 实时创建测试数据

介绍完了创建测试数据的 3 种技术手段，接下来讲一下如何实时创建测试数据。

在 GUI 测试脚本中，在开始执行界面操作前，我们往往会通过调用测试数据工具实时创建测试数据。这种方式不依赖被测系统中的任何原有数据，也不会对原有数据产生影响，可以很好地从数据层面隔离测试用例，让测试用例中的测试数据实现"自包含"。

从理论上讲，实时创建测试数据是很好的方法，但在实际测试项目中会存在 3 个主要问题。

（1）在用例执行过程中实时创建数据，导致测试的执行时间比较长。作者曾经粗略统计过一个大型 Web GUI 自动化测试项目的执行时间，将近 30% 的时间都花在了测试数据的准备上。

（2）业务数据的连带关系，导致测试数据的创建效率非常低。比如，要创建一个订单，而这个订单必然会绑定买家和卖家，以及订单商品信息。如果完全基于实时创建测试数据的方式，就需要先实时创建买家和卖家这两个用户，然后再创建订单中的商品，最后才创建这个订单本身。这样的测试数据创建方式虽然是"自包含"的，但创建效率非常低，会使得测试用例执行时间变得更长，而这恰恰与互联网产品的测试策略产生冲突。

（3）更糟糕的情况是，实时创建测试数据的方式对测试环境的依赖性很强。比如，如果你要测试用户登录功能并且基于实时创建测试数据的方式，就应该先调用测试数据工具实时创建一个用户，然后再用这个用户完成登录测试。这时，创建用户的 API 由于各种原因处于不可用的状态（这种情况在采用微服务架构的系统中很常见）。因为无法创建用户，所以无法完成用户登录测试。

基于以上这 3 种常见问题，实际项目中还会引入事先创建测试数据的方式。

3.5.5 事先创建测试数据

事先创建测试数据就是在被测系统中预先创建好充足的、典型的测试数据。这些数据通常是在搭建测试环境时通过数据库脚本"预埋"在系统中的，后续的测试用例中可以直接使用。

事先创建测试数据的方法有效解决了实时创建测试数据的很多问题，但是这种方法的缺点也很明显，主要体现在以下 3 个方面。

（1）测试用例中需要硬编码测试数据，额外引入了测试数据和用例之间的依赖。

（2）一次性的测试数据不适合事先创建测试数据的方法。测试用例往往会需要修改测试数据，而且有些测试数据只能使用一次。比如，优惠券在一个订单中被使用后就失效了。所以如果没有很好的全局测试数据管理，很容易因为测试数据失效而造成测试失败。

（3）"预埋"的测试数据的可靠性远不如实时创建的数据。在测试用例的执行过程中，经常会出现测试数据被意外修改的情况。比如，手动测试或者是自动化测试用例的调试等，都会修改或者使用这些"预埋"的数据。

3.5.6 实时创建测试数据和事先创建测试数据的互补

基于实时创建测试数据和事先创建测试数据的优缺点与互补性，在实际的大型测试项目中，往往会采用两者相结合的方式，从测试数据本身的特点入手，选取不同的测试数据创建方式。

针对应该选择什么时机创建测试数据，结合多年的实践经验，这里总结了以下 3 点。

（1）对于相对稳定、很少修改的数据，建议采用事先创建测试数据的方式，如商品类目、厂商品牌、部分标准的卖家和买家账号等。

（2）对于经常需要修改、状态经常变化的一次性数据，建议使用实时创建测试数据的方式。

（3）当用实时创建测试数据的方式创建测试数据时，上游数据的创建可以采用事先创建测试数据方式，以提高测试数据创建的效率。以订单数据为例，订单的创建可以采用实时创建测试数据方式，而与订单相关联的卖家、买家和商品信息可以使用事先创建测试数据方式创建。

其实，为了更好地解决测试数据本身组合的复杂性和多样性，充分发挥测试数据工具的作用，还有很多大型企业的实践值得讨论，这在本书后面的章节会详细介绍。

3.6 GUI 测试还能这么"玩"

前面的章节介绍了 GUI 自动化测试中数据驱动的测试、页面对象模型、业务流程封装，以及测试数据相关的内容。

本节将从自动生成页面对象、自动生成 GUI 测试数据、无头浏览器 3 个方面展开，这是 GUI 测试中比较有意思也比较前沿的知识点。

3.6.1 自动生成页面对象

要讲解的第一个内容是自动生成页面对象。前面的章节已经介绍过页面对象模型的概念。页面对象模型以 Web 页面为单位来封装页面上的控件以及控件的部分操作，而测试用例基于页面对象完成具体操作。最典型的模式就是 XXXPage.YYYComponent.ZZZOperation。图 3-11 展示了基于页面对象模型的伪代码示例。

如果你在实际项目中已经用过页面对象模型，会发现开发和维护 Page 类，是一件很耗费时间的事。需要打开页面，识别出可以唯一确定某元素的属性或者属性集合，然后把它们写到 Page 类里，比如图 3-11 中的第 2 行代码就是通过控件的名字（username）来定位元素的。更糟糕的是，GUI 的页面会经常变动，如果开发人员开发前端代码时没有严格遵循可测试性的要求，Page 类的维护成本就会更高。

```
 1   Class loginPage{
 2       username_input = findElementByName("username");
 3       password_input = findElementByName("password");
 4       login_ok_button = findElementByName("login_ok_button");
 5       login_cancel_button = findElementByName("login_cancel_button");
 6   }
 7
 8
 9   login(username,password)
10   {
11       loginPage.username_input.input(username);
12       loginPage.password_input.input(password);
13       loginPage.login_ok_button.click();
14   }
```

图 3-11　基于页面对象模型的伪代码示例

那么，什么方法能够解决这个问题呢？答案就是，页面对象自动生成技术，它非常适用于需要维护大量页面对象的中大型 GUI 自动化测试项目。

页面对象自动生成技术属于典型的“自动化你的自动化”的应用场景。它的基本思路是，不用再手工维护 Page 类了，只需要提供 Web 的 URL，它就会自动生成这个页面上所有控件的定位信息，并自动生成 Page 类。

但是，需要注意的是，那些依赖于数据的动态页面对象也会包含在自动生成的 Page 类里，而这种动态页面对象通常不应该包含在 Page 类里，所以需要以手工的方式删除。

目前，很多商用自动化工具（如 UFT）已经支持页面对象的自动生成了，同时还能够对 Page 类进行版本管理。但是，开源的自动化方案中，页面对象自动生成功能一般需要自己开发，并且需要与测试者所用的自动化测试框架深度绑定。目前，中小企业很少自己去实现这一功能。不过，好消息是，免费的 Katalon Studio 已经提供了类似的页面对象库管理功能，如果感兴趣，可以试用一下。

3.6.2　自动生成 GUI 测试数据

本节讲解 GUI 测试数据的自动生成。自动生成 GUI 测试数据指的是由机器自动生成测试用例的输入数据。

乍一听上去是不是感觉有点“玄乎”？机器不可能理解我们的业务逻辑，怎么可能自动生成测试数据呢？在这里说的“自动生成测试数据”，仅仅局限于以下两种情况。

第一种情况是根据 GUI 输入数据类型，以及对应的自定义规则库自动生成测试输入数据。比如，GUI 上有一个“书名”输入框，它的数据类型是 string。于是，基于数据类型就可以自动生成诸如 Null、SQL 注入、超长字符串、非英语字符等测试数据。同时，根据自定义规则库，还可以根据具体规则生成各种测试数据。这个自定义规则库里面的规则，往往反映了具体的业务逻辑。比如，对于“书名”，就会有书名不能长于多少个字符等方面的要求，因此就可以根据这些业务要求来生成测试数据。根据自定义规则生成测试数据的核心思想，与安全扫描软件 AppScan 基于攻击规则库自动生成和执行安全测试的方式，有异曲同工之处。

第二种情况是对于需要组合多个测试输入数据的场景。自动生成测试数据可用于组合多个测试数据的笛卡儿积，然后再以人工的方式剔除掉非法的数据组合。但是，这种方式并不一定是最高效的。对于输入参数比较多且数据之间合法组合比较少或者难以明确的情况，先自动生成笛卡儿积组合，再删除非法组合，效率往往还不如人为组合高。所以，在这个场景下是否要用自动生成测试数据的方法，还需要具体问题具体分析。

更典型的做法是，先手动选择部分输入数据的笛卡儿积，并删除不合法的部分。然后，在此基础上，再人为添加更多业务上有意义的输入数据组合。比如，输入数据有 *A*、*B*、*C*、*D*、*E*、*F* 这 6 个参数，可以先选取最典型的几个参数生成笛卡儿积，假设这里选取 *A*、*B* 和 *C*。然后，在生成的笛卡儿积中删除业务上不合法的组合。最后，再结合 *D*、*E* 和 *F* 的一些典型取值，构成更多的测试输入数据组合。

3.6.3　无头浏览器简介

本节讲解无头浏览器。无头浏览器（Headless Browser）是一种没有界面的浏览器。

无头浏览器其实是一种特殊的浏览器，可以把它简单地想象成运行在内存中的浏览器。它拥有完整的浏览器内核，包括 JavaScript 解析引擎、渲染引擎等。与普通浏览器最大的不同是，无头浏览器在运行过程中看不到界面，但是依然可以用 GUI 测试框架的截图功能截取其中的页面。

无头浏览器的主要应用场景包括 GUI 自动化测试、页面监控以及网络爬虫这 3 种。在 GUI 测试过程中，使用无头浏览器的好处主要体现在 4 个方面。

（1）测试速度更快。相对于普通浏览器来说，无头浏览器无须加载 CSS 以及渲染页面，在测试用例的执行速度上有很大的优势。

（2）减少对测试执行的干扰。可以减少操作系统以及其他软件（如杀毒软件等）中不可预期的弹出框对浏览器测试的干扰。

（3）简化测试执行环境的搭建。对于大量测试用例的执行而言，可以减少对大规模 Selenium Grid 集群的依赖，同时 GUI 测试可以直接运行在无界面的服务器上。

（4）在单机环境下实现测试的并发执行。可以在单机上很方便地运行多个无头浏览器，实现测试用例的并发执行，且相互之间没有任何干扰。

但是，无头浏览器并不完美。它最大的缺点是，不能完全模拟真实的用户行为，而且因为没有实际完成页面的渲染，所以不太适用于需要对页面布局进行验证的场景。

在 Google 发布 Headless Chrome 之前，PhantomJS 是业界主流的无头浏览器解决方案。然而，这个项目的维护一直以来都做得不够好，未解决的已知缺陷数量有 1800 多个。虽然 PhantomJS 支持主流的 Webkit 浏览器内核，但是依赖的 Chrome 版本太低，所以，无头浏览器一直难以在 GUI 自动化测试中大规模应用。

但好消息是，2017 年 Google 发布了 Headless Chrome，以及与之配套的 Puppeteer 框架，Puppeteer 不但支持最新版本的 Chrome，而且得到 Google 官方的支持，这使得无头浏览器可以在实际项目中得到更好的应用。也正是这个原因，PhantomJS 的创建者 Ariya Hidayat 停止了对它的维护，Headless Chrome 成了无头浏览器的首选方案。

3.6.4　Headless Chrome 与 Puppeteer 的使用

那什么是 Puppeteer 呢？Puppeteer 是一个 Node 库，提供了高级别的 API 封装，这些 API 会通过 Chrome DevTools Protocol 与 Headless Chrome 的交互达到自动化操作的目的。

Puppeteer 也是由 Google 开发的，所以它可以很好地支持 Headless Chrome 以及后续 Chrome 的版本更新，Puppeteer 通过 DevTools 协议控制 Headless Chrome 的 Node 库。可以通过其提供的 API 直接控制 Chrome 来模拟大部分用户操作，从而进行 GUI 测试或者作为爬虫访问页面来收集数据。

下面将简单讲解一下 Puppeteer 的使用，更详细的使用请直接访问 Puppeteer 的官方网站。

首先，Puppeteer 本身需要依赖 6.4 版本以上的 Node.js，但是为了更方便地使用异步 async/await，所以强烈推荐使用 7.6 版本以上的 Node.js。因为 Puppeteer 是一个 npm 的包，所以安装很简单，一般直接通过相应命令即可完成安装。需要注意的是，安装 Puppeteer 的时候会默认安装最新版本的 Chromium 来确保 API 可以顺利执行。当然，也可以通过设置环境变量或者 npm config 中的 PUPPETEER_SKIP_CHROMIUM_DOWNLOAD 跳过下载程序。如果不下载，启动时可以通过 puppeteer.launch([options]) 配置项中的 executablePath 指定 Chromium 的位置。

如果读者熟悉 Selenium 的使用，就会发现 Puppeteer 的使用与之非常类似，图 3-12 给出了一个最基本的使用示例。

```
const puppeteer = require('puppeteer');

(async () => {
  const browser = await puppeteer.launch();
  const page = await browser.newPage();
  await page.goto('http:// ***');
  await page.screenshot({path: 'example.png'});
  await page.pdf({path: 'example.pdf', format: 'A4'});
  await browser.close();
})();
```

图 3-12　Puppeteer 使用示例

上述代码通过 Puppeteer 的 launch 方法生成了一个 browser 的实例。对于浏览器，launch 方法可以传入配置项，比较有用的是在本地调试时传入 {headless:false} 以关闭 headless 模式。

browser.newPage 方法可以打开一个新选项卡并返回选项卡的实例 page，通过 page 上的各种方法可以对页面进行常用操作。上述代码就完成了截屏和打印 PDF 的操作。

另外，一个很强大的方法是 page.evaluate(pageFunction,...args)，它可以向页面注入函数，这样就可以对测试做任意的扩展。需要注意的是，page.evaluate 方法中是无法直接使用外部变量的，需要作为参数传入，要获得执行的结果也需要自行返回。图 3-13 给出了相应的使用示例。

```javascript
const puppeteer = require('puppeteer');

(async () => {
  const browser = await puppeteer.launch();
  const page = await browser.newPage();
  await page.goto('http://***');


  const dimensions = await page.evaluate(() => {
    return {
      width: document.documentElement.clientWidth,
      height: document.documentElement.clientHeight,
      deviceScaleFactor: window.devicePixelRatio
    };
  });

  console.log('Dimensions:', dimensions);
  await browser.close();
})();
```

图 3-13　page.evaluate 的使用示例

3.7　精益求精：提高 GUI 测试稳定性的关键技术

上面已经介绍完了与 GUI 测试相关的知识点，以帮读者搭建 GUI 自动化测试的知识体系。本节将从实际工程应用的角度，讲一下 GUI 测试的稳定性问题。

如果你所在的公司已经规模化地开展了 GUI 测试，相信也一定遇到过测试稳定性的问题。GUI 自动化测试稳定性最典型的表现形式就是，同样的测试用例在同样的环境上，时而测试通过，时而测试失败。这也是影响 GUI 测试发展的一个重要障碍，同时严重降低了 GUI 测试的可信性。

下面讲一下如何提高 GUI 测试的稳定性。虽然从理论上来讲 GUI 测试有可能做到 100%稳定，但在实际项目中这是一个几乎无法达到的目标。根据经验，如果能够做到 95%以上的稳定性，就已经非常不错了。

要提高 GUI 测试的稳定性，首先需要知道到底是什么原因引起的不稳定。必须找出尽可能多的不稳定因素，然后找到每一类不稳定因素对应的解决方案。下面总结了 5 种造成 GUI 测试不稳定的因素：

- 非预计的弹出对话框；
- 页面控件属性的细微变化；
- 被测系统的 A/B 测试；
- 随机的页面延迟造成控件识别失败；
- 测试数据问题。

接下来讲解针对这 5 种不稳定因素的解决思路。

3.7.1　非预计的弹出对话框

影响 GUI 测试稳定性的第一个因素是非预计的弹出对话框。非预计的弹出对话框一般包含两种场景。

（1）在 GUI 自动化测试用例的执行过程中，操作系统弹出的非预计对话框，这可能会干扰 GUI 测试的自动执行。比如，GUI 测试运行到一半，操作系统突然弹出杀毒软件更新请求、病毒警告信息、系统更新请求等对话框。这种对话框的弹出往往是难以预计的，但是一旦发生就有可能造成 GUI 自动化测试的不稳定。

（2）被测软件本身也有可能在非预期的时间弹出对话框，GUI 自动化测试有可能会因此而失败。比如，被测软件是一个电子商务网站，在网站上进行操作时，很可能会随机弹出"用户调查"对话框。虽然这种对话框是可知的，但是具体会在哪一步弹出是不可预期的。而这往往会造成 GUI 自动化测试的不稳定。

怎么解决这类问题呢？先试想一下如果在手工测试中遇到了这种情况会如何处理。很简单，直接单击对话框上的"确认"或者"取消"按钮，关闭对话框，然后继续执行相关的业务测试操作。对 GUI 自动化测试来说也是同样的道理。具体做法如下。

- 当自动化测试脚本发现控件无法正常定位或者无法操作时，GUI 自动化框架自动进入"异常场景恢复模式"。
- 在"异常场景恢复模式"下，GUI 自动化框架依次检查各种可能出现的对话框，一旦确认了对话框的类型，立即执行预定义的操作（比如，单击"确定"按钮，关闭这个对话框），接着重试刚才失败的步骤。

需要注意的是，这种方式只能处理已知可能出现的对话框。而对于新类型的对话框，只能通过自动化的方式尝试单击上面的按钮进行处理。每当发现一种潜在的弹出的对话框，我们就把它的详细信息（包括对象定位信息等）更新到"异常场景恢复"库中，下次再遇到相同类型的对话框时，系统就可以自动关闭了。"异常场景恢复"库通常不会采用硬编码的方式来实现，而使用配置库的方式来实现。

3.7.2 页面控件属性的细微变化

影响 GUI 测试稳定性的第二个因素是页面控件属性的细微变化。如果页面控件的属性发生了变化，哪怕只是细微的变化，也会导致测试脚本的定位元素失效。

比如，"登录"按钮的 ID 从"Button_Login_001"变成了"Button_Login_888"，如果 GUI 自动化测试脚本还是按照原来的"Button_Login_001"来定位"登录"按钮，就会因为 ID 值的变化定位不到它了，自动化测试用例的执行自然就会失败。如何解决这个问题呢？还是先试想一下，如果手动操作中遇到了这个问题会怎么处理，会用编程语言实现手动处理的方式。

如果"登录"按钮的 ID 从"Button_Login_001"变成了"Button_Login_888"，手动操作时可能一眼就发现了。那人们是怎么做到一眼发现的呢？细想一下，会发现人的思维过程应该是这样的：人们发现页面上的 Button 就那么几个，而且从 ID 中包含的关键字（Login）可以看出是"登录"按钮，再加上这个按钮的 ID 是"Button_Login_001"，且"Button_Login_888"是一个类似的对象，只是最后的数字发生了变化而已。

归纳一下这个定位控件的思路。

（1）通过控件类型（Button）缩小了范围。

（2）通过属性值中的关键字（Login）进一步缩小范围。

（3）根据属性值变化前后的相似性，最终定位到该控件。

看到这里你得到什么启发了吗？

采用"组合属性"定位控件会更精准，而且成功率会更高。如果能在此基础上加入"模糊匹配"技术，可以进一步提高控件的识别率。

"模糊匹配"是指，通过特定的相似度算法，当控件属性发生细微变化时，这个控件依旧可以被准确定位。

目前，一些商用 GUI 自动化测试工具（如 UFT）已经实现了模糊匹配。通常情况下，只需要启用"模糊匹配"选项即可。如果某个对象的定位是通过模糊匹配完成的，那么测试报告中将会显示该信息，明确告知此次对象识别是基于模糊匹配完成的，因为 GUI 自动化工具并不能保证每次模糊匹配都一定正确。

但是，开源的 GUI 自动化测试框架中，目前还没有现成的框架直接支持模糊匹配，通常需要进行二次开发。实现思路是实现自己的对象识别控制层，也就是在原本的对象识别基础上额外封装一层，在这个额外封装的层中加上模糊匹配的实现逻辑。通常，不建议把模糊匹配逻辑以硬编码的方式写在代码里，而是引入规则引擎，将具体的规则通过配置文件的方式与代码逻辑解耦。

3.7.3 被测系统的 A/B 测试

影响 GUI 测试稳定性的第三个因素是被测系统的 A/B 测试。A/B 测试是互联网产品常用的一种测试方法。它为 Web 或 App 的界面或流程提供两个不同的版本，然后让用户随机访问其中一个版本，并收集两个版本的用户体验数据和业务数据，最后分析评估出最好的版本用于正式发布。

A/B 测试通常会发布到实际生产环境，所以就会造成生产环境中 GUI 自动化测试的不稳定。这种问题的解决思路是，在测试脚本内部对不同的被测版本做分支处理，测试脚本需要能够区分 A 和 B 两个不同的版本，并做出相应的处理。

3.7.4 随机的页面延迟造成控件识别失败

影响 GUI 测试稳定性的第四个因素是随机的页面延迟造成控件识别失败。随机的页面延迟是 GUI 测试中防不胜防的事件。既然是随机的，也就是说，我们没有办法控制它，那有没有办法减少它造成的影响呢？

一个办法就是加入重试（retry）机制。重试机制是指，当某一步 GUI 操作失败时，框架会自动发起重试，重试可以是步骤级别的，也可以是页面级别的，甚至是业务流程级别的。

对于开源 GUI 测试框架，重试机制往往不是自带的功能，需要自己二次开发来实现。比如，eBay 的 GUI 自动化测试框架分别实现了步骤级别、页面级别和业务流程级别的重试机制，默认情况下启用的是步骤级别的重试，页面级别和业务流程级别的重试可以通过测试发起时的命令行参数进行指定。

需要特别注意的是，对于那些会修改一次性数据的场景，不要盲目启用页面级别和业务流程级别的重试。

另外，在实际的工程项目中，还会看到测试用例级别的重试，也就是自动重新执行失败的测试用例。测试用例级别的重试往往在 CI/CD 流水线中实现，比如，第一次执行的 100 个测试用例中有 5 个用例执行失败了，于是 CI/CD 流水线会记下这 5 个失败的测试用例，然后再次执行这 5 个测试用例。

3.7.5 测试数据问题

影响 GUI 测试稳定性的第五个因素——测试数据问题。测试数据问题也是造成 GUI 自动化测试不稳定的一个重要原因。比如，测试用例所依赖的数据被其他用例修改了，测试过程中发生错误后自动进行了重试操作，但是数据状态已经在第一次执行中被修改了。这样的场景还有很多，这会在后面的章节中详细讲解，并分析由此引入的测试不稳定性问题的解决思路。

3.8 眼前一亮：带你玩转 GUI 自动化的测试报告

本章前面围绕 GUI 自动化测试进行了各种讨论：从最原始的 GUI 测试谈起，逐渐引入了脚本与数据的解耦，并谈论了页面对象模型，以及在此基础上的业务流程模型，接着分享了

GUI 自动化测试过程中的一些新技术，最后讨论了 GUI 自动化测试的稳定性问题。

下面会讲解 GUI 自动化测试过程中另外一个很实用的部分——GUI 自动化测试报告。GUI 测试报告是 GUI 自动化测试的重要组成部分，当有任何的测试用例执行失败时，我们首先就会分析测试报告，希望从中看到测试用例到底在哪一步出错了，在错误发生时被测系统停在哪个页面上，并且前序步骤又是发生在哪些页面上等。

3.8.1　早期基于视频的 GUI 测试报告

为了分析测试用例的执行过程与结果，早期就出现了基于视频的 GUI 测试报告。也就是说，GUI 自动化测试框架会对整个测试执行过程进行屏幕录像并生成视频。这种基于视频的测试报告可以提供清晰的 GUI 测试执行上下文。但是，这种方式主要的问题如下。

（1）报告通常都比较大，小的几兆字节，大的上百兆字节，这对测试报告的管理和实时传输非常不利。

（2）在分析测试报告时，往往需要结合测试用例以及服务器端的日志信息，视频报告在这一点上也有所欠缺。

所以，理想中的 GUI 测试报告应该由一系列按时间顺序排列的屏幕截图组成，并且这些截图上可以高亮显示所操作的元素，同时按照执行顺序配有相关操作步骤的详细描述。

但是，早期的商业 GUI 自动化测试软件也只具备最基本的顺序截图，并不具备高亮显示所操作元素的功能，后来商用工具厂商根据用户的实际使用反馈，逐渐完善和改进。目前，商业的 GUI 自动化测试软件，比如使用最广泛的 UFT（就是以前的 QTP），已经自带了截图以及高亮显示操作元素的功能。也就是说，如果使用 UFT 执行一个 GUI 自动化测试用例，用户无须做任何额外的工作，就能得到一份比较理想的 GUI 测试报告。但是，如果你使用的是开源软件，如 Selenium WebDriver，就需要自己实现截图以及高亮显示操作元素的功能。下面就讨论一下这个功能的实现思路与方法。

3.8.2　开源 GUI 测试框架的测试报告实现思路

这个实现的核心部分就是利用 Selenium WebDriver 的 screenshot 函数在一些特定的时机（比如，在页面发生跳转时，在页面上操作某个控件时，或者在测试失败时等）完成界面截图功能。

具体到代码实现，通常有两种方式。

（1）扩展 Selenium 原本的操作函数。

（2）在相关的 Hook 操作中调用 screenshot 函数。

下面分别针对这两种实现方式给出具体的示例。

第一，扩展 Selenium 原本的操作函数实现截图以及高亮显示操作元素的功能。

既然 Selenium 原生的 click 操作函数并不具备截图以及高亮显示操作元素的功能，那我们就来实现一个自己的 click 函数。当自己实现的 click 函数被调用时，要完成以下操作。

（1）用 JavaScript 代码高亮显示被操作的元素，高亮显示的实现方式就是利用 JavaScript 在对象的边框上渲染一个 5～8 像素宽的边缘。

（2）调用 screenshot 函数完成单击前的截图。

（3）调用 Selenium 原生的 click 函数完成真正的单击操作。

以后凡是需要调用 click 函数时，都直接调用这个自己封装的 click 函数，直接得到高亮显示了被操作对象的截图。

图 3-14 所示就是用这种方式产生的截图。图中依次显示了登录过程中每一个操作的控件。第一张高亮显示了"Username"的输入框，因为自动化代码会在"Username"框中输入用户名；第二张高亮显示了"Password"的输入框，因为自动化代码会在"Password"框中输入密码；第三张高亮显示了"Sign in"按钮，因为自动化代码会单击这个按钮。

图 3-14　GUI 的时间顺序截图示例

第二，在相关的 Hook 操作中调用 screenshot 函数实现截图以及高亮显示操作元素的功能。

其实使用 Hook 的方法比较简单和直观，但是首先要理解什么是 Hook。Hook 中文的意思是"钩子"。下面通过一个实例来解释一下 Hook。

当执行某个函数 F 时，系统会在执行函数 F 前先隐式执行一个空实现的函数，因此当需要做一些扩展或者拦截时，就可以在这个空实现的函数中加入自定义的操作了，这个空实现的函数就是所谓的 Hook 函数。

这样的例子有很多，比如 Java 的 main 函数，系统在执行 main 函数之前会先在后台隐式执行 premain 函数；JUnit 和 TestNG 都有所谓的 BeforeTest 与 AfterTest 方法，这些都是可以在特定步骤的前后插入自定义操作的接口。具体做法是，可以在这些 Hook 函数中添加截图、高亮显示元素，以及执行额外的操作，如更多的详细日志输出等。

另外，前面的章节讲解了基于业务流程的脚本封装，读者可以再思考一下，如何在 GUI 报告中体现出业务流程的概念，这样的测试报告会具有更好的可读性。

比如，图 3-15 所示的 GUI 测试报告就显示了具体的 Flow 名称。这个功能就是通过 Hook 函数实现的。具体的实现逻辑也比较简单，就是在 Flow 开始的第一个 Hook 函数中调用增加报告页的函数，并在这个新增的报告页中输出 Flow 的名字。

图 3-15　在 GUI 测试报告中显示 Flow 名称

3.8.3　全球化 GUI 测试报告的创新设计

所谓全球化测试是指，同一个业务在全球各个国家（地区）都有自己网站。如果一些大型全球化电商企业在很多地方都有自己的站点，那么对这些站点的测试除了要关注基本的功能，以及各个地区特有的功能外，还要去验证界面布局在上下文环境中是否合适。

早期的做法是，雇用当地的测试工程师，由他们手工执行主要的业务场景测试，并验证相关的页面布局，以及翻译内容与上下文中的匹配度。在当地专门雇用的这些测试工程师被称为 LQA（Localisation Quality Assurance，本地化质量保证）人员。

显然，聘请 LQA 人员的效率非常低。主要原因是：全部测试工作都由 LQA 人员在项目后期手工执行，执行前还需要对他们进行业务培训；同时，我们需要准备非常详尽的测试用例文档，LQA 人员也要花很大的精力去截图并完成最终的测试报告。

为了解决这种低效的模式，最好的解决方法就是：利用 GUI 自动化测试工具生成完整的测试执行过程的截图。这样，LQA 人员就不再需要去手工执行测试用例了，而是直接分析测试报告中业务操作过程的 GUI 截图就可以了，然后发现页面布局问题或者不恰当的翻译问题。

这个方案看起来已经比较完美了，LQA 人员的工作重点也更清晰了，但这并不是最优的方案。因为这些 LQA 人员在实际工作中还会面临以下问题。

（1）需要经常在多个地区的测试报告之间来回切换以比较页面布局。

（2）需要频繁切换到主站的报告，以比较翻译内容与上下文的匹配度。

（3）发现缺陷后，还需要从 GUI 测试报告中复制截图，并用图像软件标注有问题的地方，然后才能打开缺陷管理系统提交缺陷报告。

为了解决这 3 个问题，eBay 就建立以下形式的测试报告，如图 3-16 所示。

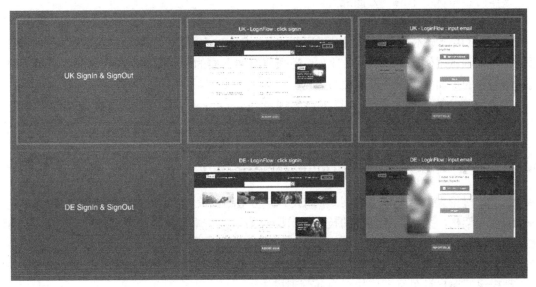

图 3-16　eBay 的测试报告

横向的报告是一个地区的业务测试顺序截图，比如图 3-16 中第一行是英国网站的登录业务流程顺序截图，第二行是德国网站的登录业务流程顺序截图。纵向的报告展示的是同一界面在不同地区的形式了。整个报告可以用方向键向不同方向依次移动。可想而知，这样的 GUI 测试报告设计一定可以大幅提高 LQA 人员的效率。

同时，因为这个 GUI 测试报告是基于 Web 展现的，所以可以在测试报告中直接提供提交缺陷的按钮。一旦发现问题就直接提交缺陷，同时还可以把相关截图一起直接提交到缺陷管理系统，这将提高整体效率。

那么，怎么才能在技术上实现测试报告和缺陷管理系统的交互呢？其实，现今的缺陷管理系统往往都有对外暴露的 API，完全可以利用这些 API 来实现自己的缺陷提交逻辑。

这种测试报告的形式就是 eBay 在全球化站点测试中采用的方案，目前已经取得了很好的效果，在降低工作量的同时，还大幅度提高了全球化测试的质量。

3.9 真实的战场：大型全球化项目中 GUI 自动化测试策略的设计

前面的章节介绍过 GUI 自动化测试的页面对象模型和业务流程封装等相关知识，也提到过大型全球化电商网站的 GUI 自动化测试，那如何把已经学到的 GUI 测试理论知识用到大型全球化电商网站的测试中呢？

本节会从"实战"这个角度，讲解实际的大型全球化电商网站的 GUI 自动化测试如何开展。具体内容将从以下两个方面展开。

（1）测试策略如何设计？在这方面，会根据实际项目探讨 GUI 测试的分层测试策略。

（2）测试用例脚本如何组织？需要注意的是，对于这个问题，不是要讨论测试用例的管理，而是要讨论测试用例脚本的管理。比如，当需要组装上层的端到端测试时，如何才能最大限度地重用已有的页面对象以及业务流程？

如果读者所在的企业或者项目正在大规模开展 GUI 测试，并且准备使用页面对象模型以及业务流程封装等实践，可能会遇到本节所讲解的问题，并且迫切需要相应的解决办法。

3.9.1 大型全球化电商网站的前端模块划分

在正式讨论大型全球化电商网站的 GUI 自动化测试策略设计之前，先简单介绍一下电商网站的前端架构。为了避免过多的技术细节引起的干扰，本节只会概要性地介绍与 GUI 自动化测试密切相关的部分。

因为大型全球化电商网站的业务多，所以前端架构也要按照不同的业务模块来划分，如用户管理模块、商户订单管理模块、商品管理模块等。

当然，由于这些前端模块都会使用项目中封装的组件库，如自定义开发的列表组件、登录组件、信用卡组件等，因此通常会把自定义开发的这些所有组件都放在一个"公共组件库"中，为前端模块提供依赖。

从代码库（Repository）的角度来看，各个前端模块都有各自独立的代码库，除此之外还会有一个公共组件的代码库。

3.9.2 大型全球化电商网站的 GUI 自动化测试策略设计

了解了大型全球化电商网站前端模块的划分后，我们再来看看它的 GUI 自动化测试策略是如何设计的。

总体来看，对于大型网站来讲，GUI 自动化测试往往应该比较轻量级，不应该把大量的功能测试以及功能的组合测试放在 GUI 自动化测试中。正如前面介绍互联网产品的测试策略时谈到的，GUI 测试通常只覆盖最核心且直接影响主营业务流程的端到端场景。

同时，GUI 的自动化测试一定不是在系统全部完成后才真正开展的，也应该是分阶段、分层次来设计测试策略的。接下来会按照自底向上的顺序介绍 GUI 自动化的测试策略。

1. 前端组件测试

要从前端组件的级别来保证质量，就需要对那些自定义的组件进行全面的测试。公共组件库会被很多上层的前端模块依赖，它的质量将直接影响这些上层模块的质量，所以我们往往会对这些公共组件进行严格的单元测试。最常用的方案是：基于 Jest 开展单元测试，并考量 JavaScript 的代码覆盖率指标。

Jest 是由 Facebook 发布的，是一个基于 Jasmine 的开源 JavaScript 单元测试框架，是目前主流的 JavaScript 单元测试方案。

完成单元测试后，往往还会基于被测控件构建专用的测试页面，在页面层面再次验证与控件相关的功能和状态。这部分测试工作也需要采用自动化的形式实现，具体的做法如下。

（1）构建一个空页面，并加入被测控件中，由此可以构建出一个包含被测控件的测试页面，这个页面往往称为 Dummy Page。

（2）从黑盒的角度出发，在这个测试页面上通过手工和自动化的方式操作被测控件，并验证其功能的正确性。对于自动化的部分，需要基于 GUI 自动化测试框架开发对应的测试用例。这些测试用例往往采用和 GUI 端到端一样的测试框架，也从黑盒的角度来对被测控件进行功能验证。

2. 前端模块测试

每一个前端模块都会构建自己的页面对象库，并且在此基础上封装自己的业务流程脚本。这些业务流程的脚本可以组装成每个前端模块的测试用例。

以用户管理模块为例，测试用例的组装过程如下。

（1）把用户管理模块中涉及的所有页面，如登录页面、用户注册页面等，按照页面对象模型的要求写成 Page 类。

（2）利用这些 Page 类封装业务流程脚本，如用户登录流程、用户注册流程等。

（3）在 GUI 测试用例的脚本中，调用封装好的业务流程脚本，构成该模块的 GUI 测试用例。

在这个阶段，测试用例需要覆盖该模块的所有业务逻辑以及相关的功能测试点，但是并不会实现所有测试用例的自动化。

使用自动化测试用例的原则通常是：优先选取业务关键路径以及 Happy Path 作为自动化测试的范围。在资源充裕的情况下，希望这个阶段的自动化覆盖率可以达到 70%～80%。因此，前端模块的质量保证主要依赖于这部分测试。

之前的章节提到过，"GUI 的自动化测试往往只覆盖最核心且直接影响主营业务流程的端到端场景"，并且 GUI 测试遵循"手工测试为主，自动化测试为辅"的策略，而这里又指出理想的自动化覆盖率应该达到 70%～80%，是不是有点前后矛盾的感觉？

其实，这是两个层面的测试，这里 70%～80% 的 GUI 自动化覆盖率是针对模块级别的要求；而"自动化测试为辅，手工测试为主，以及只覆盖核心业务场景"针对的是系统级别的端到端测试。这里容易引起混淆的模块测试和系统级别端到端测试都属于 GUI 自动化测试的范畴。

3. 端到端测试

组合各个前端模块，并从终端用户的视角，以黑盒的方式使用网站的端到端测试。这部分的测试主要分为两大部分：一部分通过探索式测试的方法手工执行测试，目的是尽可能多地发现新问题；另一部分通过 GUI 自动化测试执行基本业务功能的回归测试，保证与网站核心业务相关的所有功能的正确性。

虽然这部分端到端 GUI 测试用例的绝对数量不多，往往是几百个这样的规模，但是对于保证最终网站的质量起着非常关键的作用。如果这些端到端的 GUI 自动化测试用例 100% 通过，那么上线后基本业务功能的质量就不会有大问题。所以，这部分测试工作的重要性不言而喻。

那么，接下来的问题是，应该由谁来开发这部分端到端的 GUI 自动化测试用例呢？

每个前端模块都会有对应的 Scrum 团队，他们会负责开发该模块的页面对象模型、业务流程脚本以及测试用例。而端到端的 GUI 自动化测试不隶属于任何一个 Scrum 团队。

这种情况下，最好的做法就是：成立一个专门的测试团队，以负责这种系统级别的 GUI 测试。这样的团队，往往被称为端到端测试团队。

很显然，如果由端到端团队从无到有地开发这部分 GUI 自动化测试的脚本，效率低下。另外，这部分测试会涉及很多前端模块，当各个前端模块的需求、业务流程以及页面实现有任何变动时，端到端团队都很难做到及时更新。所以，解决这个问题的最佳实践就是：端到端团队应该尽可能地利用各个模块已有的页面对象和业务流程脚本，组装端到端的 GUI 测试。

这一方面最大限度地减少了重复工作，另一方面可以把各个模块的变更及时反映到端到端的 GUI 测试中，因为端到端的 GUI 测试用例直接调用各个模块的页面对象和业务流程脚本，而这些页面对象和业务流程脚本都是由每个模块自己的 Scrum 团队维护的。

而为了能够在端到端的 GUI 自动化测试中，复用各个模块的页面对象和业务流程脚本，我们就必须考虑一个问题，也就是接下来要探讨的第二个话题——GUI 自动化测试脚本的管理。

3.9.3　大型全球化电商网站的 GUI 自动化测试脚本管理

原有的方案不能解决端到端的 GUI 自动化测试中复用各个模块的页面对象和业务流程脚本的问题，在不断的实践中，作者总结了一个脚本的组织结构来解决这个问题。这个组织结构如图 3-17 所示，建议使用图 3-17 所示的脚本组织结构来解决这个难题。

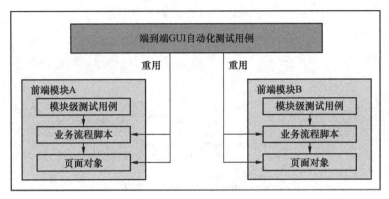

图 3-17　大型全球化电商网站的 GUI 自动化测试脚本的组织结构

也就是说，将各个模块的页面对象和业务流程脚本放在各自的代码库中，并引入页面对象和业务流程脚本的版本管理机制，通常采用页面对象和业务流程脚本的版本号与开发版本号保持一致的方案。

如果模块 A 的版本号是 1.0.0，那么对应的页面对象库和业务流程脚本的版本号也应该是 1.0.0。

在端到端的 GUI 自动化测试脚本中，如果引用各个模块正确的页面对象和业务流程脚本的版本号，测试用例代码就可以直接调用模块的页面对象和业务流程脚本了。

在测试项目中，模块版本的依赖往往是用 POM 来配置的。图 3-18 展示了一个典型测试项目的 POM 文件中的版本依赖关系，其中引用了两个模块。appcommon 模块对应的就是上文提到的“公共组件库”，而 app.buy 对应的就是具体依赖的前端模块。

因为这只是一个示例，所以只保留了两个依赖模块，实际的端到端 GUI 测试项目往往会包含大量的模块依赖。

在这种管理机制下，端到端团队不需要重复开发任何的页面对象和业务流程脚本，而且可以始终保证与各个模块实现同步，同时端到端的 GUI 测试用例脚本也会比较稳定，不会因为各个模块的改动而频繁地修改脚本。这样一来，端到端团队就会有更多的时间和精力去设计并执行探索式测试，发现更多的潜在缺陷，形成良性循环。

```
1    <properties>
2        <com.demoproject.appcommon>8.0.1</com.demoproject.appcommon>
3        <com.demoproject.app.buy>8.6.1</com.demoproject.app.buy>
4    </properties>
5
6    <dependencyManagement>
7        <dependencies>
8            <dependency>
9                <groupId>com.demoproject.appcommon</groupId>
10               <artifactId>com.demoproject.appcommon.uiautomation.flow</artifactId>
11               <version>${com.demoproject.appcommon}</version>
12           </dependency>
13           <dependency>
14               <groupId>com.demoproject.appcommon</groupId>
15               <artifactId>com.demoproject.appcommon.uiautomation.page</artifactId>
16               <version>${com.demoproject.appcommon}</version>
17           </dependency>
18           <dependency>
19               <groupId>com.demoproject.app.buy</groupId>
20               <artifactId>com.demoproject.app.buy.uiautomation.flow</artifactId>
21               <version>${com.demoproject.app.buy}</version>
22           </dependency>
23           <dependency>
24               <groupId>com.demoproject.app.buy</groupId>
25               <artifactId>com.demoproject.app.buy.uiautomation.page</artifactId>
26               <version>${com.demoproject.app.buy}</version>
27           </dependency>
28       </dependencies>
29   </dependencyManagement>
```

图 3-18　典型测试项目的 POM 文件中的版本依赖关系

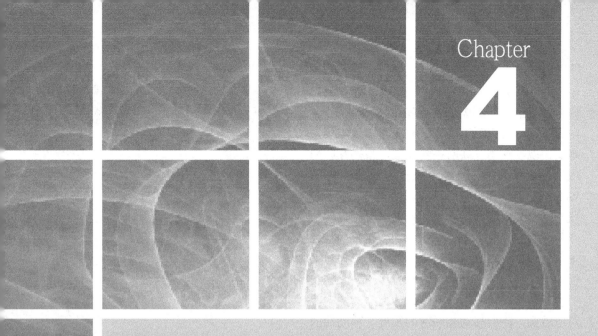

Chapter

4

第4章

移动应用测试技术

上一章讲解了很多基于浏览器的业务测试内容，读者可能会说，现在移动应用大行其道，学习对移动应用测试的方法和思路才更重要。确实，现今移动互联网蓬勃发展，很多互联网应用的流量大部分已经不来自传统 PC 端的 Web 浏览器，而来自移动端。图 4-1 展示了一段时间内某地区的流量统计数据，可见，现如今将近 2/3 的流量是来自手机端的，剩下的 1/3 来自传统 PC 端，还有很少一部分流量来自平板电脑（其实这部分也可以归为移动端）。

对于移动端应用的测试，从上面的数据就可以看到，随着移动互联网的发展，移动端的测试变得愈发重要。可以说，在现今的网络世

图 4-1　移动端和 PC 端流量统计数据

界里，一个应用可以没有 PC 端，但是绝对不能没有移动端，而随着用户对产品越来越挑剔，以及同质产品的相互竞争，移动端应用的质量就更加重要了。一旦发生任何质量问题或者有用户体验缺陷，就会直接影响业务的开展，甚至会导致用户彻底放弃这个应用。所以移动端的测试在整个移动应用的开发周期中越来越受重视。

但是，无论是移动端测试还是 PC 端测试，都属于 GUI 测试的范畴，所以基本的测试思路（如基于页面对象封装和基于业务流程封装的思想）是相通的，之前介绍的那些分层脚本的实现方法也同样适用于移动端的 GUI 测试。但是，与此同时，移动端应用的测试也会因为其自身特点，需要有一些独特的测试方法与思路。为此，有必要先了解一下移动应用的种类以及特点，然后在此基础上展开进一步的讨论。

4.1　移动应用的种类和特点

严格来讲，移动端应用可以细分为三大类型：Web 应用、原生应用和混合应用。

4.1.1　Web 应用

Web 应用指的是移动端的 Web 浏览器，它其实和 PC 端的 Web 浏览器没有任何区别，只不过移动端的 Web 浏览器所依附的操作系统不再是 Windows 和 Linux，而是 iOS 和 Android。

Web 应用采用的技术主要是传统的 HTML、JavaScript、CSS 等。当然，现在 HTML5 也得到了广泛的应用。另外，Web 应用所访问的页面内容都是放在服务器端的，本质上就是 Web 网页，所以 Web 应用天生就是跨平台的。

4.1.2 原生应用

原生应用指的是移动端的应用，对于 Android 是 apk 格式文件，对于 iOS 就是 ipa 格式文件。原生应用是一种基于手机操作系统（iOS 和 Android）并使用原生程序编写运行的第三方应用程序。

对于原生应用的开发，Android 使用的语言通常是 Java，iOS 使用的语言是 Objective-C。通常来说，原生应用可以提供比较好的用户体验以及性能，而且可以方便地操作手机本地资源。

4.1.3 混合应用

混合应用是介于 Web 应用和原生应用两者之间的一种应用形式。混合应用利用了 Web 应用和原生应用的各自优点，通过一个原生容器展示 HTML5 的页面。更通俗的讲法可以归结为，在原生移动应用中嵌入了 Webview，然后通过该 Webview 来访问网页。

混合应用的维护和更新简单，用户体验好，并且它的跨平台特性较好，是目前主流的移动应用开发模式。图 4-2 展示了 Web 应用、原生应用和混合应用这 3 类移动应用的架构。

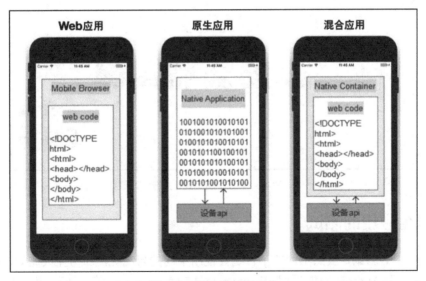

图 4-2 3 类移动应用的架构

4.2 移动应用测试方法概论

了解了 Web 应用、原生应用和混合应用这 3 类应用的特性，接下来，介绍它们的测试方法，并且从测试的角度再来看看这 3 类不同的移动应用。

4.2.1 Web 应用的测试

对 Web 应用的测试，就是对 Web 浏览器的测试。前面的章节介绍的所有 GUI 自动化测试的方法和技术，如数据驱动、页面对象模型、业务流程封装等，都适用于 Web 应用的测试。

如果读者的 Web 页面基于自适应网页设计（即符合响应式 Web 设计的规范），而且读者的 GUI 自动化测试框架支持响应式页面，那么原则上之前开发的运行在 PC 端的 GUI 自动化测试用例，不做任何修改就可以直接在移动端的浏览器上执行。当然，运行的前提是移动端浏览器必须支持 Web Driver。

其中，响应式 Web 设计是指同一个网页能够自动识别屏幕分辨率并做出相应调整的网页设计。比如，图 4-3 所示的例子展示了同一个网页在不同分辨率下的不同效果。

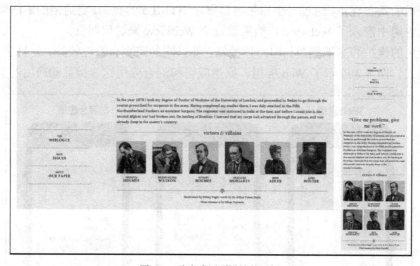

图 4-3　响应式网页设计的示例

4.2.2 原生应用的测试

对原生应用的测试，虽然不同的平台上会使用不同的自动化测试方案（比如，iOS 一般采用 XCUITest，而 Android 一般采用 UiAutomator2 或者 Espresso 等），但是数据驱动、页面对象以及业务流程封装的思想依旧可以把这些方法应用到测试用例设计中。

4.2.3 混合应用的测试

对原生容器的测试，可能需要用到 XCUITest 或者 UiAutomator2 这样的原生测试框架。而对容器中 HTML5 的测试，基本上和传统的网页测试没什么区别，所以原本基于 GUI 的测试思想和方法都适用。

唯一需要注意的是，原生容器和 Webview 分别属于两个不同的上下文（Context），原生容器默认的上下文为"NATIVE APP"，而 Webview 默认的上下文为"WEBVIEW_+被测进程名称"。所以，当需要操作 Webview 中的网页元素时，需要先切换到 Webview 的上下文，图 4-4 所示的代码就完成了这一切换操作。

```
1    Set<String> contextNames = driver.getContextHandles();
2    for (String contextName : contextNames) {
3        if(contextName.contains("WEBVIEW")){
4            driver.context(contextName);
5        }
6    }
```

图 4-4　在混合应用中切换上下文的代码示例

如此看来，移动端的测试除了使用的测试框架不同以外，测试设计本身和 GUI 测试有异曲同工之妙，似乎并没有什么新的内容，那真的是这样吗？

答案显然是否定的。接下来看看移动应用都有哪些特殊的测试需要考虑。

4.2.4　移动应用的测试难点

对于企业来说，往往移动端的应用比 Web 端的应用有更高的使用率。针对现在软件更新迭代速度的加快，每发布一个版本，不仅要测试新功能，还要对整个应用进行完整的回归测试，以免引入新的问题，所以移动端应用的测试要求越来越高。企业级应用仅仅满足前面章节描述的测试要求是不够的，企业往往要处理更为复杂的测试需求，总的来说，企业级的移动测试有以下难点。

（1）移动端的测试效率总是低于 Web 端的测试效率。尽管现在移动测试框架已经尽量提高了测试的速度，解决了一些并发执行的问题，但是不得不承认的是，Selenium 对 Web 端的支持还是最优的。Web 端的并发速度和在有限资源下的执行情况，往往符合期望。而移动端的测试往往因为并发效率的低下，设备间的通信延迟，连接的不稳定性，而影响测试效率。

（2）难以全面覆盖种类繁多的测试设备。对于 Web 端的测试而言，测试的主体相对比较简单，仅仅只是浏览器或版本的区别，而不同的浏览器都提供了不同的 Driver 来支持，版本的兼容性也有很好的体现。但是市面上的移动设备种类太繁杂，尤其是 Android 设备以及版本的碎片化，要覆盖所有的移动设备种类或者操作系统几乎是不可能的。

（3）移动端的测试很难达到 Web 端测试的粒度。在 Web 测试中，我们能模拟几乎所有的用户行为，因为对于 Web 端来说，也就是一个鼠标的接触点，我们只要模拟这个鼠标的行为就可以了。但是在移动设备上，新增了很多复杂的用户手势，如捏拉、按住拖曳等，现有的测试框架并不能支持所有的手势，所以难以避免地，有些用户行为的测试会被遗漏。

（4）移动端测试出现不可预料的场景的可能性更大。对于 Web 端的测试而言，我们只要确保测试的应用准备好、网络环境一切正常、测试数据完整，基本上测试就能如期进行。而对于移动端的测试，我们难以预料的意外情况会更多，比如，应用的安装出问题导致安装的应用运行不正常，在测试过程中设备出现不可预计的错误，测试过程中设备的连接出现问题……都会导致测试中止或测试行为不正常。

（5）移动端测试的网上资料不系统、不全面。不像 Web 端的测试，通过在网上搜索问题的解决方案，可以节省不少时间。而移动端测试的技术和框架都是比较新的，很多人都还处在尝试的阶段，很多框架也还处在边发布边完善阶段，因此网上可以查询的资料不如 Web 端的丰富。

4.3　移动应用的专项测试

对于移动应用，完成全部业务功能测试往往是不够的。如果关注点只是业务功能测试，那么当移动应用被大量用户安装和使用时，就会暴露出很多之前完全没有预料到的问题，比如：

- 流量过多；
- 耗电量过大；
- 在某些设备终端上出现崩溃或者闪退的现象；
- 多个移动应用相互切换后，行为异常；
- 在某些设备终端上无法顺利安装或卸载；
- 弱网络环境下，无法正常使用；
- Android 环境下，经常出现 ANR（Application Not Responding，应用程序无响应）；

……

这样的问题还有很多。为了避免或减少此类问题，移动应用除了进行常规的功能测试外，还会进行很多移动应用所特有的专项测试。本节讨论安装测试、卸载测试、特殊操作测试、交互测试、通知测试、交叉事件测试、兼容性测试、流量测试、耗电量测试、弱网络测试、边界测试这 11 个最主要的专项测试。

需要注意的是，在下面的讲解过程中不可避免地会出现 Appium 的内容，如果你之前完全没有接触过 Appium，可能理解起来会有一点费劲，但是没有关系，下一节会详细介绍 Appium 的使用方法。

4.3.1　安装测试

安装测试即对应用的安装进行的测试，包括安装前、安装过程中、安装完成后等方面的测试。对于安装前的测试，需要覆盖不同的应用来源，如苹果商店、第三方网站下载、Android 市场等。对于安装过程中的测试，要检查是否发生异常，如意外中断安装、崩溃、闪退等。而对于安装成功后的测试，要验证启动页面是否正常、能否正常设置应用的属性、用户权限是否正确等。

1. iOS 原生应用的安装测试

对于 iOS 原生应用的安装测试，注意两种情况。如果在真机上测试，将设备通过 USB 连接到计算机，通过 XCode 或 Appium 将应用安装到设备上；如果在模拟器上测试，则直接用 XCode 或 Appium 安装至模拟器上。这里需要考虑的测试场景如下。

- XCode 直接安装到模拟器上，检查应用是否能在模拟器上正常启动、运行或者退出。
- XCode 不添加开发者账户，检查应用是否能成功部署到模拟器或者真机上。
- XCode 添加正常的开发者账户，检查应用是否能成功部署到模拟器或者真机上，并且能够正常启动、运行或者退出。
- 生成应用的 app 或 ipa 文件后，通过 Appium 将其安装至模拟器或真机上，检查应用是否能在模拟器上正常启动、运行或者退出。
- 对于直接从应用商店下载的版本，检查能否正常安装/运行。
- 如果同样的应用安装到不同版本的模拟器上，覆盖主流的 iOS 版本，检查应用是否正常。
- 如果同样的应用安装到不同版本的真机上，覆盖主流的 iOS 版本，检查应用是否正常。
- 安装过程中，如果断网，检查应用是否还能正常安装。
- 安装过程中，如果死机或者断电，检查应用是否还能正常安装。
- 手机内存容量不足的情况下，检查应用是否能够安装成功。

这些测试可以通过手工来完成。如果要覆盖的设备型号和系统型号太多，可以考虑用 Appium 脚本来完成。我们可以将应用打包好，写一个 Appium 的测试脚本，执行 install、launch 和简单地检查应用内部功能的测试步骤。这里可以将 capabilities 里的机器名和平台版本设为变量，通过外部测试框架或者 CI/CD 工具传入，从而达到同一个脚本可以并发测试不同测试对象的目的。

2. Android 原生应用的安装测试

对于 Android 原生应用的安装测试：可以通过 Android Studio 运行应用，生成 apk 文件后，将它推送给真机，然后运行安装程序。如果在模拟器上测试，则需要先运行模拟器，将安装的 apk 文件复制到 platform-tools 目录下，进入这个目录，然后运行$ adb install xxx.apk 来安装。当然，也可以通过 Appium 来将打包好的 apk 文件直接安装到真机或者模拟器上。同样也可以用基于 Appium 的自动化测试脚本来测试 install、launch 和应用内的操作步骤来达到并发测试多种设备的目的。这里需要考虑的测试场景如下。

- 将 apk 文件通过 Android Studio 安装到真机或模拟器上，检查是否能正常启动、运行和退出。
- 将 apk 文件通过 Appium 安装到真机或模拟器上，检查应用能否正常启动、运行和退出。
- 对于从 Android 市场下载发布版本的应用，安装到手机上之后，检查应用是否能正常启动、运行和退出。
- 对于从第三方网站下载的应用文件，安装到手机上之后，检查应用能否正常启动、运行和退出。

- 同样的应用安装在不同的 Andriod 设备上，覆盖主流的 Andriod 机型，检查应用是否能正常启动、运行和界面有无异常。
- 同样的应用安装在不同的 Andriod 操作系统上，覆盖主流的 Andriod 操作系统，检查应用是否能正常启动、运行和界面有无异常。
- 安装过程中，如果断网，检查应用是否还能正常安装。
- 安装过程中，如果死机或者断电，检查应用是否还能正常安装。
- 手机内存容量不足的情况下，检查应用是否能够安装成功。

4.3.2 卸载测试

对应用的卸载过程，需要测试不同的卸载方式，如第三方软件的卸载、系统自带的卸载功能。卸载完成后，检查图标、系统列表等，并确认是否有残留文件。

1. iOS 原生应用的卸载测试

对于 iOS 原生应用，可以通过界面来卸载，同时也可以通过 Appium 来删除。我们需要考虑以下的测试场景。

- 在页面上长按应用图标删除应用，检查是否有卸载确认信息弹出，确认信息是否显示正确，语言是否和系统语言设置一致，有无乱码等。卸载应用后，检查系统文件夹中是否有残留文件，在界面上搜索该应用是否已无结果。
- 通过 Appium 的 removeApp 方法，传入 BundleId 卸载应用后，检查系统文件夹是否有残留文件，在界面上搜索该应用是否已无结果。
- 通过 Appium 的 removeApp 方法，传入错误的 BundleId 卸载应用，检查应用是否能被卸载。
- 卸载的过程中，如果出现断网、断电、关机或重启的情况，检查卸载是否还能正常完成。
- 应该覆盖主流 iOS 版本、主流 iOS 设备来进行卸载测试。

2. Android 原生应用的卸载测试

对于 Android 原生应用，Android 应用可以通过 UI 直接卸载，也可以通过一些第三方工具来卸载，同时也支持通过 Appium 卸载。需要考虑的测试场景如下。

- 通过页面操作删除应用，检查是否有卸载确认信息弹出，确认信息是否显示正确，语言是否和系统语言设置一致，有无乱码等。卸载应用后，检查系统文件夹中是否有残留文件，在界面上搜索该应用是否已无结果。
- 通过第三方软件卸载应用，检查是否有卸载确认信息弹出，确认信息是否显示正确，语言是否和系统语言设置一致，有无乱码等。卸载应用后，检查系统文件夹中是否有残留文件，在界面上搜索该应用是否已无结果。

- 通过 Appium 的 removeApp 方法，传入 BundleId 卸载应用后，检查系统文件夹中是否有残留文件，在界面上搜索该应用是否已无结果。
- 通过 Appium 的 removeApp 方法，传入错误的 BundleId 卸载应用，检查应用是否能被卸载。
- 卸载是否支持取消功能，在卸载过程中如果单击"取消"按钮，检查应用的卸载情况。
- 卸载的过程中，如果出现断网、断电、关机或重启的情况，检查卸载是否还能正常完成。
- 应该覆盖主流 Android 设备、主流 Android 系统及版本来进行卸载测试。

另外，我们可以考虑将卸载测试脚本化，通过测试框架或 CI/CD 工具来批量执行卸载测试。

4.3.3 特殊操作测试

特殊操作测试指测试手机或者其他移动设备上常用的手势（如长按、拖曳、滑动、放大等）操作是否正常。对于 iOS 和 Android 而言，不同的平台还有一些不同的手势。注意，这部分也要分开来测试。幸运的是，目前主流的移动测试框架 Appium 支持这些手势操作。我们只须用到 io.appium.java_client.MobileElement，它支持这些手势操作。关于 Appium 的使用，会在下面章节详细介绍。

代码清单 4-3-1 展示了如何通过调用 MobileElement 提供的方法，在测试脚本里完成移动应用的手势操作测试。

代码清单 4-3-1

```
public void pinch()
{
  ((AppiumDriver)this.parent).pinch(this);
}

public void tap(int fingers, int duration)
{
  ((AppiumDriver)this.parent).tap(fingers, this, duration);
}

public void zoom()
{
  ((AppiumDriver)this.parent).zoom(this);
}

public void swipe(SwipeElementDirection direction, int duration)
{
  direction.swipe((AppiumDriver)this.parent, this, 0, 0, duration);
}

public void swipe(SwipeElementDirection direction, int offsetFromStartBorder, int offset
```

```
        FromEndBorder, int duration) throws IllegalCoordinatesException
{
    direction.swipe((AppiumDriver)this.parent, this, offsetFromStartBorder, offsetFromEndB
        order, duration);
}
```

4.3.4 交互测试

交互测试指测试应用与其他系统应用的交互是否正常,很多应用都有和其他系统应用交互的功能。比如,调用摄像头来拍照,导入系统相册的照片进行编辑,添加一串数字作为电话号码等。为此,通常需要考虑以下场景的测试。

- 在应用内调用系统相机,检查是否能够正常打开相机,并且正常拍照。
- 在应用内调用系统相册,检查是否能够正常打开相册,并且导入照片或视频。
- 在应用内调用通信录,检查是否能够正常打开通信录、插入记录。
- 在应用内调用 Reminder,检查是否能够正常添加系统提醒事件,并且时间和内容设置准确。
- 在没有给予应用访问权限时,在应用内部调用其他应用是否仍然可以成功。

4.3.5 通知测试

通知测试指测试应用推送的通知是否能在通知栏正常显示。很多应用有向系统推送通知的功能,甚至还可以定制通知的内容、通知弹出的时间等,所以需要设计单独的测试用例来覆盖这部分功能。对于通知测试,我们通常需要考虑以下测试场景。

- 在应用内定制当下的通知,检查该条通知是否马上在系统通知栏出现,并且弹出提醒。
- 在应用内定制未来的通知,检查该条通知是否在正确的时间点显示并弹出提醒。
- 对于基于事件的通知,当事件被触发时,通知是否正确显示。
- 定制不同格式内容的通知,检查其语言、格式是否正确显示。
- 删除通知后,检查该通知是否会从通知栏彻底移除,是否还会弹出提醒。
……

4.3.6 交叉事件测试

交叉事件测试也叫中断测试,是指在应用执行过程中,其他事件或者应用中断了当前应用执行的测试。比如,应用在前台运行的过程中,突然有电话打进来,或者收到短信,再或者是系统闹钟响了等情况。所以,在测试应用时,就需要把这些常见的中断情况考虑在内,并进行相关的测试。

注意，此类测试目前基本上还都采用手工测试的方式，并且都在真机上进行，不会使用模拟器。原因如下。

- 采用手工测试的原因是，此类测试往往场景多，而且很多事件很难通过自动化的方式来模拟，如呼入电话、接收短信等。这些因素都会造成自动化测试的成本过高、得不偿失，所以工程实践中，交叉事件测试往往全是基于手工的测试。
- 之所以采用真机，是因为很多问题只能在真机上重现，采用模拟器测试没有意义。

交叉事件测试需要覆盖的场景如下。

- 检查多个应用同时在后台运行并交替切换至前台是否影响正常功能。
- 检查多个应用前后台交替切换是否影响正常功能，比如，如果两个应用都需要播放音乐，那么两者在交替切换的过程中，检查播放音乐功能是否正常。
- 在应用运行时接听电话。
- 在应用运行时接收信息。
- 在应用运行时提示系统升级。
- 在应用运行时触发系统闹钟事件。
- 在应用运行时进入低电量模式。
- 在应用运行时第三方安全软件弹出警告。
- 在应用运行时发生网络切换，比如，由 Wi-Fi 切换到移动 4G 网络，或者从 4G 网络切换到 3G 网络等。

......

4.3.7 兼容性测试

顾名思义，兼容性测试就是要确保应用在各种终端设备、各种操作系统版本、各种组件版本、各种屏幕分辨率、各种网络环境下功能的正确性。常见的应用兼容性测试往往需要覆盖以下的测试场景。

- 不同操作系统的兼容性，包括主流的 Android 和 iOS 版本。
- 不同的组件版本（UI 组件、Google 组件等）。
- 在主流设备分辨率下的兼容性。
- 主流移动终端机型的兼容性。
- 同一操作系统中，不同语言设置的兼容性。
- 不同网络连接下的兼容性，如 Wi-Fi、GPRS、EDGE、CDMA2000 等。
- 在单一设备上，与主流应用的兼容性，如微信、抖音、淘宝等。

......

对于兼容性测试，通常都需要在各种真机上执行相同或者类似的测试用例，所以往往采用自动化测试的手段。同时，由于需要覆盖大量的真实设备，因此除了大公司会基于 Appium ＋

Selenium Grid + OpenSTF 去搭建自己的移动设备私有云测试平台外，其他公司一般都会使用第三方的移动设备云测平台完成兼容性测试。

4.3.8 流量测试

因为应用经常需要在移动互联网环境下运行，而移动互联网通常按照实际使用流量计费，所以如果你的应用耗费的流量过多，那么一定不会受欢迎。

流量测试通常包含以下几个方面的内容。

- 应用执行业务操作引起的流量。
- 应用在后台运行时消耗的流量。
- 应用安装完成后首次启动时耗费的流量。
- 应用安装包本身的大小。
- 购买或者升级应用需要的流量。

流量测试往往借助于 Android 和 iOS 自带的工具进行流量统计，也可以利用 tcpdump、Wireshark 和 Fiddler 等网络分析工具。

对于 Android 系统，网络流量信息通常存储在/proc/net/dev 目录下，也可以直接利用 ADB 工具获取实时的流量信息。另外，推荐 Android 的一款轻量级性能监控工具 Emmagee。类似于 Windows 系统性能监视器，Emmagee 能够实时显示应用运行过程中 CPU、内存和流量等信息。

对于 iOS 系统，可以使用 XCode 自带的性能分析工具集中的 Network Activity，分析具体的流量使用情况。

需要注意的是，流量测试的最终目的，并不是得到应用的流量数据，而是要想办法减少应用产生的流量。虽然，减少应用消耗的流量不是测试工程师的工作，但了解以下一些常用的方法，将有助于日常测试工作。

- 启用数据压缩，尤其是图片。
- 使用优化的数据格式，比如，同样信息量的 JSON 文件就要比 XML 文件小。
- 如果遇到既需要加密又需要压缩的场景，一定是先压缩再加密。
- 减少单次 GUI 操作触发的后台调用次数。
- 每次回传数据尽可能只包括必要的数据。
- 启用客户端的缓存机制。

......

4.3.9 耗电量测试

如果在功能类似的情况下，你的应用特别耗电并且造成设备发热严重，那么用户一定会卸载你的应用而改用其他应用。

耗电量测试通常从 3 个方面来考量。

- 应用运行但没有执行业务操作时的耗电量。
- 应用运行且密集执行业务操作时的耗电量。
- 应用在后台运行时的耗电量。

耗电量检测既有基于硬件的方法，也有基于软件的方法。作者所参与过的项目都采用软件的方法，Android 系统和 iOS 都有各自自己的方法。

- 在 Android 系统中通过 adb 命令 "adb shell dumpsys battery" 来获取应用的耗电量信息。
- 在 iOS 中通过 Apple 的官方工具 Sysdiagnose 来收集耗电量信息，然后，可以进一步用 Energy Diagnostics 进行耗电量分析。

4.3.10　弱网络测试

与传统桌面应用不同，移动应用的网络环境比较多样，而且经常出现需要在不同网络之间切换的场景。即使是在同一网络环境下，也会出现网络连接状态时好时坏的情况，比如，时高时低的延迟、经常丢包、频繁断线。在乘坐地铁、穿越隧道和地下车库的场景下经常会出现网络连接不佳的状况。

所以，移动应用的测试需要保证软件在复杂网络环境下的质量。具体的做法就是：在测试阶段，模拟这些网络环境，在应用发布前尽可能多地发现并修复问题。

在这里，推荐一款非常棒的开源移动网络测试工具——Facebook 的 Augmented Traffic Control（ATC）。ATC 最好用的地方在于，它能够在移动终端设备上通过 Web 界面随时切换不同的网络环境，也就是说，只要搭建一套 ATC，就能满足你所有的网络模拟需求。如果你对 ATC 感兴趣，可以在它的官方网站找到详细的使用说明。

4.3.11　边界测试

边界测试是指，对移动应用在一些临界状态下的行为功能的验证和测试。基本思路是需要找出各种潜在的临界场景，并对每一类临界场景做验证和测试。主要的场景如下。

- 系统内存占用率大于 90%的场景。
- 系统存储空间占用大于 95%的场景。
- 飞行模式来回切换的场景。
- 应用不具有某些系统访问权限的场景，比如，应用由于隐私设置不能访问相册或者通信录等。
- 长时间使用应用，系统资源有异常的场景，比如，内存泄露、过多的链接数等。
- 出现 ANR 的场景。
- 操作系统时间早于或者晚于标准时间的场景。

● 时区切换的场景。

......

4.4 移动应用测试工具：Appium 使用入门

前几节介绍了 Web 应用、原生应用和混合应用 3 种不同类型的移动应用以及对应的测试设计方法，也介绍了移动应用所特有的专项测试知识。本节以移动应用的自动化测试为例，介绍目前主流的移动应用自动化测试框架 Appium。

Appium 是一个开源的自动化测试框架，支持 iOS 和 Android 平台上的 Web 应用、原生应用和混合应用的自动化测试。

因为基于 Appium 的移动应用环境搭建相对复杂，虽然网上也有不少教程，但是知识点都比较零碎，而且大多基于早期版本的示例，所以下面会使用新版本的 Appium Desktop 1.6.2 和 Appium Server 1.8.1 来展开介绍。本节会展示如何在 Mac 环境下一步一步地搭建 Appium 测试环境，为后续的 iOS 和 Android 测试做好准备。

4.4.1 移动应用的自动化测试需求

在开始设计测试用例前，首先需要明确要开发的下面两个自动化测试用例的具体测试需求。

对于原生应用的测试用例，被测应用选用了 Appium 官方的示例应用，被测应用的源代码可以通过在 GitHub 网站搜索 iOS test app 找到，然后在 XCode 中编译打包成 TestApp.app。具体的测试需求是输入两个数字，然后单击"Compute Sum"验证两个数字相加后的结果是否正确。

对于 Web 应用测试用例，具体需求是在 iPhone 上打开 Safari 浏览器，访问 Appium 的官方主页，然后验证主页的标题是否是"Appium: Mobile App Automation Made Awesome"。

图 4-5 展示了原生应用和 Web 应用的 GUI 示例。接下来，将从最初的

图 4-5　原生应用和 Web 应用的 GUI 示例

环境搭建开始，开发 iOS 上原生应用和 Web 应用的测试用例。

4.4.2　iOS 开发环境的搭建

首先我们看一下 iOS 开发环境的搭建。如果读者之前没有接触过这部分内容，可以按照本节的步骤一步一步来做；如果比较熟悉 XCode，可以跳过本节，直接阅读 4.4.3 节。

在正式搭建 Appium 环境前，先搭建 iOS 开发环境。具体步骤如下。

（1）下载安装 XCode。

（2）在 XCode 中下载 iOS 的模拟器。

（3）使用 XCode 编译和打包被测试应用。

（4）在 iOS 的模拟器中尝试手动执行这两个测试用例。

在 iOS 模拟器中，手动执行测试用例的具体操作步骤如下。

（1）启动 XCode，导入 ios-test-app 下的 TestApp.xcodeproj 项目。

（2）在 XCode 中，打开"Preferences"中的"Components"，完成 iOS 10.0 Simulator 的下载。图 4-6 展示了这个过程。

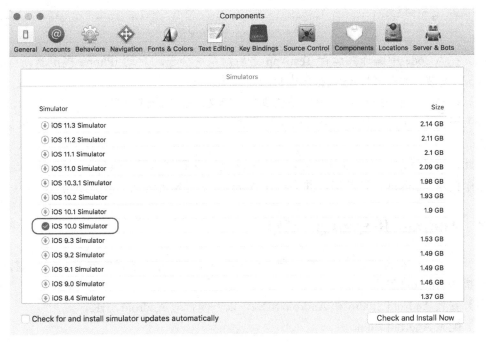

图 4-6　下载 iOS 10.0 Simulator

（3）在 Xcode 的"General"页面中，将 TestApp 的"Deployment Target"设置为 10.0，并且将"Devices"设置为"iPhone"，如图 4-7 所示。

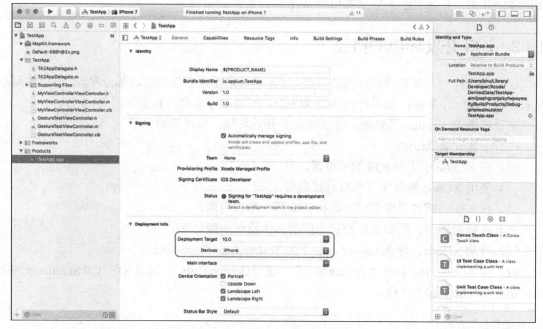

图 4-7　TestApp 的一般配置

（4）在 XCode 中编译并运行 TestApp 之后，系统会自动启动 iPhone 模拟器，自动完成 TestApp 的安装，并在 iPhone 模拟器中自动启动 TestApp。

（5）在模拟器上的 TestApp 中，手动执行自定义的加法测试用例。

（6）退出 TestApp，然后打开 Safari 浏览器，在 Safari 中执行访问 Appium 官方主页的测试用例。

至此，已经搭建好了 iOS 开发环境，并且成功编译和打包了 TestApp。接下来，会在后续的章节中搭建 Appium 测试环境，并尝试在 Appium 中开发上述两个测试用例。

4.4.3　Android 开发环境的搭建

在开始 Android 测试之前，同样需要做一些准备工作，并下载必要的工具。可以按照以下的步骤搭建 Android 开发环境。

（1）安装 Android Studio 和 Android SDK，以方便管理 Android SDK。

（2）配置 Android Home。

```
export ANDROID_HOME=/youPathToAndroid/sdk
export PATH=$ANDROID_HOME/tools: $PATH
export PATH=$ANDROID_HOME/platform-tools: $PATH
```

（3）在命令行中直接输入 Android 命令启动 Android SDK Manager，如图 4-8 所示，可以

在这个界面上选择 SDK 来下载和安装。

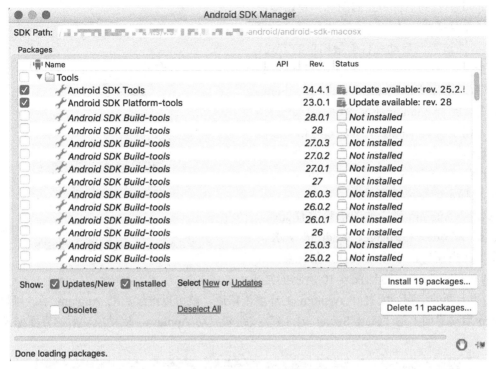

图 4-8　Android SDK Manager 界面

（4）当所需的 SDK 安装好之后，如果在模拟器上测试，需要通过 AVD Manager 来创建需要的 AVD，然后可以通过命令 emulator -list-avds 来列出现在可以用的所有 AVD。这里获取到的 AVD Name 可以作为 Appium test 中的 Device Name 设置给 DesiredCapabilities。如果在真机上测试，则需要通过命令 adb devices 来列出当前已经连接到计算机的 Android 设备，从中获取要测试的设备的 UDID。

（5）如果在模拟器上测试，可以通过 AVD Manager 的 UI 或者通过命令 emulator -avd <deviceName> 来启动 Emulator；如果在真机上测试，需要将机器通过 USB 线连接到计算机。

（6）如果要测试 Chrome 浏览器，还要安装 Chrome Driver，具体安装命令是 "$npm install appium-chromedriver"，之后在 capabilities 里面显式给出 Chrome Driver 的绝对路径。

4.4.4　Appium 测试环境的搭建

通过 Appium 的官方网站下载并安装新版本的 Appium，截至本书写作的时间，新版本是 Appium-1.6.2.dmg。

需要注意的是，早期版本和网上很多教程都建议用命令行的形式启动 Appium，但在这里想强调的是，完全可以通过界面启动（在 Launchpad 中找到 Appium 的图标，单击即可启动），而且新版本的 Appium 也推荐这种启动方式。通过界面启动是目前最简单的方式。图 4-9 展示了 Appium 在台式机上的启动界面。

然后，用命令行"npm install -g appium-doctor"安装 Appium 的环境诊断工具 appium-doctor，用于检查 Appium 所依赖的相关环境变量以及其他安装包是否都已经配置好了。如果还没有，就需要逐个安装，并根据 appium-doctor 的提示配置环境变量。

这里，Appium 最主要的依赖项有 Java、Node.js、XCode、Carthage、Android SDK、adb 等。如果所有的环境依赖都正常配置，就会看到 appium-doctor 返回图 4-10 所示的结果。

图 4-9　Appium 在台式机上的启动界面

按照上面的步骤，配置好 Appium 的环境依赖后，就可以继续启动 Appium 了。可以通过 Appium 启动界面上的"Start Server v1.8.1"按钮来启动 Appium，启动成功后的界面如图 4-11 所示。

```
LM-SHC-16501497:~ biru$ appium-doctor
info AppiumDoctor Appium Doctor v.1.4.3
info AppiumDoctor ### Diagnostic starting ###
info AppiumDoctor  ✔ The Node.js binary was found at: /usr/local/bin/node
info AppiumDoctor  ✔ Node version is 9.11.1
info AppiumDoctor  ✔ Xcode is installed at: /Applications/Xcode.app/Contents/Developer
info AppiumDoctor  ✔ Xcode Command Line Tools are installed.
info AppiumDoctor  ✔ DevToolsSecurity is enabled.
info AppiumDoctor  ✔ The Authorization DB is set up properly.
info AppiumDoctor  ✔ Carthage was found at: /usr/local/bin/carthage
info AppiumDoctor  ✔ HOME is set to: /Users/biru
info AppiumDoctor  ✔ ANDROID_HOME is set to: /Users/biru/Library/Android/sdk
info AppiumDoctor  ✔ JAVA_HOME is set to: /Library/Java/JavaVirtualMachines/jdk1.8.0_171.jdk/Contents/Home
info AppiumDoctor  ✔ adb exists at: /Users/biru/Library/Android/sdk/platform-tools/adb
info AppiumDoctor  ✔ android exists at: /Users/biru/Library/Android/sdk/tools/android
info AppiumDoctor  ✔ emulator exists at: /Users/biru/Library/Android/sdk/tools/emulator
info AppiumDoctor  ✔ Bin directory of $JAVA_HOME is set
info AppiumDoctor ### Diagnostic completed, no fix needed. ###
info AppiumDoctor
info AppiumDoctor Everything looks good, bye!
info AppiumDoctor
LM-SHC-16501497:~ biru$
```

图 4-10　正常配置环境依赖后，appium-doctor 返回的界面

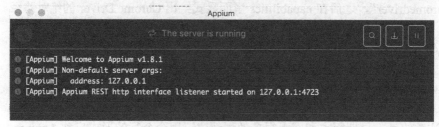

图 4-11　Appium 启动成功后的界面

4.4.5　Appium Inspector 的使用

为了顺利执行后续的测试用例，我们先熟悉一下 Appium Inspector 的使用。Appium Inspector 是用来协助对界面元素进行定位的工具。

首先，我们来看看如何使用 Appium Inspector 启动 iPhone 的模拟器，并在模拟器上运行 TestApp，以及如何通过 Inspector 定位 TestApp 界面上的元素（了解元素的定位是后续开发自动化测试脚本的基础）。具体的操作过程如下。

（1）通过 Appium 界面中的 "Start Inspector Session" 按钮，进入 Session 配置界面。图 4-12 展示了这个操作。

图 4-12　单击 "Start Inspector Session" 按钮打开 Session 配置界面

（2）在 Session 配置界面中完成必要参数的配置（见图 4-13）。这里需要根据选用的移动设备操作系统、模拟器/真机等具体情况来完成参数配置。需要配置的参数主要包括 platformName、platformVersion、deviceName、automationName 和 app。其中，automationName

图 4-13　Session 配置界面

指自动化测试框架的名称，这里采用了 XCUITest；app 指被测原生应用的安装包路径，这里使用之前 XCode 打包生成的 TestApp.app，这样启动模拟器时，就会自动把 TestApp.app 安装到模拟器中。其他参数的配置非常简单，从字面意思就能知道其含义，就不再一一介绍了。

（3）完成配置后，单击 Session 配置界面中的"Start Session"按钮，启动 iPhone 模拟器，并在 iPhone 模拟器中启动 TestApp，同时打开 Inspector 窗口，如图 4-14 所示。

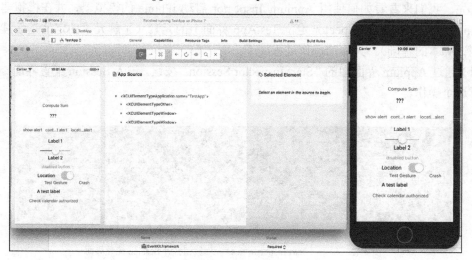

图 4-14　启动 Session 后的 Inspector 窗口

（4）在 Inspector 窗口中，利用"Selected Element"功能，通过单击元素可以显示原生应用上的元素定位信息，如图 4-15 所示。

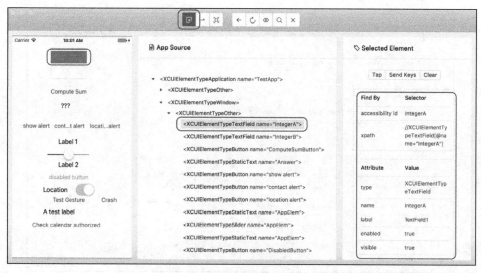

图 4-15　元素定位信息

（5）在 Inspector 窗口中，可以通过"Recorder"功能生成不同语言的自动化测试脚本。比如，在启用了"Recorder"功能后，单击"Compute Sum"按钮，就会生成图 4-16 所示的自动化测试脚本片段。

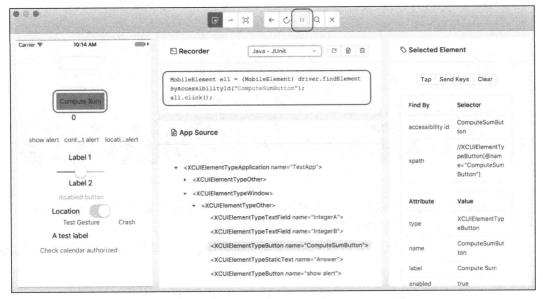

图 4-16　通过"Recorder"功能生成的自动化测试脚本片段

了解了如何通过 Inspector 获取元素定位信息的方法之后，我们就正式开发基于 Appium 的第一个 Web 应用和第一个原生应用的测试用例。

4.5　Appium 实战（iOS 篇）

在本节中，以 iOS 为例，首先开发两个测试用例。一个是原生应用的测试用例，另一个是 Web 应用的测试用例（因为混合应用的测试用例类似于原生应用的壳、Web 应用的内容，所以就不再单独举例子了）。然后分别在 iOS 的真机上执行这两个测试用例。

4.5.1　基于 iOS 开发第一个原生应用的测试用例

按照以下步骤，在 iOS 平台上开发第一个原生应用的测试实例。

（1）建立一个空的 Maven 项目，然后在 POM 文件中加入图 4-17 所示的依赖。

在这个案例里面，我们会使用 TestNG 来组织测试用例，所以第 14 行的代码加入了 TestNG 的依赖。第 19 行的 java-client 是关键，java-client 的作用是利用 Java 代码将测试用例中的操作步骤发送给 Appium Server，然后由 Appium Server 自动完成这些操作。

```
1   <?xml version="1.0" encoding="UTF-8"?>
2   <project xmlns="http://maven.apache.org/POM/4.0.0"
3            xmlns:xsi="http://www.w3.org/2001/XMLSchema-instance"
4            xsi:schemaLocation="http://maven.apache.org/POM/4.0.0 http://maven.apache.org/xsd/maven-4.0.0.xsd">
5       <modelVersion>4.0.0</modelVersion>
6
7       <groupId>appium</groupId>
8       <artifactId>appiumdemo</artifactId>
9       <version>1.0-SNAPSHOT</version>
10
11      <dependencies>
12          <dependency>
13              <groupId>org.testng</groupId>
14              <artifactId>testng</artifactId>
15              <version>6.14.3</version>
16          </dependency>
17          <dependency>
18              <groupId>io.appium</groupId>
19              <artifactId>java-client</artifactId>
20              <version>6.1.0</version>
21          </dependency>
22      </dependencies>
23
24  </project>
```

图 4-17   在 POM 文件加入 TestNG 和 java-client 的依赖

目前 Appium 支持多种编程语言，每种语言都有自己的 Client，比如，这里使用 Java 语言，所以引入了 java-client；如果使用 Python 语言，那么就需要引用 python-client。

（2）创建一个类，并命名为"iOS_NativeApp_DemoTest"，按照图 4-18 所示的代码实现这个类。

注意，这里的代码是真实的可执行的 Java 代码，读者可以直接在项目中使用。

- 在图 4-18 中，第 21 行的@BeforeTest，第 38 行的@AfterTest，以及第 44 行的@Test，都利用了 TestNG 的 annotation 对函数进行标注。标有@Test 的函数是真正的测试主体，所有和测试相关的步骤都放在这个函数中；标有@BeforeTest 的函数会在@Test 函数之前执行测试的相关准备工作，图 4-18 中的代码用这个函数完成了 DesiredCapabilities 的设置，并用该 Capabilities 构造了 iosdriver；标有@ AfterTest 的函数在@Test 函数执行结束后执行，主要用于环境的清理和收尾，图 4-18 中的代码用这个函数完成了 iosdriver 的退出操作。

- 第 24～33 行构造了 DesiredCapabilities 对象，并对 APPIUM_VERSION、PLATFORM_VERSION、PLATFORM_NAME、AUTOMATION_NAME、DEVICE_NAME 和 APP 等参数进行了设置。其中 APP 的值是被测原生应用安装包的绝对路径。

- 第 46～58 行是测试用例的主体部分，主要分为 3 部分。
  - ➢ 第 47～50 行通过 iosdriver 的 findElementByAccessibilityId 方法定义了页面上的 4 个元素，分别是输入参数框 A、输入参数框 B、计算按钮和加法结果显示框。代码中 AccessibilityId 可以通过 Inspector 获取。
  - ➢ 第 53～55 行通过自定义元素的操作执行加法运算。
  - ➢ 第 58 行通过断言方法 assertEquals 验证加法运算的结果。

（3）为了运行这个 TestNG 的测试用例，我们需要再添加一个 testng.xml 文件。

图 4-18　原生应用测试用例

具体内容如图 4-19 所示。

```xml
<?xml version="1.0" encoding="UTF-8"?>
<!DOCTYPE suite SYSTEM "http://testng.org/testng-1.0.dtd">
<suite name="TestSuite" parallel="false" junit="false" guice-stage="DEVELOPMENT"
        configfailurepolicy="skip" skipfailedinvocationcounts="false"
        group-by-instances="false" preserve-order="true" allow-return-values="false">
    <test name="iOS_NativeApp_DemoTest" preserve-order="true">
        <classes>
            <class name="iOS_NativeApp_DemoTest"/>
        </classes>
    </test>
</suite>
```

图 4-19　testng.xml 文件

（4）在保证 Appium Server 已经启动的情况下，就可以运行 testng.xml 执行测试了。

测试开始后，首先会自动启动基于 iOS 10.0 的 iPhone 7 模拟器，然后依次自动完成 WebDriverAgent（WDA）和被测原生应用的安装。WDA 是由 Facebook 开源并且支持 iOS 自动化测试的代理工具，其底层通过 XCUITest 实现自动化。

接着，就会自动运行被测原生应用，并根据@Test 函数中定义的步骤完成自动化测试的步骤。到此，第一个基于 Appium 的原生应用自动化测试用例就设计好了。

4.5.2　基于 iOS 开发第一个 Web 应用的测试用例

有了原生应用测试用例的设计基础，再实现一个基于 Appium 的 Web 应用自动化测试用例就简单多了。具体步骤如下。

（1）在上述的 Maven 项目中再创建一个类，并命名为"iOS_WebApp_DemoTest"，然后按照图 4-20 所示的代码实现这个类。

```java
import java.net.MalformedURLException;
import java.net.URL;

import org.openqa.selenium.remote.DesiredCapabilities;
import org.testng.Assert;
import org.testng.annotations.AfterTest;
import org.testng.annotations.BeforeTest;
import org.testng.annotations.Test;

import io.appium.java_client.ios.IOSDriver;
import io.appium.java_client.remote.MobileCapabilityType;

/**
 * IOS Browser Local Test.
 */
public class iOS_WebApp_DemoTest
{
    public static IOSDriver mobiledriver;

    @BeforeTest
    public void beforeTest( ) throws MalformedURLException
    {
        DesiredCapabilities capabilities = new DesiredCapabilities();
        capabilities.setCapability(MobileCapabilityType.APPIUM_VERSION, value: "1.8.1");
        capabilities.setCapability(MobileCapabilityType.PLATFORM_VERSION, value: "10.0");
        capabilities.setCapability(MobileCapabilityType.PLATFORM_NAME, value: "iOS");
        capabilities.setCapability(MobileCapabilityType.AUTOMATION_NAME, value: "XCUITest");
        capabilities.setCapability(MobileCapabilityType.DEVICE_NAME, value: "iPhone 7");
        capabilities.setCapability(MobileCapabilityType.BROWSER_NAME, value: "Safari");
        capabilities.setCapability("newCommandTimeout", 2000);

        mobiledriver = new IOSDriver(new URL( spec: "http://127.0.0.1:4723/wd/hub"), capabilities);
    }

    @AfterTest
    public void afterTest( )
    {
        mobiledriver.quit();
    }

    @Test
    public static void launchWebAppTest() throws InterruptedException
    {
        mobiledriver.get("http://appium.io/");
        Assert.assertEquals(mobiledriver.getTitle(), s1: "Appium: Mobile App Automation Made Awesome.",
                            s2: "Title Mismatch");
    }
}
```

图 4-20　Web 应用测试用例实例

注意，这里的代码是真实的可执行的 Java 代码，读者可以直接在项目中使用。

代码的整体结构和上述原生应用测试用例的完全一致，只有一个地方需要特别注意，在第 29 行中，由于 Web 应用是基于浏览器的测试，因此这里不需要指定 APP 这个参数，而是直接用 BROWSER_NAME 指定浏览器的名字即可。

对于测试用例的主体部分，也就是第 45～47 行的代码就比较简单了。首先打开 Safari 浏览器并访问 Appium 官方网站，接着用断言方法 assertEquals 验证页面的 Title 是不是"Appium: Mobile App Automation Made Awesome."。其中，实际页面的 Title 可以通过 mobiledriver 的 getTitle 方法获得。

（2）在 testng.xml 中添加这个 Web 应用的测试用例，就可以在 Appium Server 已经启动的情况下执行这个测试用例了。

这个测试用例首先会自动启动基于 iOS 10.0 的 iPhone 7 模拟器，然后自动打开 Safari 浏览器并访问 Appium 的官方网站。执行完之后的界面如图 4-21 所示。

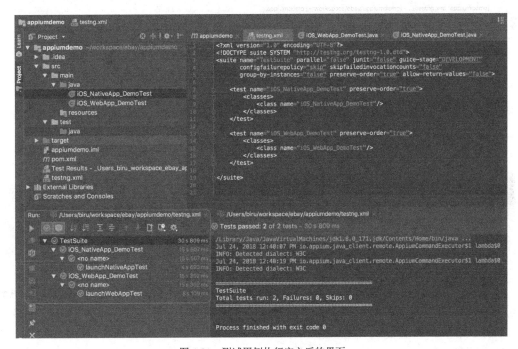

图 4-21　测试用例执行完之后的界面

进行到这里，我们基于 Appium 开发的第一个 Web 应用的自动化测试用例也就完成了。

4.5.3　在 iOS 真机上执行 Web 应用测试

之前介绍的测试都是在模拟器上执行的，如果我们想在 iOS 的真实设备上执行测试用例，又有哪些需要特别关注的地方呢？本节以 Web 应用为例来讲解。

如果想在 iOS 真机上执行 Web 应用测试，那么我们还需要做一些额外的准备工作。

1.　获取设备 UDID

所谓 UDID 指的是设备的唯一设备标识符，是和硬件绑定的。如何获取设备 UDID 呢？将移动设备连接到计算机，打开 iTunes，进入设备界面，单击 Serial Number 区域，这里就会切换成 UDID，如图 4-22 所示。

图 4-22　从 iTunes 查询 Apple 设备的 UDID

2.　安装 libimobiledevice

要安装 libimobiledevice，在 Mac 平台上可以使用以下的命令。

```
$ brew install --HEAD libimobiledevice。
```

3.　安装 ios-webkit-debug-proxy

要安装 ios-webkit-debug-proxy，按照下面的命令安装。

```
$ git clone github 域名/google/ios-webkit-debug-proxy.git
$ cd ios-webkit-debug-proxy
$ ./autogen.sh
$ make
$ sudo make install
```

4.　Safari 配置

这些工具都装好之后，就可以着手将自己的 Apple 设备连接到计算机了。因为要测试 Apple 设备上的 Safari，所以还要通过"设置"→"Safari 浏览器"→"高级"→"Web 检查器"来打开 Safari 的 Web 检查器。

5.　连接设备

接下来，我们可以真正地把手机连接到计算机了。注意，iOS 测试只能通过 OSX 系统的机器来运行。这时候我们运行以下代码可以得到已经连接上的设备列表，也能得到 UDID。

```
$ ios_webkit_debug_proxy
```

在命令行运行以下命令。

```
$ ios_webkit_debug_proxy -u <你的 UDID>: 27753 -d
```

当出现调试日志时，证明设备已通过 ios-webkit-debug-proxy 连接到计算机，并且能够被 Appium 访问到。

6. 安装 WebDriverAgentRunner

接下来，安装 WebDriverAgentRunner，这是一个由 Facebook 开发的并且适用于 iOS 的 WebDriver 服务器的应用，用来远程控制 iOS 的设备。它的工作原理是链接 XCTest.framework 并调用 Apple 的 API 直接在设备上执行命令，它同时与 Appium 能够适配。从 GitHub 下载 WebDriverAgentRuner 项目的源代码，然后按照它的用户指导，通过运行./Scripts/bootstrap.sh 来拉取所有依赖和建立这个项目。建立成功后，打开 WebDriverAgent.xcodeproj，通过 Xcode 把它安装到 iOS 设备上。注意，这里需要 Apple 开发者的账户签名，也就是说，必须拥有 Apple 的开发者账号。

7. 修改测试用例的 Capabilities 设置

Capabilities 的设置主要体现在以下几点。

- PLATFORM_VERSION 必须是真机上真实的版本号，否则会运行失败。
- DEVICE_NAME 必须是真机上定义的本机名，定义错了会找不到当前的设备。
- UDID 一定要定义，这是连接真机最关键的信息，Appium 通过 ios-webkit-debug- proxy 和 UDID 连接唯一的设备。
- StartIWDP 要设置为 True，这个参数的意思是让 Appium 能够自动启动 ios-webkit-debug-proxy server 来访问 iOS 上的 webview。

图 4-23 展示了 Capabilities 的设置。

```
DesiredCapabilities capabilities = new DesiredCapabilities();
capabilities.setCapability(MobileCapabilityType.BROWSER_NAME, MobileBrowserType.SAFARI);
capabilities.setCapability(MobileCapabilityType.PLATFORM_NAME, Platform.IOS);
capabilities.setCapability(MobileCapabilityType.PLATFORM_VERSION, "11.4");
capabilities.setCapability(MobileCapabilityType.DEVICE_NAME, "Robin iPhone");
capabilities.setCapability(MobileCapabilityType.AUTOMATION_NAME, "XCUITEST");
capabilities.setCapability(MobileCapabilityType.UDID, udid);
capabilities.setCapability("startIWDP", true);

capabilities.setCapability(MobileCapabilityType.NEW_COMMAND_TIMEOUT, 60000);
```

图 4-23 Capabilities 的设置

一切都准备就绪之后，就可以在真机上启动一个 Safari 的测试了。在 iOS 上测试，对于版本的兼容性问题一定要特别注意，因为涉及的软件比较多，包括 iOS 版本、Appium 版本、XCode 版本、OSX 版本，它们相互依赖并存在一定的版本限制问题，比如，XCode 9.4 以上只能安装在 OSX 10.13 以上的版本中，XCode 8 最高只能支持到 iOS 9 等。在测试的过程中要注意这方面的问题，提前在官网上查阅好支持的软件版本。

4.5.4 在 iOS 真机上执行原生应用测试

为了在 iOS 真机上执行原生应用测试，我们需要把待测应用安装到被测设备上。在模拟器中我们可以通过 Appium 或者 XCode 安装应用。而真机上的应用很多是之前就从应用商店安装好的，这类原生应用是不能通过 Appium 直接测试的，因为它在安装时并没有正确的开发者签名。所以如果想要在 iOS 真机上测试一个原生应用，这个应用必须是打包出来的、有正确签名的原生应用，并自己完成安装。

当签名正确后，调用下面的命令即可建立出该原生应用的真机版本。

```
$xcodebuild -sdk iphoneos<version>
```

对于 iOS 真机的原生应用测试，除了要安装 libimobiledevice 和 ios-webkit-proxy 外，还要通过以下命令安装 ios-deploy，它负责将被测原生应用安装到真机上。

```
$ npm install -g ios-deploy
```

4.6 Appium 实战（Android 平台）

本节以 Android 为例，讲解 Appium 的使用。

4.6.1 基于 Android 模拟器的 Web 应用测试

我们来看看基于 Android 模拟器的 Web 应用测试。有了之前的基础，我们直接看代码清单 4-6-1。

代码清单 4-6-1

```
DesiredCapabilities capabilities = new DesiredCapabilities();
capabilities.setCapability(MobileCapabilityType.BROWSER_NAME, MobileBrowserType.CHROME);
capabilities.setCapability("chromedriverExecutable", "/path/to/chrome/driver");
capabilities.setCapability(MobileCapabilityType.PLATFORM_NAME, Platform.ANDROID);
capabilities.setCapability(MobileCapabilityType.PLATFORM_VERSION, "8.1");
capabilities.setCapability(MobileCapabilityType.DEVICE_NAME, "Nexus_5X_API_27");

AppiumDriver driver = new AndroidDriver(new URL("http://127.0.0.1:4723/wd/hub"), capabil
    ities);
driver.get("http://百度官网域名");
WebElement searchInput = driver.findElement(By.id("index-kw"));
searchInput.sendKeys("移动端测试");
WebElement searchButton = driver.findElement(By.id("index-bn"));
searchButton.click();
driver.quit();
```

从程序中我们可以看到，与 iOS 的测试不同，这里的 PLATFORM_NAME 变成了 Android，DEVICE_NAME 应该是上述步骤中从 AVD 列表里获取的值，并且这里要初始化的 AppiumDriver 也变成了子类 AndroidDriver。

4.6.2 基于 Android 真机的 Web 应用测试

我们一起来看看如何在 Android 真机上执行 Web 应用测试。为此可以通过命令 adb devices 获取到连接到计算机的 Android 设备的 UDID 后，通过 Capabilities 把 UDID 传给 Appium，让 Appium 访问这台设备并在上面运行测试脚本。下面看一下代码清单 4-6-2。

代码清单 4-6-2

```
DesiredCapabilities capabilities = new DesiredCapabilities();
capabilities.setCapability(MobileCapabilityType.BROWSER_NAME, MobileBrowserType.CHROME);
capabilities.setCapability(MobileCapabilityType.PLATFORM_NAME, Platform.ANDROID);
capabilities.setCapability(MobileCapabilityType.PLATFORM_VERSION, "8.1");
capabilities.setCapability(MobileCapabilityType.DEVICE_NAME, "Robin HuaWei P7");
capabilities.setCapability(MobileCapabilityType.UDID, udid);

AppiumDriver driver = new AndroidDriver(new URL("http://127.0.0.1:4723/wd/hub"), capabil
    ities);
driver.get("百度官网域名");
WebElement searchInput = driver.findElement(By.id("index-kw"));
searchInput.sendKeys("移动端测试");
WebElement searchButton = driver.findElement(By.id("index-bn"));
searchButton.click();
driver.quit();
```

与模拟器测试的不同点在于，DEVICE_NAME 应该定义成真机的名称，而且必须要由 UDID 来唯一标识一台机器。

4.6.3 Web 应用的测试：温故而知新

通过讲解 Android 和 iOS 的 Web 应用测试，相信读者对 Web 应用的测试已经有了大致的了解。Web 应用的测试主要包括以下两个步骤。

（1）测试前的准备，主要是连接执行测试的载体。

（2）Web 应用测试代码的编写。

在 iOS 和 Android 上测试的准备不尽相同，但是目的都是一样，让 Appium 能够访问到用于执行测试的载体，不管是模拟器还是真机，都要通过一系列的步骤，连接上执行测试的计算机，并且提供让 Appium 能访问到的标识。

而 Web 应用测试脚本的编写也分为两块：一块是 Web 应用测试专有的，包括初始化 Appium Driver，设置 Web 应用测试特有的 Capabilities 等，另一块就是进入 Web 应用测试后的测试代码。因为 Appium 本质上是基于 Selenium 的，所以测试代码也使用 Selenium 提供的接口，并且和传统的 Web GUI 测试没有本质区别。如果之前有过基于 Selenium 的 GUI 测试脚本开发经验，那么就会很容易上手。

4.6.4　底层自动化驱动引擎

另外，在代码清单 4-6-1 和代码清单 4-6-2 中，有一个属性没有显式地设置，那就是 automationName，即底层自动化驱动引擎。如果这个属性不显式定义，就会采用默认值"Appium"，而实际上它的可选值有以下 5 种。

- Appium：默认值，在底层驱动 iOS 的 UIAutomation，或在底层驱动 Android 的 UIAutomation。
- Selendroid：Android 的一种驱动引擎，在 Android API 低于 17 时，因为不支持 UIAutomation，所以只能选用 Selendroid 来完成测试。
- XCUITest：当 iOS 系统的版本号大于 10 时，不再支持 UIAutomation，需要通过 XCUITest 这个框架来驱动。
- UIAutomator2：第二代 UIAutomator，与 UIAutomator 有些细微区别，比如，UIAutomator2 可以支持中文输入，并且获取控件的速度要比 UIAutomator 快一些。
- Espresso：Appium 新支持的 Android 驱动引擎，在 Appium 1.7 及以上版本中可以使用，可用的接口并不完整，读者可以体验性地使用一下。

总之，可以根据自己测试的实际情况来选择合适的自动化测试引擎。

4.6.5　基于 Android 模拟器的原生应用测试

接下来，我们再来看看 Android 的原生应用测试是如何在 Android 模拟器上执行的。

1. 构建 Android apk

与 iOS 一样，我们需要先建立 Android 应用的 apk 文件，这里用一个 Android 官方的 Sample Project 来做演示。

打开 Android Studio，依次选择 File→New→Import Sample 项，并选择一个不复杂的示例，这里选择的是 Interpolator。等项目自动加载完成后，可以通过 Android Studio 的 Edit Configuration→Gradle 来添加一个 Run/Debug Configurations，如图 4-24 所示。

这里需要选择 Android 应用所在的模块，然后设置 Tasks 为"assemble"，并单击 OK 按钮。

然后回到 Android Studio 的主界面，用刚添加的配置信息来运行这个项目，会得到"BUILD SUCCESSFUL"的消息。之后在项目目录下的 Application/build/outputs/apk 中就可以看到 debug 版本和 release 版本的 apk 文件了。

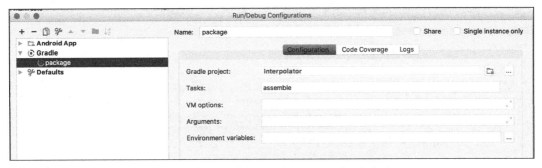

图 4-24　添加 Run/Debug Configurations 来打包应用

2.　测试脚本开发

同样，我们需要定位到页面上的组件。通常推荐使用 Macaca 来查找组件，而 Appium 本身也自带 Inspector。Inspector 在之前已经简单介绍过，这里会再次从实际使用的角度来讲解一下。这里介绍一下怎么使用 Appium 自带的观察器查找 Android 原生应用的界面元素。

首先在 Appium 主界面上单击放大镜图标，然后在 Desired Capabilities 中填入必需的信息以建立 session，请参考图 4-25。

图 4-25　在 Desired Capabilities 中填入信息

单击 Start Session 按钮后，Appium 会展示当前应用的层级结构，如图 4-26 所示。

我们可以看到，选中的按钮可以根据 id 等于 "com.example.android.interpolator:id/animateButton" 定位到。根据 xpath 也可以定位到，不过由于 xpath 太长，我们用 id 来定位，并完成测试脚本（见代码清单 4-6-3）。

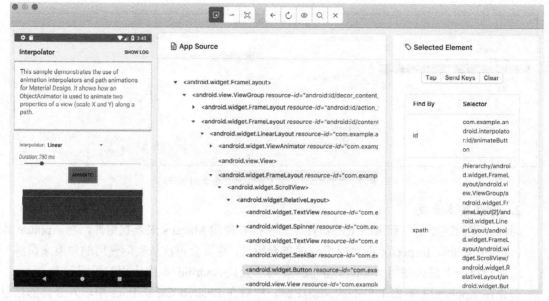

图 4-26　Appium 中应用的层级结构

代码清单 4-6-3

```
DesiredCapabilities capabilities = new DesiredCapabilities();
capabilities.setCapability(MobileCapabilityType.PLATFORM_NAME, Platform.ANDROID);
capabilities.setCapability(MobileCapabilityType.PLATFORM_VERSION, "8.1");
capabilities.setCapability(MobileCapabilityType.DEVICE_NAME, "emulator-5555");
capabilities.setCapability(MobileCapabilityType.APP, appPath);

AppiumDriver driver = new AndroidDriver(new URL("http://127.0.0.1:4723/wd/hub"),
    capabilities);
if(!driver.isAppInstalled("com.example.android.interpolator"))
{
  driver.installApp(appPath);
}
driver.launchApp();
WebElement animateButton = driver.findElementById("com.example.android.interpolator:id/
    animateButton");
animateButton.click();
driver.quit();
```

4.6.6　基于 Android 真机的原生应用测试

接下来看一下基于 Android 真机的原生应用测试。

Android 真机上的测试与用模拟器上的测试步骤基本一样。我们只需要把要测的设备通过 USB 连接到 PC 端，通过 $adb devices 命令得到该设备的 UDID，然后通过 Capability 设置 Appium driver 即可。同样，我们也可以通过 Appium 自带的 Inspector 先获取要测组件的 id 或 xpath。

理论上，一个应用在模拟器和真机上的结构是相同的，但为了保证元素定位的准确性，观察器也提供了在真机上查看元素的功能，我们只须在启动观察器时同时传入 UDID 即可。具体的代码如代码清单 4-6-4 所示。

代码清单 4-6-4

```
DesiredCapabilities capabilities = new DesiredCapabilities();
capabilities.setCapability(MobileCapabilityType.PLATFORM_NAME, Platform.ANDROID);
capabilities.setCapability(MobileCapabilityType.PLATFORM_VERSION, "8.1");
capabilities.setCapability(MobileCapabilityType.DEVICE_NAME, " Samsung S9");
capabilities.setCapability(MobileCapabilityType.APP, appPath);
capabilities.setCapability(MobileCapabilityType.UDID, udid);

AppiumDriver driver = new AndroidDriver(new URL("http://127.0.0.1:4723/wd/hub"), capabil
    ities);
if(!driver.isAppInstalled("com.example.android.interpolator"))
{
  driver.installApp(appPath);
}
driver.launchApp();
WebElement animateButton = driver.findElementById("com.example.android.interpolator:id/
    animateButton");
animateButton.click();
Thread.sleep(5000);
driver.quit();
```

4.6.7　原生应用的测试：温故而知新

不管是 iOS 还是 Android 中原生应用的测试，我们要做的无非以下几点。

（1）准备好测试应用的文件，对于 iOS 端的真机测试，还需要开发者的账号签名。

（2）安装所需的软件。对于 iOS 测试，需要安装 Xcode，下载 Simulator；对于 Android 测试，应下载 Android Studio 或 Android SDK，并下载 Emulator。

（3）启动 Appium。

（4）安装连接设备的工具，在 iOS 端需要安装 libimobiledevice，对于真机测试还需要安装 ios-webkit-proxy 和 ios-deploy，在 Android 系统上则不用安装。

（5）连接设备和 PC，iOS Simulator 和 Android Emulator 启动后便可使用，真机则通过 USB 连接，iOS 还须运行 ios-webkit-proxy。

（6）编写测试脚本，传入正确的参数，对于真机测试还必须传入 UDID，在 iOS 真机中将 startIWDP 设为 true。

（7）启动观察器，获取应用上的层级结构，获取被测组件的定位。

（8）继续编写测试脚本，添加真正的测试步骤。

4.7　Appium 的实现原理

通过讲解搭建 Appium 环境，以及设计、开发与执行测试用例，读者已经对 Appium 有了一个感性的认识。那么，Appium 的实现原理又是怎样的呢？理解了 Appium 的使用原理，可以帮助读者更好地使用这个工具，设计更加"有的放矢"的测试用例。

Appium 作为目前主流的移动应用自动化测试框架，具有极强的灵活性，这主要体现在以下 5 个方面。

- 测试用例的实现支持多种编程语言，如 Java、Ruby、Python 等。
- Appium Server 支持多平台，既有基于 Mac 的版本，也有基于 Windows 的版本。
- 支持 Web 应用、原生应用和混合应用三大类移动应用的测试。
- 既支持 iOS，也支持 Android。
- 既支持真机，也支持模拟器。

在实际应用中，可以根据项目情况灵活组合完成移动应用的自动化测试。比如，用 Java 写 iOS 上原生应用的测试用例，或者用 Python 写 Android 上的 Web 应用的测试用例，测试用例通过 Windows 平台运行在 Android 的真机上。这样的组合还有很多。读者有没有想过，Appium 为什么如此强大？这就要从 Appium 的基本原理讲起。

要真正理解 Appium 的内部原理，可以把 Appium 分成三大部分，分别是 Appium 客户端、Appium 服务器和设备端。这 3 部分的关系如图 4-27 所示。

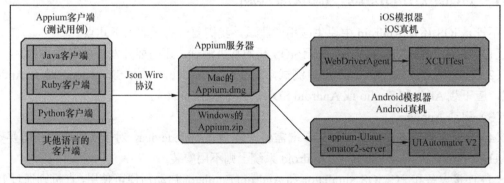

图 4-27　Appium 的内部原理

4.7.1　Appium 服务器

我们先来看看处于中间位置的 Appium 服务器。Appium 服务器有 Mac 和 Windows 版本，也就是说，Appium 服务器可以运行在 Mac 或者 Windows 系统上。本质上，Appium 服务器是一个 Node.js 应用，接受来自 Appium 客户端的请求，解析后通过 WebDriver 协议和设备端上的代理打文道。

- 对于 iOS 平台,Appium 服务器会把操作请求发送给 WebDriverAgent(简称 WDA),然后 WDA 再基于 XCUITest 完成 iOS 模拟器或者真机上的自动化测试操作。
- 对于 Android 平台,Appium 服务器会把操作请求发送给 appium-UIautomator2-server,然后 appium-UIautomator2-server 再基于 UIAutomator 完成 Android 模拟器或者真机上的自动化测试操作。

4.7.2 Appium 客户端

Appium 客户端其实就是测试代码运行端。使用对应语言的客户端将基于 Json Wire 协议的操作指令发给 Appium 服务器。

整体来说,Appium 的内部原理可以总结为:Appium 属于 C/S 架构,Appium 客户端通过多语言支持的第三方库向 Appium 服务器发起请求,基于 Node.js 的 Appium 服务器会接受 Appium 客户端发来的请求,接着和 iOS 或者 Android 平台上的代理工具打交道,代理工具在运行过程中不断接收请求,并根据 WebDriver 协议解析出要执行的操作,最后调用 iOS 或者 Android 平台上的原生测试框架完成测试。

4.8 企业级移动应用测试框架的设计思路与实践

搭建企业级的移动应用测试框架,可以遵循以下设计思路和实践。这些实践都直接来自像 eBay 这类全球大型电商的实际项目,所以非常具有借鉴意义。

4.8.1 移动应用测试框架的设计思路

如果企业已有比较成熟的 Web 端测试框架,就要尽量将移动端的测试功能集成到原有框架中。这样的好处是,不用另外再维护一套独立的框架,而且能够统一管理 Web 端和移动端的测试脚本,降低了维护成本。如果企业需要统计测试数据,也能够简化统计的工作流程。

如果决定将移动端的测试功能集成到原有 Web 端的框架里,尽量保持与已有框架相似的设计,主要类的封装、提供的接口也尽量保持统一的风格,这样使用脚本的测试人员不用为移动端的测试重新学一套语法,可以节省学习成本,并且能够更快地启用移动端的测试。

底层使用主流的测试框架,因为主流的框架被较多的人实践过,很多已有的问题都已经被提出来并解决了,并且主流的框架会由专门的技术团队来支持和维护,文档更加全面。一旦发现问题,也能够及时解决。

采用面向对象的思想来设计测试框架。在我们设计测试框架时,应该将能对象化的部分都对象化,否则写出来的测试脚本就会特别松散,可读性也会很差。比较重要的部分有 PageObject、MobileElement、WebDriver、Reporter、TestPlan 和 Flow 等。这些都是测试中比较重要的概念，而且重用的频率也很高。我们最好将这些概念都封装成对象，并且命名也尽量贴近自然语言，这样用户在写测试脚本时，所调用的接口、函数都会更富有意义。

接口对不同平台（iOS 和 Android）要统一化封装。针对移动端的不同平台，如主流的 iOS 和 Android，都有其一定的差异性，比如，使用的 driver 类型不一样，组件的定位方式不一样，一些组件的操作方式不一样等。如果对于这些差异性我们的框架都没有进行封装，而让开发测试脚本的人为这些不同平台写单独的脚本，就会增加测试的工作量，而且不便于管理。如果在设计测试框架的时候将这些不同平台的差异性进行统一封装，那么对于用户而言，提供的都是统一的接口，他们就可以只编写一套测试脚本来处理不同平台的测试要求，大大减少了需要维护的脚本数量。

要有完善的日志和测试报告。企业级的测试较复杂，在测试后需要分析测试结果。这就要求测试框架提供强大的日志功能，并且能够生成友好的测试报告，这样才能在测试之后分析测试结果时有数据支持。

日志的设计应该考虑 3 个要素——时间戳、类型和关键信息。时间戳即当前步骤的详细时间。类型可以是错误、警告、信息等。关键信息即这行日志要告诉测试者的主要内容，这行信息最好能有比较容易标识的关键字，方便搜索。另外，日志还要支持记录屏幕截图。屏幕截图对于生成测试报告尤为重要，一个测试报告中，给用户最直观感受的就是屏幕截图组成的测试流程。测试报告其实也是基于日志的。在设计测试报告时，我们需要将测试的上下文、测试中的日志以及测试结果，经过 UI 的封装，之后再呈现给用户。

4.8.2　移动应用测试框架的实现与实践

下面我们来看看，如何实现一个基于 Appium 的移动端的测试框架。

首先，这个框架要将 Appium 的 java-client 添加进 maven dependency 中。这样才能在此基础上进行封装。

其次，我们设计的时候确定要支持哪些浏览器。如果这些浏览器中有专门的 driver，我们需要下载 driver 文件，并将其放入项目的 Resource 文件夹中，或者放在云上或者某个公共 Resource 上。这是为了保证 driver 的路径不会因为执行环境的改变而改变。甚至我们可以创建脚本，当 driver 有更新时，能及时获取到并替换掉测试框架所用的 driver，这样就能保证测试框架中提供的浏览器 driver 一直是最新的。

接下来我们看看系统设计。一个移动测试框架应该有 3 层，从下至上应该是 View 层、Element 层和 TestPlan 层。View 层负责封装 Appium 和相关 driver，提供 PageObject 的封装，这一层在将不同平台的 driver 进行封装后提供统一的接口。Element 层将原生的 MobileElement 进行封装，提供更友好的方法，这一层可以处理不同平台间 Element 的差异性。TestPlan 层给测试脚本提供一个基类用于继承，可以组织多个测试用例，共享测试的配置，还可以在测试启动前和结束后添加自定义的步骤。可以用一个简单的层次图（见图 4-28）来说明这个测试框架的设计。

如图 4-28 所示，这个系统可以分为 3 层。最下层是 TestPlan 层，用户主要与该层打交道，完成测试用例的开发。通过编写测试用例来完成测试流程，TestPlan 层会提供 Assertion 和 Log 等工具，用户可以用这两个工具来验证测试和输出日志，Reporter 会在筛选测试的步骤、验证结果和日志分析后渲染测试报告。Element 层会封装各种不同的元素，供 TestPlan 调用，在这一层可以处理不同平台间元素的差异性，这可以考虑通过一个元素定义多个定位器来实现。View 层可以封装页面对象，将移动端的视图封装成页面，方便测试脚本的编写。页面对象的基类提供一系列方法，例如，判断当前页面是否加载成功、等待某个元素加载成功等，用户编写的页面对象应该继承这个基类，再包含自己特有的页面元素和方法。

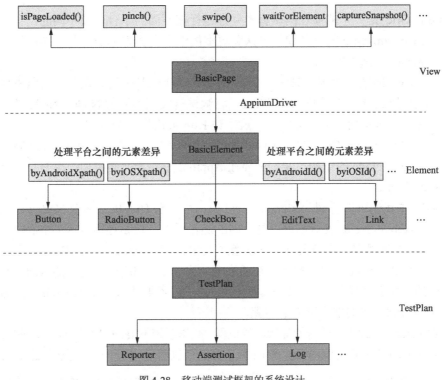

图 4-28 移动端测试框架的系统设计

这样设计的测试框架，层次清晰，各个主要的功能模块都有，而且各司其职，不会完全耦合在一起。一个完整的测试生态链包含：准备测试上下文，准备页面对象，定义页面元素和操作，在测试脚本里调用页面对象执行操作，对步骤或结果进行验证。测试结束后生成的测试报告都包含在这个框架里，能够满足大部分企业级的测试需求。

4.9 搭建企业级移动测试私有云的实践

前面说过，企业级的测试需求往往比较复杂，对测试设备的要求也多种多样。在这种情况下，仅仅在本地测试是远远不能满足需求的。一台 PC 的性能有限，能够连接的设备也有限。在 Appium 1.7 之前的版本，一台 Mac 设备只能运行一个 iOS 设备，这大大限制了移动测试的容量，即使在 Appium 1.7 以后解除了这种限制，但是单一 PC 能够运行的设备数量依然非常有限。如果连接的设备多，难免会有通信间的干扰和性能的影响。针对这种问题，我们需要搭建测试云平台，让我们的测试能够并行执行。这里主要介绍两种方式——基于 Selenium Grid 和基于 Open STF 的移动测试私有云。

4.9.1　基于 Selenium Grid 的移动测试私有云

Selenium Grid 是一个能够让测试脚本并行运行在不同的平台以及不同的浏览器上的一个框架。关于 Selenium Grid 的具体使用方法和更多的细节会在本书后续部分详细叙述，这里只学习 Selenium Grid 的基本知识。

Selenium Grid 的基本架构是 Hub + Node 的形式。Hub 是中转分发器，它负责接收所有的测试请求，然后通过分析测试的 capabilities，将测试转发至不同的 Node。Node 是测试真正执行的地方，它会安装不同的测试环境，一般来说 Hub 会连接多个 Node。

而移动端的 Selenium Grid 架构与 Web 端的又有一些不一样，因为 Appium 服务器和设备间本来就是 Hub + Node 的结构，我们需要在 Appium 服务器前面再加一层 Hub，这样它的架构就如图 4-29 所示。

从图 4-29 中我们可以看到，Selenium Grid 架构由一台 Hub PC、多台 Node PC 以及多台移动设备组成，Hub 和 Node 机器都可以是不同的操作系统，但是连接 iOS 设备的 Node 一定要是 OSX 系统。当测试需求量增大时，可以增加 Node 和设备的数量，同样也可以增加 Hub 的数量，搭建多个 Selenium Grid。曾经有实验表明，当一台 Hub PC 上连接的 Node 数量超过 50 个时，测试的性能会直线下降，所以建议一台 Hub PC 不要连接过多的 Node。具体怎么搭建这个 Selenium Grid，我们来看下面的步骤。

（1）安装 Hub。为此先找一台性能较好的机器，操作系统不限，可以是 Mac、Windows、Linux。然后从 Selenium 的官网下载 Selenium 的 jar 包，在这台机器上用以下命令行运行这个 jar 包。

```
java -jar selenium-server-standalone-3.13.0.jar -role hub -port 4444
```

若不指定 port，Hub 默认会启动 4444 端口。当 Hub 的服务启动之后，我们访问 http://localhost:4444/grid/console 就能看到 Hub 的控制台了，这个时候上面应该是空的。当我们加入新的 Node 时，它就会显示 Node 的信息。

（2）配置 Node。假设我们现在要配置 iOS 的 Node，那我们需要准备一台 Mac 机器，安装 Appium。在启动 Appium 时，需要指定 node-config file，我们可以在启动 Appium 软件时填入 node config file 的路径，也可以在命令行启动的时候指定这个 file 路径。下面看一个关于 nodeconfig_ios.json 的示例（见代码清单 4-9-1）。

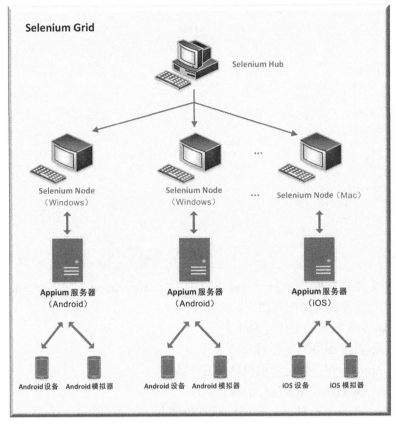

图 4-29 移动端的 Selenium Grid 架构

代码清单 4-9-1

```
{
    "capabilities":[
        {
            "maxInstances":1,
            "browser":"iPhone",
            "browserName":"Safari",
            "platform":"MAC",
            "platformName":"iOS",
            "platformVersion":"10.0",
            "deviceName":"iPhone 8 plus"
        },
        {
            "maxInstances":1,
            "browser":"iPhone",
            "browserName":"Safari",
            "platform":"MAC",
            "platformName":"iOS",
            "platformVersion":"11.4",
```

```
        "deviceName":"iPhone X",
        "udid":"f93udhfd93jfokslfj49359evjfd"
    }
  ],
  "configuration":{
    "cleanUpCycle":2000,
    "timeout":300000,
    "proxy":"org.openqa.grid.selenium.proxy.DefaultRemoteProxy",
    "maxSession":1,
    "url":"http://10.249.136.216:4723/wd/hub",
    "port":4723,
    "register":true,
    "registerCycle":5000,
    "host":"10.249.136.216",
    "hubPort":4444,
    "hubHost":"10.249.136.208"
  }
}
```

整个 JSON 文件分为两个部分——capabilities 和 configuration。configuration 里面写的是配置信息，这里比较重要的几个配置如下。

- url：Appium 服务器中作为 Hub 的 url。
- port：Appium 服务器运行的端口。
- host：Appium 服务器运行的机器的 IP 地址。
- hubPort：Selenium Hub 运行的端口。
- hubHost：Selenium Hub 运行的机器的 IP 地址。

capabilities 里面定义的是连接的移动设备的信息。这里可以定义真机，也可以定义模拟器，真机需要定义 UDID。因为在 Selenium 的机制里，browser 是测试主体，所以这里定义 browser 其实就是定义当前设备——iPhone。当客户端发来测试请求时，Selenium Hub 会根据请求里描述的 capabilities 从 Selenium Grid 里面找到符合条件的设备，转发测试请求。如果有多个满足条件的设备，则随机分配。

4.9.2　基于 Open STF 的移动测试私有云

Open STF（Smartphone Test Farm）是一套基于 Node.js 编写的远程管理 Android 智能移动设备的工具。

1. Open STF 的主要特征

Open STF 的主要特性有以下几点。

- 支持 Android 2.3～8.0，且不需要 root。
- 能够模拟键盘输入和鼠标操作，能够从 PC 上远程操作移动设备。
- 支持屏幕多点操作，如 pinch、rotate、zoom。

- 支持实时屏幕操作和显示。
- 支持从 PC 复制和粘贴到移动设备，也支持从移动设备复制和粘贴到 PC。
- 支持截图。
- 安装和卸载 apk。
- 可以通过 adb connect 远程调试设备。
- 不需要安装任何 App，直接用浏览器来管理设备。

2. Open STF 的安装和启动

安装 Open STF 需要先安装以下工具：

- Node.js(版本 > 6.9)；
- ADB；
- RethinkDB(版本≥2.2)；
- GraphicsMagick，用来调整屏幕的尺寸；
- ZeroMQ；
- yasm；
- pkg-config。

在 Mac 平台上，可以通过 homebrew 安装所有的依赖。

```
$brew install rethinkdb graphicsmagick zeromq protobuf yasm pkg-config
```

其他系统上的安装，可以参考官方文档。安装完所有依赖后，就可以安装 Open STF 了。

```
$ npm install -g stf
```

接下来，我们可以开始构建 Open STF 了。具体步骤如下。

（1）通过$npm install 获取所有 NPM 和 Bower 模块。

（2）通过$npm link 连接这些模块并直接在命令行中使用 stf 命令。

（3）运行$rethinkdb，为了运行一个帮助程序，可以快速启动所有必需的进程以及模拟登录的实现。

（4）通过$stf local 在本地启动 Open STF。

这样，Open STF 就在本地启动了，可以访问 http://localhost:7000 来管理连接到的 Android 设备。如图 4-30 所示，我们可以在这个界面上控制设备。当需要访问远程的 STF 时，可以运行以下命令。

```
$ stf local --public-ip <your_internal_network_ip_here>
```

3. Open STF 的 API

另外，Open STF 还提供 Restful API 来保留或者释放设备，这在自动化测试脚本里也是很有用的，详细的 API 介绍可以参考 GitHub 上的信息。

图 4-30   Open STF 主界面

4.10   移动应用云测试服务简介

当企业的移动测试发展到一定量级时,如果本地搭建实验室已经不能满足企业日益增长的测试要求,或者在本地搭建一个实验室过于烦琐且弊大于利,企业就应该考虑合理利用外部的资源,即移动云测试服务。通过引入云测试平台,避免了自己搭建私有云,降低了风险,也控制了成本。移动测试的云服务也会给测试框架接入提供非常友好的方式。现在市面上的云测试平台多种多样,这里主要介绍几个主流的移动云测试平台。

4.10.1   Sauce Labs

Sauce Labs 是一家科技公司提供的强大的测试云服务平台,它提供 Web 端的跨浏览器测试云服务。针对 Web 端的测试,Sauce Lab 有以下特性。

- 包含 800 多种操作系统和浏览器组合的实时与持续测试。
- 在云中使用 Selenium 来完成用户的测试。
- Source Labs 的工程师们会持续更新云上的操作系统和浏览器,提供对 Internet

Explorer、Edge、FireFox、Safari 和 Chrome 浏览器以及 Windows、Mac 和 Linux 操作系统的支持。

- 同时 Sauce Labs 的自动化测试云经过优化,使得用户可以跨多种不同的浏览器和操作系统的组合进行测试,从而提高测试速度。
- 在测试完成后,还能播放整个测试的视频或翻阅屏幕截图,提供每项测试的日志和步骤,以便用户快速排查应用程序故障。
- 通过扩展调试,Sauce Labs 提供浏览器控制台日志和网络调用,以便用户查看浏览器性能和网络数据,确定测试失败的根本原因。
- 可以很方便地在持续集成服务器中设置、管理和查看测试结果——适用于 Jenkins、MSFT VSTS 和 Bamboo,以及对 Travis CI、Circle CI 和 Team City 的支持。

同时 Sauce Labs 也支持移动端的跨平台测试。以下是移动云平台的特性。

- Sauce Labs 提供的 Android 模拟器和 iOS 模拟器是一种可扩展、高度可靠的工具,可以让用户在自己的移动应用上自动完成功能测试。
- 并行测试允许用户用 CI/CD 一次跨多个虚拟设备进行测试。提供的模拟器在 Sauce Cloud 中的一次性虚拟机上运行,因此用户可以根据需要进行多种测试。通过 Sauce Labs 的 CI,用户可以将测试完全自动化。
- 由于模拟器是虚拟的,因此可以轻松地并行运行更多测试,从而缩短构建时间,使用户能够在 Web 或移动应用程序上更频繁地进行迭代。更频繁地迭代可以让开发团队提高应用程序的质量,最终提升用户体验。
- Sauce Labs 提供的模拟器比真实设备更经济实用。
- 永远不需要等待测试资源,测试不会阻塞。
- Sauce Labs 在云平台上运行了超过 10 亿次测试,最大限度地减少了基础设施测试中的错误,将误报率降低到 0.02%,这是业界公布的最低比例。
- Sauce Labs 为所有模拟器启用了新的一次性 VM。由于 VM 在使用后被销毁,因此任何剩余数据都不会干扰未来的测试,也不会有任何人能够读取到别人的测试数据,从而有很高的安全性。

4.10.2 Testin

Testin 是中国开发团队开发的一个基于真实设备的测试云平台,它在云端部署了几千种不同的测试终端供全球的移动开发者测试时使用。开发者只须在 Testin 云平台上提交自己的移动应用,通过在 UI 上设置选择自己想要测试的机型、操作系统、网络等,便可在线执行自动化测试。测试完成后,平台会生成测试报告供用户参考。测试报告包含正常的测试步骤、测试出错后的错误信息和警告等,还会提供屏幕截图、性能方面的数据,包括 CPU、内存消耗情况等。

目前国内很多的移动应用都是通过 Testin 来测试的，而 Testin 从最开始只支持智能手机、平板电脑的测试，到现在已经扩展到了支持智能家居、智能硬件等。Testin 有以下特性。

- Testin 测试云平台是基于真实终端设备环境的云平台。
- Testin 提供 4500 多种主流智能移动设备供用户测试，完整覆盖 Android 主流版本，终端类型涵盖手机、Pad、可穿戴设备、智能家电等智能终端。手机机型覆盖率高达 95%。
- Testin 支持安装、卸载测试，它可以测试应用在上百种不同的真实终端上的安装和卸载，检查是否能够正常安装、卸载，以及输出错误原因。
- Testin 能够通过智能算法在短时间内遍历应用内尽可能多的功能，并通过截图记录测试过程、输出错误报告。
- Testin 支持运行稳定性测试，它采用智能的自动化压力测试，快速检查应用在运行过程中的稳定性并且能够输出错误报告。
- Testin 支持 UI 适配测试，可以检查应用在指定终端设备上的 UI 是否能够匹配并完美显示。
- Testin 支持性能测试，可以检测应用在指定终端设备上运行时的 CPU 消耗情况、内存消耗情况、启动时间等，为应用的性能优化提供可靠的依据。
- Testin 支持 A/B Testing。

当待测试应用需要在不同的真机设备终端上进行全方位的测试时，可以考虑使用 Testin。图 4-31 是一个 Testin 测试报告示例，可以看到它能展示该应用详细的测试结果。

图 4-31　Testin 的测试报告示例

4.10.3 MTC

移动测试中心（Mobile Testing Center，MTC）是百度提供的移动应用自动化测试服务平台。它提供云测试、云调试、云众测、线上监控、测试工具和移动应用质量标准等服务。我们来看看它的特性。

- MTC 支持 500 多种主流真机终端和 1000 多种模拟器。
- MTC 提供针对 Android 和 iOS 的深度兼容性测试，通过在不同终端真机上的实际场景测试，检查应用的安装、卸载的兼容性，以及不同维度下全方位的兼容性，并获取性能参数。
- MTC 支持 Android 的功能回放测试。通过在主流 Android 真机上回放功能测试用例，让企业能够掌握应用在行业内的适用性，目前可支持基于 Robotium 和 Appuim 的测试脚本。
- MTC 支持 Android 的深度性能测试，通过在 Android 真机上运行 Monkey 脚本，获取多个维度的性能参数，包括启动时间、CPU 消耗、内存消耗、流量和电量的消耗等。
- MTC 支持 Android 上的功能遍历测试，通过在主流 Android 真机终端上模拟用户对应用的 UI 操作，从而遍历应用的组件和常用操作。
- MTC 支持 Android 上的安全漏洞扫描测试。这是 MTC 推出的一个套餐服务，由专门的实验室来执行这个测试流程。测试内容包括扫描安全漏洞、运行漏洞、静态漏洞等，给用户提供安全漏洞方面的测试报告并提供可靠的解决方案。

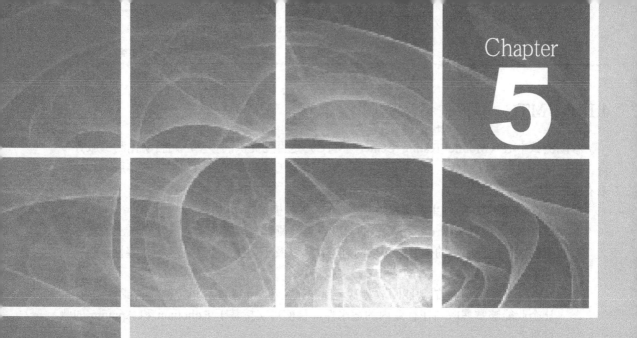

Chapter

5

第 5 章

API 自动化测试技术

互联网产品的测试策略往往会采用菱形结构，即重量级 API 测试、轻量级 GUI 测试、轻量级单元测试，由此可见 API 测试在现今测试中的重要性。本章将介绍与 API 测试相关的知识点。

5.1　从 0 到 1：API 测试初探

为了给读者打好 API 测试的基础，本节会从 0 到 1 设计一个 API 测试用例。通过这个测试用例，读者可以学习到最基本的 API 测试是如何进行的。此外，本节还会介绍几款主流的 API 测试工具。

5.1.1　API 测试的基本步骤

通常来讲，无论采用什么 API 测试工具，API 测试的基本步骤如下。

（1）准备测试数据（这是可选步骤，不一定所有 API 测试都需要这一步）。

（2）通过 API 测试工具发起对被测 API 的请求。

（3）验证响应。

对 API 的测试往往使用 API 测试工具，如常见的命令行工具 cURL、图形界面工具 Postman 或者 SoapUI、API 性能测试工具 JMeter 等。

为了让读者更好地理解 API 测试具体是怎么做的，并掌握常见 API 测试工具的使用，下面几节会以基于主流 Spring Boot 框架开发的简单 Restful API 为例，分别介绍如何使用 cURL 和 Postman 进行最基本的功能测试。

5.1.2　基于 Spring Boot 构建被测 API

基于 Spring Boot 从 0 到 1 构建一个 API 并不是本书的重点。为了不影响读者对主要内容的把握，这里直接以一个预先开发好的 Account API 为例展开讲解。读者可以从 GitHub 网站下载完整的代码。

这个 Account API 的功能非常简单，它基于用户提供的 ID 值创建一个 Account 对象，并返回这个新创建的 Account 对象。比如，如果请求是 "account/ID008"，那么返回的响应就应该是{"id":"ID008"，"type":"friends"，"email":"robin@api.io"}。

这个 Account API 的逻辑实现非常简单，图 5-1 和图 5-2 列出了最核心的代码逻辑。

图 5-1 中，第 21 行的代码说明了 API 的 endpoint 以及对应的 GET 方法，第 22 行的代码明确说明了 GET 方法具体的业务逻辑是由 accountService.getById()方法实现的。

图 5-2 中，最重要的是，第 8 行的代码实现了 accountService.getById()方法，具体逻辑就是返回一个以传入的 ID 为 ID 的 Account 对象。

```
G AccountController.java ×
1
2     package com.demo.account.controllers;
3
4     import com.demo.account.domains.Account;
5     import com.demo.account.services.AccountService;
6     import org.springframework.beans.factory.annotation.Autowired;
7     import org.springframework.web.bind.annotation.PathVariable;
8     import org.springframework.web.bind.annotation.RequestMapping;
9     import org.springframework.web.bind.annotation.RequestMethod;
10    import org.springframework.web.bind.annotation.RestController;
11
12    @RestController
13    public class AccountController {
14
15        private final AccountService accountService;
16
17        @Autowired
18        public AccountController(AccountService accountService) { this.accountService = accountService; }
19
20        @RequestMapping(method = RequestMethod.GET, value = "/account/{id}")
21        public Account getAccount(@PathVariable String id) { return accountService.getById(id); }
22    }
```

图 5-1　RestController 的实现

```
G AccountService.java ×
1     package com.demo.account.services;
2
3     import com.demo.account.domains.Account;
4     import org.springframework.stereotype.Service;
5
6     @Service
7     public class AccountService {
8         public Account getById(String id) { return new Account(id, type: "friends", email: "robin@api.io"); }
9     }
```

图 5-2　具体业务逻辑的实现

推荐使用 IntelliJ 打开刚才下载的程序，并直接启动其中的 account-service。启动成功后，account-service 会运行在本地机器的 8080 端口。启动成功后的界面如图 5-3 所示。

图 5-3　启动成功后的界面

除了图 5-1 和图 5-2 中的代码之外，代码清单 5-1-1、代码清单 5-1-2 给出了 accountService 的其余代码。

代码清单 5-1-1

```
package com.demo.account;
```

```
import org.springframework.boot.SpringApplication;
import org.springframework.boot.autoconfigure.SpringBootApplication;

@SpringBootApplication
public class AccountServiceApplication {

    public static void main(String[] args) {
        SpringApplication.run(AccountServiceApplication.class, args);
    }
}
```

代码清单 5-1-2

```
package com.demo.account.domains;

public class Account {
    private final String id;
    private final String type;
    private final String email;

    public Account(String id, String type, String email) {
        this.id = id;
        this.type = type;
        this.email = email;
    }

    public String getId() {
        return id;
    }

    public String getType() {
        return type;
    }

    public String getEmail() {
        return email;
    }
}
```

5.1.3 使用 cURL

我们先一起来看看如何使用 cURL 命令行工具进行测试。

1. 基本用法

首先，需要下载安装 cURL。然后，可以通过以下命令发起对 Account API 的调用。

```
curl -i -H "Accept: application/json" -X GET "http://127.0.0.1:8080/account/ID008"
```

这行命令中参数的含义如下。

● 参数 "-i"：说明需要显示响应的 header 信息。

- 参数 "-H"：用于设定请求中的 header。
- 参数 "-X"：用于指定执行的方法，这里使用了 GET 方法，其他常见的方法还有 POST、PUT 和 DELETE 等。如果不指定 "-X"，那么默认的方法就是 GET。
- "http://127.0.0.1:8080/account/ID008"：指明了被测 API 的 endpoint 以及具体的 ID 值 —— "ID008"。

当使用 cURL 进行 API 测试时，常用参数还有两个。

- "-d"：用于设定 http 参数，http 参数可以直接加在 URL 的查询字符串中，也可以用 "-d" 代入参数。参数之间可以用 "&" 串接，或使用多个 "-d"。
- "-b"：当需要传递 cookie 时，用于指定 cookie 文件的路径。

调用结束后的界面如图 5-4 所示。

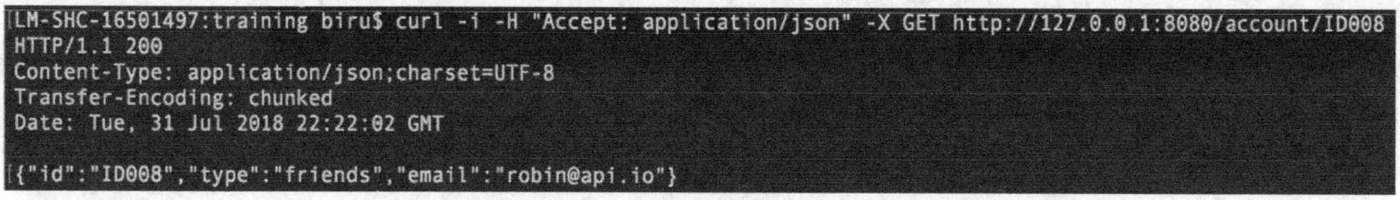

```
LM-SHC-16501497:training biru$ curl -i -H "Accept: application/json" -X GET http://127.0.0.1:8080/account/ID008
HTTP/1.1 200
Content-Type: application/json;charset=UTF-8
Transfer-Encoding: chunked
Date: Tue, 31 Jul 2018 22:22:02 GMT

{"id":"ID008","type":"friends","email":"robin@api.io"}
```

图 5-4　调用结束后的界面

需要注意的是，这些参数都是区分大小写的。

介绍了这几个最常用的参数后，再分析一些最常用的 cURL 命令以及使用场景，包括 session 场景和 cookie 场景。

2. session 场景

如果后端工程师使用 session 记录使用者登入信息，那么后端通常会传递一个 session ID 给前端。之后，前端在发给后端的请求的 header 中需要设置此 session ID，后端便会根据此 session ID 识别出前端属于具体哪个 session。此时 cURL 的命令行如下所示。

```
curl -i -H "sessionid:XXXXXXXXXX" -X GET "http://XXX/api/demoAPI"
```

3. cookie 场景

如果使用 cookie，在认证成功后，后端会返回 cookie 给前端。前端可以把该 cookie 另存为文件。当需要再次使用该 cookie 时，用 "-b cookie_File" 的方式在请求中植入 cookie 即可正常使用。此时 cURL 的命令行如代码清单 5-1-3 所示。

代码清单 5-1-3

```
//将 cookie 另存为文件
curl -i -X POST -d username=robin -d password=password123 -c ~/cookie.txt "http://XXX/auth"
//将 cookie 载入 request 中
curl -i -H "Accept:application/json" -X GET -b ~/cookie.txt "http://XXX/api/demoAPI"
```

需要特别说明的是，cURL 只能发起 API 调用，而其本身并不具备结果验证能力（结果验证由人完成），所以从严格意义上说，cURL 并不属于测试工具的范畴。然而，因为 cURL 足够轻量级，经常被很多开发人员和测试人员使用，所以在这里做了简单的介绍。

接下来，我们再来看看如何使用目前主流的图形界面工具 Postman 完成 API 测试。

5.1.4 使用 Postman

Postman 是目前使用较广泛的 http 请求模拟工具之一，常常用于 Web Service API 的测试。早期的 Postman 是以 Chrome 浏览器的插件（plugin）形式存在的，最新版本的 Postman 已经是独立的应用了。

读者可以通过官方网站下载 Mac、Windows 和 Linux 操作系统的 Postman 版本。截至本书写作完成时，新的 Mac 版本是 6.2.2。

接下来，以 Mac 6.2.2 版本为例，介绍如何用 Postman 完成 API 测试。不论使用浏览器的 plugin 版本，还是基于其他操作系统的版本，都没问题，因为基本的操作和步骤都是一样的。具体的步骤如下。

（1）发起 API 调用。

（2）添加结果验证功能。

（3）保存测试用例。

（4）自动生成基于 Postman 的测试代码。

下面讨论每一个步骤的具体操作。

1. 发起 API 调用

我们的目标是对 Account API 做测试，所以这里需要选择 Postman 的"Request"模块。进入相应界面后，需要按照图 5-5 中的提示依次执行以下 3 步操作。

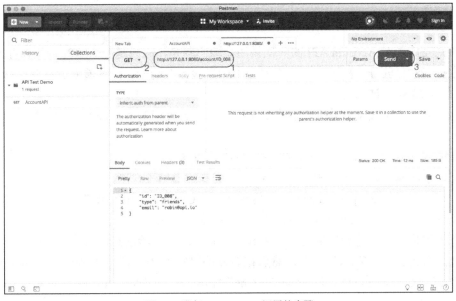

图 5-5　发起 Account API 调用的步骤

（1）在 endpoint 输入框中输入"http://127.0.0.1:8080/account/ID_008"。

（2）选择"GET"方法。

（3）单击"Send"按钮发起 API 调用。

完成以上步骤后，出现的界面如图 5-6 所示。我们可以看到返回的响应默认以 JSON 文件的形式显示在下面的 Body 中。

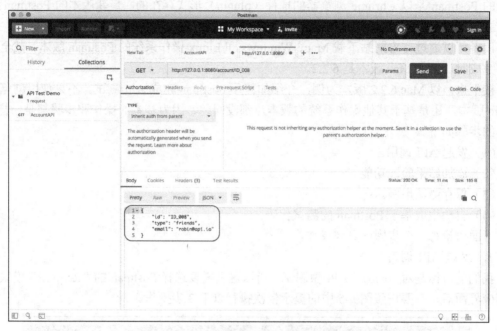

图 5-6　Postman 执行 GET 后的界面

这样就完成了对 Account API 的一次调用。但问题是，这只是一个 API 调用，并没有对调用结果进行自动化验证。接下来，我们就加上结果验证的功能，一起看看会有什么效果。

2．添加结果验证功能

在 Postman 中添加结果验证功能也非常方便。假定我们在 Account API 测试过程中有以下 4 个验证点。

（1）请求的返回状态码（Status Code）应该是 200。

（2）请求的响应时间应该短于 200 ms。

（3）请求返回的 Response headers 中应该包含"Content-Type"参数。

（4）在请求返回的 Response body 中，"type"的值应该是"friends"。

接下来我们一起来看看如何使用 Postman 来添加这 4 个验证点。

为此，首先打开"Tests"界面，然后在右侧的"SNIPPETS"中依次单击"Status code：Code is 200""Response time is less than 200 ms""Response headers：Content-Type header check""Response body．JSON value check"。

完成以上操作后，"Tests"中会自动生成验证代码。接着只要按照具体的测试要求，对这些生成的代码进行一些小修改就可以了。在这个例子中，你只须修改需要验证的 JSON 键值对即可，即第 15 行的代码。修改完成后，可以再次单击"Send"按钮发起测试。测试通过的界面如图 5-7 所示，最下面的"Test Results"说明 4 个测试全部通过。

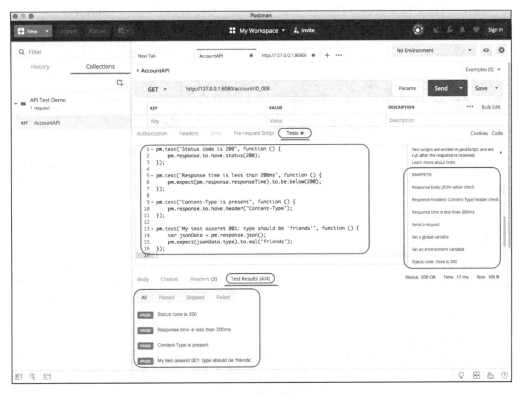

图 5-7　测试通过的界面

3. 保存测试用例

测试通过后，我们往往希望可以把这个测试请求保存下来，以方便后续使用。为此 Postman 提供了保存测试请求的功能，并提供了 Collection 来分类保存多个测试请求。Collection 是用来保存测试请求的一个集合，在 Collection 内部还可以建立目录结构以方便进一步的分类和管理。

单击"Save As"按钮，在弹出的对话框中可以建立 Collection，可以命名测试请求并将其保存到 Collection 中。

这里建立了"API Test Demo"的 Collection，将刚才的测试请求命名为"AccountAPI"并保存到这个 Collection 中。以后要使用这个测试请求时，直接在 Collection 中打开它即可。同时，你如果申请注册了一个 Postman 账号，就可以很方便地在多个环境中共享这个 Collection。

4. 自动生成基于 Postman 的测试代码

至此，已经介绍了 Postman 最基本的使用方法，但还有一个问题没有解决。很多时候，用户希望将测试请求作为回归测试用例集成到 CI/CD 的流程中，这就要求可以通过命令行的方式执行测试。为了达到这个目的，目前有如下两种做法。

（1）将 Postman 中的测试请求用自动化的方式直接转换成 API 测试的代码。

目前 Postman 已经支持这个功能，可以将保存的测试请求自动化转换成常见测试框架直接支持的代码，而且支持多语言。比如，基于 Java 的 "OK HTTP" 和 "Unirest"，基于 Python 的 "http.client" 和 "Requests"，基于 Node.js 的 "Native" "Request" 和 "Unirest"，基于 JavaScript 的 "jQuery AJAX" 和 "XHR" 等。可以单击 "Code" 按钮，进入图 5-8 所示的代码生成界面。

图 5-8　自动生成 API 测试代码的界面

（2）利用 Newman 工具直接执行 Postman 的 Collection。需要先将 Postman 中的 Collection 导出为 JSON 文件，然后执行以下命令行。

```
newman run examples/sample-collection.json;
```

5.2　复杂场景的 API 测试

接下来，介绍如何应对复杂场景的 API 测试。在前面介绍的 Restful API 测试案例中，只涉及了最基本的 API 测试方法，而且测试场景也比较简单，其中只涉及单个 API 的调用。

但是，在实际项目中，除了单个 API 的测试场景外，还有很多复杂场景的 API 测试。所以，为了解决在实际项目中可能会碰到的一些问题，下面介绍复杂场景下的 API 测试实例，以及相应的测试思路和方法。

5.2.1 被测业务操作由多个 API 调用协作完成

很多情况下，一个单一的前端操作可能会触发后端一系列 API 调用。由于前端测试的相对不稳定性，或者根据性能测试的需求，必须直接从后端通过模拟 API 的顺序调用来模拟测试过程。

这时，API 的测试用例就不再是单个 API 调用了，而是一系列 API 调用，并且经常在后一个 API 调用中需要使用前一个 API 调用返回的结果，同时需要根据前一个 API 调用的返回结果决定在后面应该调用哪个 API。

我们已经实现了 API 的调用和结果解析的代码化，这也意味着我们可以直接用代码来处理这些场景。比如，通过代码将上一个 API 调用返回的响应中的某个值传递给下一个 API 调用，根据上一个 API 调用的返回结果决定接下来应该调用哪个 API 等。除此之外，我们还要解决的另一个问题是如何才能高效地获取单个前端操作所触发的 API 调用序列。

解决这个问题的核心思路是，通过网络监控的手段，捕获单个前端操作所触发的 API 调用序列。比如，通过类似于 Fiddler 的网络抓包工具，获取这个调用序列。目前很多互联网公司还基于用户行为日志，通过大数据手段来获取这个序列。

5.2.2 API 测试过程中的第三方依赖

API 之间是存在依赖关系的。比如，用户的被测对象是 API A，但是 API A 的内部调用了 API B，如果由于某种原因，API B 在被测环境中处于不可用状态，那么 API A 的测试就会受到影响。

在单体架构下，通常只会在涉及第三方 API 集成的场景中遇到这个问题，所以依赖问题不算严重。但是，在微服务架构下，API 间相互耦合的依赖问题就会非常严重。解决这个问题的核心思路是，启用 Mock Server 来代替真实的 API。那么，Mock Server 怎么才能真实有效地模拟被替代的 API 呢？这个问题会在 5.4 节详细介绍。

5.2.3 异步 API 的测试

异步 API 是指，调用 API 后会立即返回结果，但是实际任务并没有真正完成，而需要稍后查询或者回调 API。

一直以来，异步 API 测试都是 API 测试中比较难的部分。对异步 API 的测试主要分为两个部分：一是，测试异步调用是否成功；二是，测试异步调用的业务逻辑处理是否正确。

- 测试异步调用是否成功比较简单，主要检查返回值和后台工作线程这两个方面就可以。
- 对异步调用业务逻辑的测试就比较复杂了，因为异步 API 通常发生在一些比较慢的操作上，如数据库 I/O、消息队列 I/O 等，并且测试往往需要验证数据库中的值、消息队列中的值等，所以需要测试代码具有访问和操作数据库或者消息队列的能力。在实际项目中，这些能力一般会在测试框架级别提供。也就是说，要求 API 测试框架中包含对应的工具类以访问和操作数据库或者消息队列等。

5.3 API 自动化测试框架的技术演进与创新

前面以一个简单的 Restful API 为例，分别介绍了 cURL 和 Postman 的使用方法，相信你已经对 API 测试有了实际执行层面的认识了。

但是，我们不能仅仅停留在执行的层面，还需要熟悉并掌握这些测试方法背后的原理与原始驱动力，只有这样，才能更好、更灵活地完成相应的 API 测试工作。所以，本节旨在介绍 API 测试如何一步一步地发展成今天的样子，以加深读者对 API 自动化测试的理解。

遵循由简入繁的原则，首先介绍 API 测试框架。以发现问题并解决问题的思路为主线，展开本节的讨论。

5.3.1 早期基于 Postman 的 API 测试

早期的 API 测试往往都是通过类似 Postman 的工具完成的。然而，因为这类工具都是基于图形界面操作的，所以有以下两个问题亟待解决。

（1）当需要频繁执行大量测试用例时，基于界面的 API 测试就显得有些笨拙。

（2）基于图形界面操作的 API 测试难以与 CI/CD 流水线集成。

所以，我们迫切需要一套可以基于命令行执行的 API 测试方案。这样，API 测试可以直接通过命令行发起，与 CI/CD 流水线的整合也就方便了。于是就出现了集成 Postman 和 Newman 的方案，再结合 Jenkins 就可以很方便地实现 API 测试与 CI/CD 流水线的集成。

5.3.2 基于 Postman 和 Newman 的 API 测试

Newman 其实就是一个命令行工具，它可以直接执行 Postman 导出的测试用例。用 Postman 开发、调试测试用例，完成后通过 Newman 执行，这个方案看似很完美，但是在实际的测试场景中除了简单调用单个 API 以外，还存在连续调用多个 API 的情况。此时，往往会涉及多个 API 调用中的数据传递问题，即下一个 API 调用的参数可能是上一个 API 调用返回结果中的某个值。另外，经常还会遇到的情况是，执行 API 调用前需要先执行一些特定的操作，如准备测试数据等。因此，对于需要连续调用多个 API 并且传递参数的情况，Postman+Newman 似乎就不再是理想的测试方案了。

5.3.3 基于代码的 API 测试

为了解决上一节的问题，就出现了基于代码的 API 测试框架。比较典型的是基于 Java 的

OkHttP 和 Unirest、基于 Python 的 http.client 和 Requests、基于 Node.js 的 Native 和 Request 等。

小型的互联网企业往往会根据自己的业务需求，选用成熟的 API 测试框架。然而，中大型的互联网企业一般都会自己开发更适合自身业务上下文的 API 测试框架。比如，像 eBay 这样的全球化大型电商，为了实现代码化的 API 测试，就开发了自己的 HttpClient，同时为了使 API 测试的代码更简洁易懂，还基于 Rest-Assured 封装了全新的 API 测试框架。

这种根据公司业务上下文开发、实现的 API 测试框架，在使用上有很多优点，主要体现在以下几个方面。

（1）可以灵活支持多个 API 的顺序调用，方便数据在多个 API 之间传递，即上一个 API 调用返回结果中的某个字段值可以作为后续 API 调用的输入参数。

（2）方便在 API 调用之前或者之后执行额外的任意操作，可以在调用前准备数据，可以在调用后清理现场等。

（3）可以很方便地支持数据驱动测试，这里的数据驱动测试概念和 GUI 测试中的数据驱动测试完全相同，也就是可以将测试数据和测试代码分离、解耦。

（4）因为直接采用代码实现，所以可以更灵活地处理测试验证的断言。

（5）支持命令行的测试执行方式，可以方便地和 CI/CD 工具集成。

图 5-9 给出了一段伪代码，用于展示如何用代码实现一个简单的 API 测试。

```
1   public class CreateUserAPI extends RestAPI{
2       public static String ENDPOINT = "https://xxxx/user/create/v3/{%userId%}";
3       public CreateUserAPI(){
4           super(Methiod.PUT, ENDPOINT);
5       }
6       public Request buildRequest(String userId, String password){
7           Request req = _buildRequest();
8           req.getEndpoint().addInlineParam("userId", userId);
9           req.getEndpoint().addParam("password", password);
10          return req;
11      }
12  }
13
14  public void testCreateUser(String userId, String password){
15      CreateUserAPI createUserAPI = new CreateUserAPI();
16      Request req = createUserAPI.buildRequest(userId, password);
17      Response response = req.request();
18      assert(response.statusCode == 200);
19  }
```

图 5-9　基于代码的 API 测试的伪代码

第 1～12 行的代码创建了 CreateUserAPI 类，其中包含了 ENDPOINT、操作方法 PUT、InlineParam 和 Param 的设置，并且构建了对应的 request 对象。

第 14～19 行的代码是测试的主体函数。这段函数的逻辑是这样的。

首先，构建 CreateUserAPI 的对象。然后，用 CreateUserAPI 对象的 buildRequest 方法和输

入参数构建 request 对象。接着，通过 request 对象的 request()方法发起了 API 调用。最后，验证 response 中的状态码是不是 200。

在这段伪代码中，以下几点需要特别注意。

（1）代码中的"CreateUserAPI 的父类 RestAPI""_buildRequest()方法""request()方法""addInlineParam()方法"等，都是由 API 测试框架提供的。

（2）为了简化代码，这里并没有引入数据驱动的数据提供程序。但在实际项目中，第 14 行代码中的测试输入参数，往往来自数据提供程序，即由数据驱动的方式提供测试输入数据。

（3）因为测试过程完全由代码实现，所以可以方便地在测试执行前后增加任意的额外步骤。比如，当需要在 CreateUser 前增加创建数据的步骤时，只需要在第 15 行代码前直接添加就可以了。

（4）这里的例子中只有一个 API 调用，当需要顺序调用多个 API 时，直接扩展 testCreateUser 方法即可，两个 API 调用之间的数据传递可以通过上一个 API 调用返回的 response.XXXX 完成。

通过这段伪代码，我们可以看到，虽然基于代码的 API 测试灵活性很好，也可以很方便地和 CI/CD 流水线集成，但是也引入了一些新的问题。比如，对于单个 API 测试的场景，工作量相比 Postman 大得多，并且无法直接重用 Postman 里面已经积累的 Collection。

在实际工程中，这两个问题非常重要，而且必须要解决。因为公司管理层肯定无法接受工作量直线上升同时原本已经完成的部分无法继续使用的情况，所以自动生成 API 测试代码的技术就应运而生了。

5.3.4　自动生成 API 测试代码

自动生成 API 测试代码是指，基于 Postman 的 Collection 生成基于代码的 API 测试用例。

其实，Postman 工具支持将 Collection 转化成测试代码，但如果直接使用这个功能，还有两个问题需要解决。

（1）测试中的断言部分不会生成代码。也就是说，测试代码的生成只支持发起请求的部分，而不会自动生成测试验证点的代码。

（2）很多中大型互联网企业都使用自己开发的 API 测试框架，因此测试代码的实现就会和自己开发的 API 测试框架绑定在一起。显然，Postman 并不支持这类代码的自动生成。

由于以上问题，理想的做法是自己实现一个代码生成工具。这个工具的输入是 Postman 中 Collection 的 JSON 文件，输出是基于自己开发的 API 测试框架的测试代码，而且同时会把测试的断言一并转化为代码。

这个小工具实现起来并不复杂，其本质就是解析 Collection JSON 文件的各个部分，并根据自己开发的 API 框架的代码模板实现变量替换。具体来讲，实现过程大致可以分为以下 3 步。

（1）根据自己开发的 API 测试框架的代码结构建立一个带变量占位符的模板文件。

（2）通过 JSON 解析程序，按照 Collection JSON 文件的格式定义，提取 header、method 等信息。

（3）用提取的具体值替换之前模板文件中的变量占位符，这样就得到了可执行的 API 测试用例代码。

有了这个工具后，建议把用户的工作模式转换成如下这样。

- 对于 Postman 中已经累积的 Collection，全部由这个工具统一转换成基于代码的 API 测试用例。
- 开发人员继续使用 Postman 执行基本的测试，并将所有测试用例保存成 Collection，后续统一由工具转换成基于代码的 API 测试用例。
- 对于复杂测试（比如，顺序调用多个 API 的测试）场景，可以组装由工具转换得到的 API 测试用例代码，完成测试工作。

图 5-10 所示是一个组装多个由工具转换得到的 API 测试用例代码的例子。其中，第 3 行的类 "CreateUserAPI" 和第 10 行的类 "BindCreditCardAPI" 的具体代码就可以通过工具转换得到。

```
1   public void testComplexScenario(String userId, String password, String creditCardId, String cvv){
2
3       CreateUserAPI createUserAPI = new CreateUserAPI();
4       Request createUserRequest = CreateUserAPI.buildRequest(userId, password);
5       Response createUserResponse = createUserRequest.request();
6       assert(createUserResponse.statusCode == 200);
7
8       // 可以在此处添加额外的步骤，比如准备测试数据，数据格式的转换等
9
10      BindCreditCardAPI bindCreditCardAPI = new BindCreditCardAPI();
11      Request bindCreditCardRequest = bindCreditCardAPI.buildRequest(createUserResponse.body.userId, creditCardId, cvv);
12      Response bindCreditCardResponse = bindCreditCardRequest.request();
13      assert(bindCreditCardResponse.statusCode == 200);
14      assert(...);
15
16  }
```

图 5-10 API 测试用例代码的例子

基于代码的 API 测试已比较成熟了，但在实际应用过程中还有一个问题——测试验证中的断言，这也是接下来要介绍的内容，即响应结果发生变化时的自动识别。

5.3.5 当响应结果发生变化时的自动识别

在实际的项目中，开发了大量基于代码的 API 测试用例后，到底应该验证 API 返回结果中的哪些字段？因为你不可能对返回结果中的每一个字段都写断言，通常情况下，只会针对关注的几个字段写断言，而那些没写断言的字段也就无法被关注了。

但对于 API 测试来说，有一个很重要的概念是后向兼容性（Backward Compatibility）。API 的后向兼容性是指，发布的新 API 版本应该兼容老版本的 API。后向兼容性除了要求 API 的调用参数不能发生变化外，还要求不能删减或者修改返回的响应中的字段。因为这些返回的响应会被下游的代码使用，如果字段被删减、重命名或者字段值发生了非预期的变化，那么下游

的代码就可能因为无法找到原本的字段，或者因为字段值的变化而出现问题，从而破坏 API 的后向兼容性。

所以，我们迫切需要找到一个方法，既可以不为所有的响应字段都写断言，又可以监测到响应的结构以及没有写断言的字段值的变化。

在这样的背景下，诞生了"当响应结果变化时的自动识别"技术。也就是说，即使我们没有针对每个响应字段写断言，也可以识别出哪些响应字段发生了变化。

具体实现的思路是，首先在 API 测试框架里引入一个内建数据库，推荐采用非关系型数据库（如 MongoDB），然后用这个数据库记录每次调用的请求和响应的组合。当下次发送相同请求时，API 测试框架就会自动和上次的响应做差异检测，对于变化的字段给出警告。

你可能会认为这种做法也有问题，因为有些字段的值在每次的 API 调用中都是不同的，如 token 值、会话 ID、时间戳等，这样每次调用中就都会有警告。但是这个问题很好解决，现在的解决办法是通过规则配置设立一个"白名单列表"，把那些动态值的字段排除在外。

5.4　微服务模式下的 API 测试

在前面几节中，通过一个 Restful API 实例，介绍了 cURL 和 Postman 工具的基本用法，还介绍了 API 自动化测试框架的发展。本节将介绍当下热门的 API 测试，即微服务模式下的 API 测试。

在微服务架构下，API 测试最大的挑战来自庞大的测试用例数量，以及微服务之间的相互耦合。所以，下面介绍这个主题的目的就是，帮读者理解这两个难题的本质，以及如何基于消费者契约的方法来应对这两个难题。

为了掌握微服务模式下的 API 测试，需要先了解微服务架构的特点、测试挑战。而要了解微服务架构，又需要先了解单体架构的知识。所以，本节旨在帮助读者真正理解并快速掌握微服务模式下的 API 测试。

5.4.1　单体架构

单体架构（Monolithic Architecture）是早期的架构模式，并且存在了很长时间。单体架构是指将所有业务场景的表示层、业务逻辑层和数据访问层放在同一个工程中，经过编译、打包，并部署在服务器上。

比如，在经典的 J2EE 工程中将表示层的 JSP，业务逻辑层的服务、控制器，以及数据访问层的 DAO（Data Access Object，数据访问对象），打包成 war 文件，部署在 Tomcat、Jetty 或者各种 Servlet 容器中并运行。

显然，单体架构具有发布简单、方便调试、架构复杂性低等优点，所以长期以来一直大量使用，并广泛应用于传统企业级软件。但是，随着互联网产品的普及，应用所承载的流量越来越庞大，单体架构的问题也逐渐暴露并不断放大。主要的问题有以下几个。

- **灵活性差**：无论是多小的修改，即使只修改了一行代码，也要打包和发布整个应用。更糟的是，因为所有模块的代码都在一起，所以每次编译和打包都要花费很长时间。
- **可扩展性差**：在高并发场景下，无法以模块为单位灵活扩展容量，不利于应用的横向扩展。
- **稳定性差**：当单体应用中的任何一个模块有问题时，都可能会造成应用整体的不可用，缺乏容错机制。
- **可维护性差**：随着业务复杂性的提升，代码的复杂性也直线上升，当业务规模比较庞大时，整体项目的可维护性会大打折扣。

正是因为面对互联网应用时，单体架构有这一系列无法逾越的鸿沟，所以催生了微服务架构。

其实，微服务架构不是一蹴而就的，也经历了很长时间的演化和发展，中间还出现了面向服务的架构。但是这个由单体架构到 SOA 架构再到微服务架构的演进过程，并不是本节的重点，所以在这里就不再详细展开了。如果感兴趣的话，可以参考本书第 12 章，其中会对测试工程师需要掌握的架构知识进行全面系统的梳理。

5.4.2 微服务架构

介绍完了单体架构之后，再简单介绍微服务架构（Microservice Architecture）。微服务是一种架构风格。在微服务架构下，一个大型复杂软件系统不再由单体组成，而是由一系列相互独立的微服务组成。其中，各个微服务运行在自己的进程中，开发和部署都没有依赖。

不同服务之间通过一些轻量级的交互机制进行通信，如 RPC、HTTP 等。服务可独立扩展和伸缩。每个服务定义了明确的边界，只需要关注并很好地完成一件任务就可以了。不同的服务可以根据业务需求实现的便利性而采用不同的编程语言来实现，并由独立的团队来维护。

图 5-11 展示了单体架构和微服务架构之间的差异。

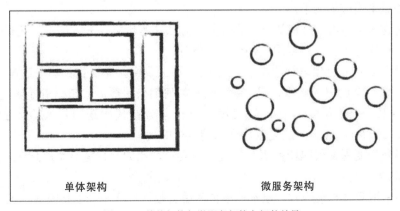

单体架构   微服务架构

图 5-11 单体架构与微服务架构之间的差异

微服务架构具有以下特点。

- 每个服务运行在其独立的进程中，开发中采用的技术栈也是独立的。
- 服务间采用轻量级通信机制进行沟通，通常是基于 HTTP 的 RESTful API。
- 每个服务都围绕着具体的业务进行构建，并且能够独立开发、独立部署、独立发布。
- 对运维提出了非常高的要求，促进了 CI/CD 及 DevOps 的发展与落地。

5.4.3 微服务架构下的测试挑战

了解了微服务架构的核心思想及特点之后，我们再一起来看看微服务架构下的测试挑战。

在微服务架构下一个应用由很多相互独立的微服务组成，每个微服务都会对外暴露接口，同时这些微服务之间存在级联调用关系，也就是说，一个微服务通常还会调用其他微服务。由于以上特点，微服务架构下的测试挑战主要来自以下两个方面。

- 过于庞大的测试用例数量。
- 微服务之间的耦合关系。

接下来，针对这两项挑战分别展开讨论，包括它们从何而来，以及如何应对这些挑战并完成测试。

1. 如何应对过于庞大的测试用例数量

在传统的 API 测试中，我们的测试策略通常如下。

- 根据被测 API 输入参数的各种组合调用 API，并验证相关结果的正确性。
- 衡量上述测试过程的代码覆盖率。
- 根据代码覆盖率进一步找出遗漏的测试用例。
- 以代码覆盖率达标作为 API 测试成功完成的标志。

这也是单体架构时代主流的 API 测试策略。为了让你更好地理解这种测试策略，举一个实际的例子。假设我们采用单体架构开发了一个系统，这个系统对外提供了 3 个 Restful API，那么我们的测试策略应该如下。

- 针对这 3 个 API，分别基于边界值分析方法和等价类划分方法设计测试用例并执行。
- 在测试执行过程中，启用代码覆盖率统计。
- 假设测试完成后代码行覆盖率是 80%，那么我们就需要找到那些还没有执行的代码行。图 5-12 给出了一段代码，用于展示如何用代码覆盖率指标指导测试用例的设计。图 5-12 中的第 243 行代码就没有执行，分析代码逻辑后发现，我们需要构造"expected!=actual"才能覆盖这行未能执行的代码。
- 最终我们要保证代码覆盖率达到既定的要求，比如，行覆盖率达到 100%，完成 API 测试。

而当我们采用微服务架构时，原本的单体应用会被拆分成多个独立模块，也就是很多个独立的服务。原本单体应用的全局功能将会由这些拆分得到的 API 协作完成。比如，对于上面这个例子，没有微服务化之前，一共有 3 个 API。假定现在采用微服务架构，该系统被拆分成了 10 个独立的服务，如果每个服务平均对外暴露 3 个 API，那么总共需要测试的 API 数量就多达 30 个。如果还按照传统的 API 测试策略来测试这些 API，那么测试用例的数量就会非常多，过多的测试用例往往就需要耗费大量的测试执行时间和资源。

```
233.        private void nextIsJump(final int opcode, final String name) {
234.            nextIs(opcode);
235.  ◆         if (cursor == null) {
236.                return;
237.            }
238.            final LabelNode actual = ((JumpInsnNode) cursor).label;
239.            final LabelNode expected = labels.get(name);
240.  ◆         if (expected == null) {
241.                labels.put(name, actual);
242.  ◆         } else if (expected != actual) {
243.                cursor = null;
244.            }
245.        }
```

图 5-12　基于代码覆盖率指导测试用例设计的示例

但是，在互联网模式下，产品发布的周期往往是以"天"甚至是以"小时"为单位计算的，留给测试的执行时间非常有限，所以微服务化后 API 测试用例数量的显著增长对测试提出了更高的要求。

这时，我们迫切需要找到一种既能保证 API 质量又能减少测试用例数量的测试策略，这也就是接下来要介绍的基于消费者契约的 API 测试。

2．如何处理微服务之间的耦合关系

微服务化后，服务与服务间的依赖也可能会给测试带来不小的挑战。

图 5-13 展示了 API 间的耦合关系。被测对象是服务 T，但是服务 T 的内部又调用了服务 X 和 服务 Y。如果服务 X 和服务 Y 由于各种原因处于不可用的状态，就无法对服务 T 进行完整的测试。

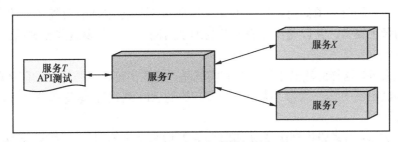

图 5-13　API 之间的耦合示例

我们迫切需要使用一种方法将服务 T 的测试与服务 X 和服务 Y 解耦。

解耦的方式通常就是使用模拟服务来代替被依赖的真实服务。实现这个模拟服务的关键点是能够模拟真实服务的请求和响应。当学习完下一节之后,你会发现这个问题可以迎刃而解了。

5.4.4 基于消费者契约的 API 测试

那到底什么是基于消费者契约的 API 测试呢?直接从概念的角度解释,会有些难以理解。所以这里换个方法来帮助你从本质上真正理解什么是基于消费者契约的 API 测试。

首先,看图 5-14,图中描述了服务 A、服务 B 和服务 T 的关系。服务 A、服务 B 和服务 T 是微服务拆分后的 3 个服务,其中服务 T 是被测对象,进一步假定服务 T 的消费者(也就是使用者)一共有两个,分别是服务 A 和服务 B。

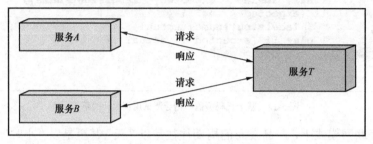

图 5-14　服务 A、服务 B 和服务 T 的关系

按照传统的 API 测试策略,当我们需要测试服务 T 时,需要找到所有可能的参数组合并依次对服务 T 进行调用,同时结合服务 T 的代码覆盖率进一步补充遗漏的测试用例。这种思路本身没有任何问题,但是测试用例的数量会非常多。因此,我们就需要思考,如何既能保证服务 T 的质量,又不需要覆盖全部可能的测试用例。静下心来想一下,你会发现服务 T 的使用者是确定的,只有服务 A 和服务 B 需要考虑,如果可以测试服务 A 和服务 B 对服务 T 所有可能的调用方式,那么就一定可以保证服务 T 的质量。即使服务 T 的其他调用方式有出错的可能性,也不会影响整个系统的功能,因为这个系统中并没有其他服务会以这种可能出错的方式来调用服务 T。

现在,问题就转化成了如何找到服务 A 和服务 B 对服务 T 所有可能的调用方式。如果能够找出这样的调用集合,并以此作为服务 T 的测试用例,那么只要这些测试用例 100% 通过,服务 T 的质量就有保证了。

从本质上来讲,这样的测试用例集合其实就是,服务 T 可以对外提供的服务的契约,所以我们把这个测试用例的集合称为"基于消费者契约的 API 测试",这里服务 A 和服务 B 其实就是消费者的角色。

那么接下来,我们要能找到服务 A 和服务 B 对服务 T 所有可能的调用。其实这也很简单,在逻辑结构上,我们只要在服务 T 前放置一个代理,所有进出服务 T 的请求和响应都会经过这个代理,并被记录成 JSON 文件,这也就构成了服务 T 的契约。图 5-15 就描述了收集消费者契约的逻辑原理。

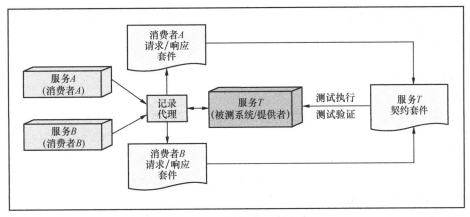

图 5-15 收集消费者契约的逻辑原理

在实际项目中，我们不可能在每个服务前放置这样一个代理。但是，微服务架构中往往会存在一个叫作 API 网关的组件，用于记录所有 API 之间相互调用关系的日志，我们可以通过解析 API 网关的日志得到每个服务的契约。

至此，我们已经清楚地知道了如何获取服务的契约，并由此来构成服务的契约测试用例。接下来，解决微服务之间耦合关系带来的问题。

5.4.5 微服务测试的依赖解耦和模拟服务

前面讲过，实现模拟服务的关键，就是能够模拟被替代服务的请求和响应。

此时我们已经获取到了契约，契约的本质就是请求和响应的组合。具体的表现形式往往是 JSON 文件。我们就可以用该契约的 JSON 文件作为模拟服务的依据，也就是在收到"什么请求"的时候应该回复"什么响应"。

图 5-16 就解释了如何基于模拟服务解决 API 之间的调用依赖。当用服务 X 的契约启动模

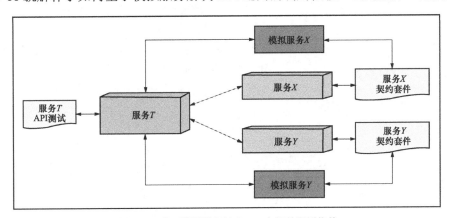

图 5-16 基于模拟服务解决 API 之间的调用依赖

拟服务 X 后,原本真实的服务 X 将可以被模拟服务 X 替代,这就解耦了服务之间的依赖,图 5-16 中的服务 Y 也是一样的道理。

5.4.6 代码实例

至此,本章已经讲完了基于消费者契约的 API 测试的原理,你是否已经真正理解并掌握了呢?

由于这部分内容的理论知识比较多,为了帮读者更好地理解这些概念,这里通过一个基于 Spring Cloud 契约的实际代码示例演示契约文件格式、消费者契约测试以及微服务之间解耦。

具体的代码,可以从 GitHub 网站下载。

这个实例基于 Spring Boot 实现了两个微服务——订阅服务(subscription service)和账户服务(account service)。其中订阅服务会调用账户服务。这个实例基于 Spring Cloud 契约,所以契约是通过 Groovy 语言描述的。也就是说,实例中会通过 Groovy 语言描述的账户服务契约来模拟真实的账户服务。这个实例的逻辑关系如图 5-17 所示。

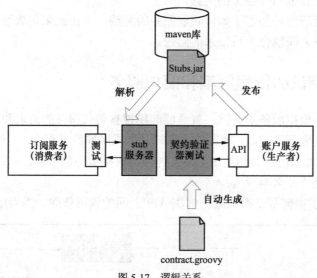

图 5-17 逻辑关系

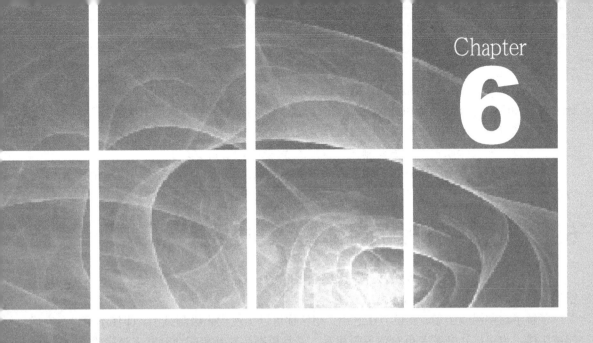

Chapter

6

第 6 章

代码级软件测试技术基础与进阶

本书第 1 章介绍了单元测试的基本概念和方法，讲解了单元测试用例的"输入数据"和"预计输出"，也讨论了驱动代码和桩代码，其实这些概念和方法在代码级测试中也是最基本的概念。

通常情况下，代码级的测试工作都由开发人员完成，但是测试框架选型、覆盖率统计工具选型、测试用例设计原则等都需要测试工程师或者测试架构师的参与。

本章讲解测试人员应该具备的代码级测试基础知识，呈现一幅包括代码级测试技术入门、方法论、用例设计，以及覆盖率衡量、典型问题和解决思路的全景技术视图。

6.1 代码级测试的基本理念与方法

为了能更好地协助开发人员做好代码级测试，根据项目实践，这里总结了 5 种常用的代码错误，以及对应的四大类代码级测试方法。

了解了这些错误类型、测试方法之后，相信你可以实现代码级测试了，即使不用自己完成测试工作，也可以让开发人员对你另眼相看，并且更高效地互相配合开发人员完成整个项目。

这里需要注意的是，代码级的测试方法一定是一套测试方法，而不是一个测试方法。因为单靠一种测试方法不可能发现所有潜在的错误，首先通过一种方法解决一部分或者一类问题，然后综合运用多种方法解决全部问题。

本着先发现问题后解决问题的思路，在正式介绍代码级测试方法之前，先概括一下常见的代码错误类型，然后讨论代码级测试方法。这样，就可以清晰地看出，每一种代码级测试方法都能覆盖哪些类型的代码错误。

根据以往的经验，代码错误可以分为功能层面的错误和性能层面的错误。功能层面的错误可分为有特征的错误和无特征的错误两大类。有特征的错误可进一步分为语法特征错误、边界行为特征错误和经验特征错误；无特征的错误主要包括算法错误和部分算法错误。性能层面的错误包括时间性能和空间性能两个层面上的错误。图 6-1 展示了这些代码错误类型的分类。

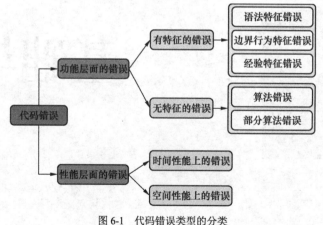

图 6-1 代码错误类型的分类

6.1.1 常见的代码错误类型

接下来，将详细讲解语法特征错误，边界行为特征错误、经验特征错误、算法错误、部分算法错误的具体含义。

1. 语法特征错误

语法特征错误是指，从编程语法上就能发现的错误。比如，不符合编程语言语法的语句等。如果你使用 IDE 进行代码开发，那么 IDE 可以提示这类错误，而且只有解决了这类错误，才能通过编译。但是，对于一些比较隐晦的语法特征错误，IDE 不能及时发现，而且也不会影响编译，只会在运行阶段出错。

比如，代码清单 6-1-1 就存在数组越界的问题。

代码清单 6-1-1

```
void demoMethod(void)
{
    int a[10];
    a[10]=88;
}
```

很显然，从语法上很容易发现，这段代码初始化了一个长度为 10 的整型数组 *a*，但数组下标从 0 开始，所以可用的最大数组空间应该是 *a*[9]，而这里使用了 *a*[10]，造成了数组越界，并访问了未初始化的内存空间，代码在运行时就会造成意想不到的结果。

2. 边界行为特征错误

边界行为特征错误是指，代码在执行过程中发生异常、崩溃或者超时。之所以称为"边界行为特征错误"，是由于此类错误通常都发生在一些边界条件上。

代码清单 6-1-2 就存在边界行为特征错误。当 *b* 的值为 0 时，Division 函数就会抛出运行时异常。

代码清单 6-1-2

```
int Division(int a, int b)
{
    return a/b;
}
```

3. 经验特征错误

经验特征错误是指，根据过往经验发现的代码错误。

代码清单 6-1-3 就是具有经验特征错误的典型代码片段。代码想要表达的意思是：如果变量 *i* 的值等于 2，就调用函数 operationA；否则，调用函数 operationB。但是，代码中将"if(*i*==2)"错误地写成了"if(*i*=2)"，就会使原本的逻辑判断操作变成了变量赋值操作，而且这个赋值操作的返回结果永远是 true，即这段代码永远只会调用 operationA。

代码清单 6-1-3

```
void someMethod(void)
{
    …
    if(i=2)
    {
```

```
        operationA();
    }
    else
    {
        operationB();
    }
    …
}
```

显然，"if(*i*=2)"在语法上没有错误，但是从过往经验来看，这很可能是个错误。也就是说，如果一个原本应该出现逻辑判断语句的地方，现在却出现了赋值语句，就很有可能是代码写错了，但这也不是绝对的。

4. 算法错误

算法错误是指，代码完成的计算（或者功能）和之前预先设计的计算结果（或者功能）不一致。

这类错误直接关系到代码需要实现的业务逻辑，在整个代码级测试中所占比重最大，也是最重要的。但是，完全的算法错误并不常见，因为不能准确满足基本功能需求的代码，是一定不会提交的。然而，在实际项目中，最常见的是部分算法错误。

5. 部分算法错误

部分算法错误是指，在一些特定的条件或者输入情况下，算法不能准确完成业务要求实现的功能。这类错误是整个代码级测试过程中最常见的类型。

代码清单 6-1-4 完成了两个 int 类型整数的加法运算。在大多数情况下，这段代码的功能逻辑是正确的，能够准确地返回两个整数的和。但是，在某些情况下，可能存在两个很大的整数相加后越界的情况，也就是说，两个很大的整数相加的结果超过了 int 的范围。这就是典型的部分算法错误。

代码清单 6-1-4

```
int add(int a, int b)
{
    return a+b;
}
```

6.1.2 代码级测试常用方法

介绍完了语法特征错误、边界行为特征错误、经验特征错误、算法错误、部分算法错误这5 类代码错误后，我们再回过头来看看代码级测试的方法有哪些，这些测试方法又是如何揭露这 5 类代码错误的。

代码级测试方法主要分为两大类，分别是静态方法和动态方法。

● 静态方法，就是在不实际执行代码的基础上发现代码缺陷的方法。静态方法又可以进一步细分为人工静态方法和自动静态方法。

● 动态方法是指，通过实际执行代码发现代码中潜在缺陷的方法。同样，动态方法可以进一步细分为人工动态方法和自动动态方法。

这里需要注意到的是，本节只介绍这 4 种方法具体是什么，各有何局限性和优势，分别可以覆盖哪些错误类型。而对于具体如何用这 4 种方法完成代码级测试、测试用例如何设计以及常用的测试工具如何使用，会在后面的两节中详细介绍。

1. 人工静态方法

人工静态方法是指，通过人工阅读代码查找代码中潜在错误的方法。通常采用的手段包括走查代码、结对编程、同行评审等。理论上，人工静态方法可以发现上述 5 类代码错误，但实际效果并不理想。这个方法的局限性主要体现在以下 3 个方面。

（1）过度依赖于代码评审者的个人能力，通过同样的评审流程，发现的问题却相差很大。

（2）如果开发人员自行走查自己的代码，往往会存在"思维惯性"，在开发过程中没有考虑的输入和边界值，在走查代码时也一样会被遗漏。

（3）由于完全依赖人工，效率普遍较低。

2. 自动静态方法

自动静态方法是指，在不运行代码的方式下，通过词法分析、语法分析、控制流分析等技术，并结合各种预定义和自定义的代码规则，对程序代码进行静态扫描，以发现语法错误、潜在语义错误以及部分动态错误的一种代码分析技术。

自动静态方法可以发现语法特征错误、边界行为特征错误和经验特征错误这 3 类有特征的错误，但对于算法错误和部分算法错误这两种无特征的错误无能为力。根本原因在于，自动静态方法并不清楚代码的具体业务逻辑。

目前，自动静态方法无论是在传统软件企业，还是在互联网软件企业都已经广泛采用，往往会结合企业或项目的编码规范一起使用，并与持续集成过程紧密绑定。

在实际测试中，需要根据不同的开发语言，选择不同的工具。目前很多工具都支持多种语言，如 Sonar、Coverity 等，可以根据实际需求来选择。

3. 人工动态方法

人工动态方法是指，首先设计代码的输入和预期的正确输出的集合，然后执行代码，以判断实际输出是否符合预期。在本书第 1 章介绍的单元测试中，采用的测试方法本质上就是人工动态方法。

在代码级测试中，人工动态方法是最主要的测试手段，可用于真正检测代码的逻辑功能。其关注点是什么样的输入，执行了什么代码，产生了什么样的输出。该方法可以有效地发现算法错误和部分算法错误。

目前，不同的编程语言对应不同的单元测试框架，比如，对于 Java 语言最典型的是 JUnit 和 TestNG，对于 C 语言比较常用的是 Google Test 等。

4. 自动动态方法

自动动态方法，又称自动边界测试方法，指的是基于代码自动生成边界测试用例并执行，以捕捉潜在的异常、崩溃和超时的方法。

　　自动动态方法，可以发现边界行为特征错误，通常能够发现忘记处理某些输入引起的错误（因为忘记处理的输入往往是边界输入）。但是它对于发现算法错误无能为力，毕竟工具不可能了解代码所要实现的功能逻辑。

6.2　静态测试方法

　　本章的开始部分介绍了代码级测试中常见的 5 种错误类型（包括语法特征错误、边界行为特征错误、经验特征错误、算法错误，以及部分算法错误），以及对应的四大类测试方法（包括人工静态方法、自动静态方法、人工动态方法，以及自动动态方法）。

　　本节将详细讨论人工静态测试方法和自动静态测试方法，来帮读者理解在研发流程上是如何保证代码质量的，以及如何设计自己的自动静态代码扫描方案，并且应用到项目的日常开发工作中。

　　人工静态方法本质上属于流程上的实践，实际能够发现问题的数量很大程度依赖于个人的能力，所以从技术上来讲这部分内容中可以讨论的要点并不多。但是，这种方法已经在目前的企业级测试项目中广泛地应用了，所以还需要理解其中的流程，以更好地参与到人工静态测试中。

　　而在自动静态方法中，可以通过自动化的手段，以很低的成本发现并报告各种潜在的代码质量问题。目前，自动静态方法已经被很多企业和项目广泛采用，并且已经集成到 CI/CD 流水线了。作为测试工程师，我们需要完成代码静态扫描环境的搭建。接下来会重点介绍这部分内容。

6.2.1　人工静态方法

　　通过上面的分析，我们知道了通过人工静态方法检查代码错误，主要有代码走查、结对编程，以及同行评审这 3 种手段。接下来看一下这 3 种方法。

　　1. 代码走查

　　代码走查是指由开发人员检查代码，尽可能多地发现各类潜在错误。但是，由于个人能力的差异，以及开发人员的"思维惯性"，很多错误并不能在这个阶段及时发现。

　　2. 结对编程

　　结对编程是一种敏捷软件开发方法，一般由两个开发人员结对在一台计算机上共同完成开发任务。其中，一个开发人员实现代码（这个开发人员通常称为驾驶员）；另一个开发人员审查输入的每一行代码（这个开发人员通常称为观察员）。

　　当观察员对代码有任何疑问时，会立即要求驾驶员给出解释。解释过程中，驾驶员会意识到问题，进而修正代码设计和实现方式。在实际执行过程中，这两个开发人员的角色会定期更换。

3．同行评审

同行评审，是指把代码提交到代码仓库，或者在合并代码分支到主干前，需要同技术级别或者更高技术级别的一个或多个同事对代码进行评审。只有通过所有评审后，代码才会真正提交。如果在项目中使用 GitHub 管理代码，并采用 GitFlow 的分支管理策略，那么在提交代码或者分支合并时，需要先提交拉取请求（Pull Request，PR），只有这个 PR 经过了所有评审者的审核，代码才能合并。这也是同行评审的具体实践。目前，只要采用 GitFlow 的分支管理，基本上就会采用这种方式。

对于以上 3 种方式，使用最普遍的是同行评审。因为同行评审既能较好地保证代码质量，又不需要过多的人工成本投入，而且提交的代码出现问题后责任明确，同时代码的可追溯性也很好。

结对编程的实际效果虽然不错，但是对人员的利用率比较低，通常用于一些关键和底层算法的代码实现。

6.2.2　自动静态方法

自动静态方法主要有以下 3 个特点。

（1）相对于编译器，可以做到对代码更加严格、个性化的检查。

（2）不真正检测代码的逻辑功能，只从代码本身的视角，基于规则，尽可能多地发现代码错误。

（3）因为静态分析算法并不实际执行代码，完全基于代码的词法分析、语法分析、控制流分析等技术，以及分析技术的局限性和代码写法的多样性，所以会存在一定的误报率。

基于这些特点，自动静态方法通常能够以极低的成本发现以下问题：

- 使用未初始化的变量；
- 变量在使用前未定义；
- 变量声明了但未使用；
- 变量类型不匹配；
- 部分的内存泄露问题；
- 空指针引用；
- 缓冲区溢出；
- 数组越界；
- 不可达的僵尸代码；
- 过高的代码复杂度；
- 死循环；
- 大量的重复代码块；

......

正是因为自动静态方法具有自动化程度高、发现问题的成本低以及能够发现的代码问题广等特点，所以该方法被很多企业和项目广泛应用于前期代码质量控制与代码质量度量中。在实际工程中，企业往往会结合自己的编码规范定制规则库，并与本地 IDE 和持续集成的流水线进行高度整合。

在本地开发阶段，IDE 就可以自动对代码实现静态检查。当代码提交到代码仓库后，CI/CD 流水线也会自动触发代码静态检查。如果检测到潜在错误，就会自动发送邮件来通知代码提交者。

接下来，我们一起来看两个用自动静态方法发现错误的实例，以加深读者对自动静态方法的认识。

6.2.3 使用自动静态方法的实例

1. 使用自动静态方法检查语法特征错误

第一个例子使用自动静态方法检查语法特征错误。这里有一段 C 代码，代码中存在数组越界的问题。通过 C 语言的自动静态扫描工具 splint 发现了这个问题，并且这个工具详细分析了产生错误的原因。图 6-2 展示了这个过程。图 6-2 左侧的 C 语言代码存在数组越界的问题，这是一种典型的语法特征错误。在图 6-2 右侧，通过 C 语言的自动静态扫描工具 splint 发现了这个问题，并给出了分析结果。

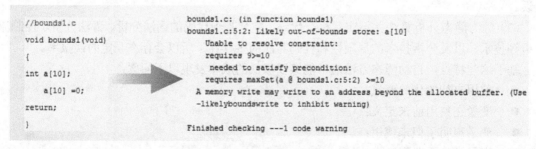

图 6-2　数组越界的错误

2. 使用自动静态方法检查在释放内存空间后继续赋值的错误例子

第二个例子使用自动静态方法检查在释放内存空间后继续赋值的错误。图 6-3 左侧所示是一段 C 语言代码，这里首先用 malloc 函数申请了一块内存空间，并用指针 a 指向了这块空间，然后新建了一个指针 b，也指向这块空间，也就是指针 a 和指针 b 实际上指向了同一内存空间。之后，释放指针 a 指向的空间，这意味着指针 b 指向的空间也释放了。但是，此时代码试图对指针 b 指向的空间赋值。显然，这会导致不可预料的后果。

幸运的是，C 语言的自动静态扫描工具 splint 发现了这个问题，并给出了详细解释。

```
//memory_management1.c

void memory_management1(void)

{

int* a = (int*)malloc(sizeof(int));

int* b = a;

    free(a);

*b =0;

return;

}
```

```
memory_management1.c: (in function memory_management1)
memory_management1.c:7:3: Variable b used after being released
  Memory is used after it has been released (either by passing as an only param
  or assigning to an only global). (Use -usereleased to inhibit warning)
   memory_management1.c:6:7: Storage b released
memory_management1.c:7:3: Dereference of possibly null pointer b: *b
  A possibly null pointer is dereferenced.  Value is either the result of a
  function which may returnnull (in which case, code should check it is not
  null), or a global, parameter or structure field declared with the null
  qualifier. (Use -nullderef to inhibit warning)
   memory_management1.c:5:11: Storage b may become null

Finished checking ---2 code warnings
```

图 6-3 内存空间释放后还继续赋值的错误

6.3 动态测试方法

本节的主题是动态测试方法。静态测试方法是不需要实际执行代码去发现潜在代码错误的测试方法，动态测试方法则是要通过实际执行代码去发现潜在代码错误的测试方法。

正如在前面提到的，动态测试方法可以进一步划分为人工动态方法和自动动态方法。下面从这两个方面展开讨论。

因为自动动态方法并不能理解代码逻辑，所以仅仅用于发现异常、崩溃和超时这类有特征的错误，而对于代码逻辑功能的测试，主要还要依靠人工动态方法来发现。

6.3.1 人工动态方法

人工动态方法可以真正检测代码的业务逻辑功能。其关注点是什么样的输入，执行了什么代码，产生了什么样的输出，主要用于发现算法错误和部分算法错误，并且是最主要的代码级测试手段。

从人工动态方法的定义中，可以很清楚地看出：代码级测试的人工动态测试方法，其实就是单元测试所采用的方法。所以，下面会从单元测试方法的角度展开讨论。

如果读者有一些代码基础，那么你在学习单元测试框架或者工具时，会感觉单元测试很简单，无非就是首先用驱动代码去调用被测函数，并根据代码的功能逻辑选择必要的输入数据的组合，然后验证执行被测函数后得到的结果是否符合预期。但是，一旦要在实际项目中开展单元测试，你就会发现很多实际的问题。

之前的章节已经介绍过单元测试中的主要概念，如果你对某些概念已经记不太清楚了，建议先回顾一下之前的内容。

首先，我们来看一下单元测试中 3 个最主要的难点：

（1）单元测试用例"输入参数"的复杂性；

（2）单元测试用例"预期输出"的复杂性；

（3）关联的代码不可用。

1. 单元测试用例"输入参数"的复杂性

前面提到过，如果你认为单元测试的输入参数只有被测函数的输入参数，那你就把事情想得过于简单了。

其实，这也因为我们在学习单元测试框架时，单元测试用例的输入数据一般都是被测函数的输入参数，所以我们的第一印象会觉得单元测试其实很简单。但是在实际项目中，会发现单元测试太复杂了，因为在设计测试用例时需要考虑的"输入参数"已经完全超乎想象了。

前面已经总结了多种常用的单元测试输入数据，但是并没有详细解释每种输入数据的具体含义，你可能对此感到困惑，这里结合一些代码示例详细介绍这些输入参数。

a. 被测函数的输入参数

这是最典型也是最好理解的单元测试输入数据类型。假如被测函数是代码清单 6-3-1 的形式，那么函数的输入参数 a 和 b 的不同值以及值的组合就构成了单元测试的输入数据。

代码清单 6-3-1

```
int someFunc(int a, int b)
{
    …
}
```

b. 被测函数内部需要读取的全局静态变量

如果被测函数内部使用了该函数作用域以外的变量，那么这个变量也是被测函数的输入参数。在代码清单 6-3-2 中，被测函数 Func_SUT 的内部实现中使用了全局变量 someGlobalVariable，并且会根据 someGlobalVariable 的值执行 FuncA()和 FuncB()分支。

在做单元测试时，为了能够覆盖这两个分支，必须构造 someGlobalVariable 的不同值，自然而然，这个 someGlobalVariable 就成了被测函数的输入参数。所以，在这段代码中，单元测试的输入参数不仅包括 Func_SUT 函数的输入参数 a，还包括全局变量 someGlobalVariable。

代码清单 6-3-2

```
bool someGlobalVariable = true;
void Func_SUT(int a)
{
    ...
    if(someGlobalVariable == true)
    {
        FuncA();
    }
    else
    {
        FuncB();
    }
    ...
}
```

c. 被测函数内部需要读取的类成员变量

如果你能理解"被测函数内部需要读取的全局静态变量"是单元测试的输入参数,那么"被测试函数内部需要读取的类成员变量"也是单元测试的输入参数就不难理解了。因为对于被测试函数来讲,类成员变量也可以看作全局变量。

我们一起看一段代码。在代码清单 6-3-3 中,变量 someClassVariable 是类 someClass 的成员变量,类的成员函数 Func_SUT 是被测函数。根据 someClassVariable 的取值,Func_SUT 函数会执行两个不同的代码分支。同样地,单元测试要覆盖这两个分支,就必须提供 someClassVariable 的不同取值,所以 someClassVariable 对于被测函数 Func_SUT 来说也是输入参数。

代码清单 6-3-3

```
class someClass
{
    ...
    bool someClassVariable = true;
    ...
    void Func_SUT(int a)
    {
        ...
        if(someClassVariable == true)
        {
            FuncA();
        }
        else
        {
            FuncB();
        }
        ...
    }
    ...
}
```

d. 在函数内部调用子函数获得的数据

"在函数内部调用子函数获得的数据"也是单元测试的输入数据,从字面上可能不太好理解。下面通过代码清单 6-3-4,详细说明这种情况。

代码清单 6-3-4

```
void Func_SUT(int a)
{
    bool toggle = FuncX(a);
    if(toggle == true)
    {
        FuncA();
    }
    else
```

```
        {
            FuncB();
        }
    }
```

函数 Func_SUT 是被测函数，它的内部调用了函数 FuncX，函数 FuncX 的返回值是布尔类型，并且赋值给了内部变量 toggle，之后的代码会根据变量 toggle 的取值来决定执行哪个代码分支。

那么，从输入数据的角度来看，函数 FuncX 的调用为被测函数 Func_SUT 提供了数据，也就是这里的变量 toggle，后续代码会根据变量 toggle 的取值执行不同的分支。所以，从这个角度来看，被测函数内部调用子函数获得的数据也是单元测试的输入参数。

这里还有一个小细节，被测函数 Func_SUT 的输入参数 a，在内部实现上只传递给了内部调用的函数 FuncX，而并没有在其他地方使用，我们把这类用于传递给子函数的输入参数称为"间接输入参数"。

这里需要注意的是，有些情况下"间接输入参数"反而不是输入参数。以这段代码为例，如果我们发现通过变量 a 的取值很难控制 FuncX 的返回值（也就是说，通过间接输入参数的取值去控制内部调用函数的取值，以达到控制代码内部执行路径比较困难），我们会直接对 FuncX(a)打桩，用桩代码来控制函数 FuncX 返回的是 true 还是 false。

这样一来，原本的变量 a 其实就没有任何作用了。此时变量 a 虽然是被测函数的输入参数，但并不是单元测试的输入参数。

e. 在函数内部调用子函数改写的数据

理解了前面几种单元测试的输入参数类型后，"在函数内部调用子函数改写的数据"也是单元测试中被测函数的输入参数就好解释了。

如果在被测函数内部调用的子函数改写了全局变量或者类的成员变量，而这个改写的全局变量或者类的成员变量又会在被测函数内部使用，那么"在函数内部调用子函数改写的数据"也就成了被测函数的输入参数。

f. 在嵌入式系统里，在中断调用中改写的数据

在嵌入式系统里，在中断调用中改写的数据有时候也会成为被测函数的输入参数，这和"在函数内部调用子函数改写的数据也是单元测试中的输入参数"类似。在某些中断事件发生并执行中断函数时，中断函数很可能会改写某个寄存器的值，但是被测函数的后续代码还要基于这个寄存器的值进行分支判断，因此这个被中断调用改写的数据也就成了被测函数的输入参数。

在实际项目中，除了这 6 种输入参数之外，还有很多输入参数。这里详细分析这 6 种输入参数的目的，一方面是帮读者理解到底什么样的数据是单元测试的输入数据，另一方面希望读者可以从本质上认识单元测试的输入参数，在以后遇到相关问题时，可以做到触类旁通。

理解了"输入参数"的复杂性之后，接下来我们再一起看看"预期输出"的复杂性表现在哪些方面。

2. 单元测试用例"预期输出"的复杂性

同样地，单元测试用例的"预期输出"，也绝对不仅仅是函数返回值这么简单。通常来讲，"预期输出"应该包括被测函数执行后所改写的所有数据，主要包括被测函数的返回值，被测函数的输出参数，被测函数所改写的成员变量和全局变量，被测函数中进行的文件更新、数据库更新、消息队列更新等。

a. 被测函数的返回值

被测函数的返回值是最直观的预期输出。比如，加法函数 int add(int *a*，int *a*)的返回值就是预期输出。

b. 被测函数的输出参数

要理解为什么"被测函数的输出参数"是预期输出，最关键的是要理解什么是函数的输出参数。如果读者有 C 语言背景，那么很容易就可以理解这个概念。

我们一起来看代码清单 6-3-5。被测函数 add 包含 3 个参数，其中 *a* 和 *b* 是输入参数，而 sum 是个指针，指向一个地址空间。

代码清单 6-3-5

```c
void add(int a, int b,int *sum)
{
    *sum = a + b;
}

void main()
{
    int a, b,sum;
    a = 10;
    b = 8;
    add(a, b, &sum);
    printf("sum = %d \n", sum);
}
```

如果被测函数的代码对 sum 指向的空间进行了赋值操作，那么在被测函数外可以通过访问 sum 指向的空间来获得被测函数内所赋的值，这相当于把函数内部的值输出到了函数外。所以，sum 对于函数 add 来讲其实是用于输出加法结果的。显然，这个 sum 就是"预期输出"。

如果你还没有理解，可以在百度上搜索一下"C 语言的参数传递机制"。

c. 被测函数所改写的成员变量和全局变量

理解了单元测试用例"输入参数"的复杂性之后，"被测函数所改写的成员变量和全局变量"也是被测函数的"预期输出"就很好理解了。如果对于单元测试用例需要写断言来验证结果，那么这些改写的成员变量和全局变量就是断言的对象。

d. 被测函数中进行的文件更新、数据库更新、消息队列更新等

但在实际的单元测试中，因为测试解耦的需要，一般不会真正执行这些操作，而会借助对模拟对象的断言来验证是否发起了相关的操作。

3. 关联的代码不可用

什么是关联的代码呢？假设被测函数中调用了其他的函数，那么这些被调用的函数就是被测函数的关联的代码。

大型的软件项目通常是并行开发的，所以经常会出现被测函数关联的代码未完成或者未测试的情况，也就是出现关联的代码不可用的情况。为了不影响被测函数的测试，我们往往会采用桩代码来模拟不可用的代码，并通过打桩补齐未定义部分。

具体来讲，假定函数 A 调用了函数 B，函数 B 由其他开发团队编写且未完成，那么就可以用桩函数来代替函数 B，使函数 A 能够编译、链接，并运行测试。

桩函数要具有与原函数完全相同的原型，仅仅内部实现不同，这样测试代码才能正确链接到桩函数。一般来讲，桩函数主要有两个作用，一个是隔离和补齐，另一个是实现被测函数的逻辑控制。

用于隔离和补齐的桩函数实现比较简单，只须复制原函数的声明，加一个空的实现，通过编译、链接就可以了。

用于实现控制功能的桩函数是最常用的，实现起来也比较复杂，要根据测试用例的需要，输出合适的数据作为被测函数的内部输入。

6.3.2　自动动态方法

自动动态方法是指，基于代码自动生成边界测试用例并执行来捕捉潜在的异常、崩溃和超时的测试方法。

自动动态方法的重点是如何实现边界测试用例的自动生成。

解决这个问题最简单的方法是，根据被测函数的输入参数生成可能的边界值。具体来讲，任何数据类型都有自己的典型值和边界值，可以预先为它们设定好典型值和边界值，然后组合就可以生成了。比如，对于函数 int func(int a, char *s)，可以按下面的 3 步来生成测试用例集。

（1）定义各种数据类型的典型值和边界值。对于 int 类型，可以定义一些值，如最小值、最大值、0、1、–1 等；对于 char*类型，也可以定义一些值，如 "abcde" "非英文字符串" 等。

（2）根据被测函数的原型，生成测试用例代码的模板，如代码清单 6-3-6。

代码清单 6-3-6

```
try
{
    int a= @a@;
    char *s = @s@;
    int ret = func(a, s);
}
catch
{
    throw exception();
}
```

（3）将参数@a@和@s@的各种取值进行组合，分别替换模板中的相应内容，即可生成用例集。因为该方法不可能自动了解代码所要实现的功能逻辑，所以不会验证"预期输出"，而通过 try...catch 来观察是否会引发代码的异常、崩溃和超时等错误。

6.4 代码静态扫描工具 Sonar 的使用

通常来讲，测试工程师需要完成代码静态扫描环境的搭建。考虑到读者以前可能并没有接触过 Sonar，所以本节按照具体步骤，展示如何搭建一套代码静态扫描环境，并讲解一个 Maven 项目代码静态扫描的实例。

6.4.1 基于 Sonar 的实例

现在，我们已经了解了自动静态代码扫描的基本概念，但怎么把这些知识落实到实际项目中呢？我们就从目前主流的自动静态工具 Sonar 的使用开始讲起。

通过这个 Sonar 实例，读者可以掌握以下技能。

● 搭建自己的 SonarQube 服务器。

● 扫描 Maven 项目，并将结果提交到 SonarQube 服务器。

● 在 IntelliJ IDE 中集成 SonarLint 插件，在 IDE 中实现实时的自动静态分析。

首先，在 Sonar 官网下载 LTS（Long-Term Support，长期支持）版本的 SonarQube 6.7.5。这里需要注意的是，不推荐在实际项目中使用最新版的 SonarQube，而建议使用 LTS 版本以保证稳定性和兼容性。

解压下载的程序后，运行其中的 bin/macosx-universal-64 目录下的 sonar.sh。这里需要注意，在运行 sonar.sh 时要带上"console"参数。如果执行完之后的界面如图 6-4 所示，说明 SonarQube 服务已经成功启动。

接下来，可以尝试访问 localhost：9000，并用默认账号（用户名和密码都是"admin"）登录。

为了简化建立 SonarQube 服务器的步骤，所有的内容都使用了默认值。比如，直接使用了 SonarQube 内建的数据库，端口也采用了默认的 9000。但是，在实际项目中，为了实现 Sonar 数据的长期可维护性和升级，我们通常会使用自己的数据库。这需要执行下面这些步骤。

（1）安装 SonarQube 之前，先安装数据库。

（2）建立一个空数据库并赋予 CRUD 权限。

（3）修改 SonarQube 的 conf/sonar.properties 中的 JDBC 配置，使其指向新建的数据库，也可以采用同样的方法，来修改默认的端口。

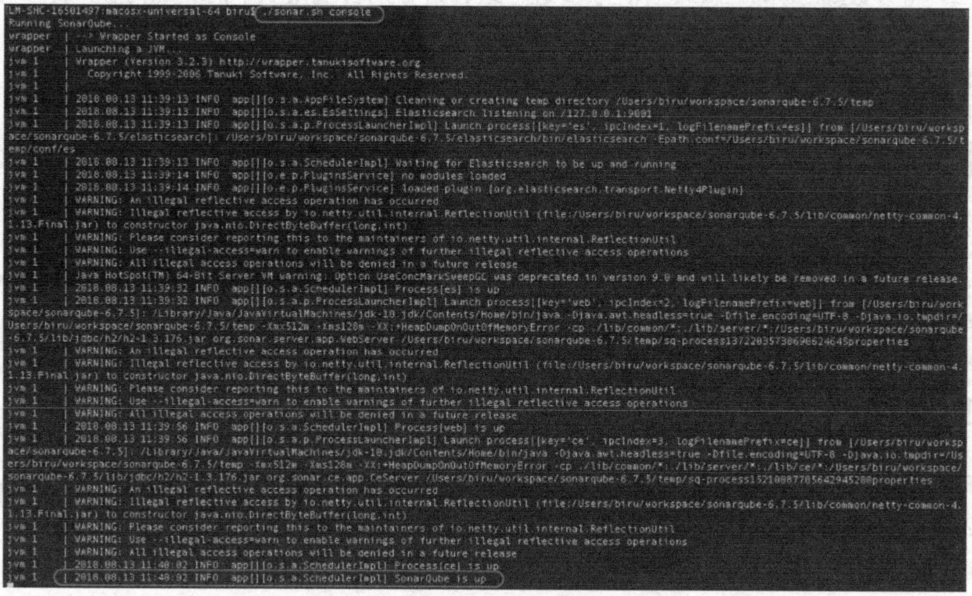

图 6-4 SonarQube 启动成功的界面

因为要在 Maven 项目中执行代码静态扫描，所以需要先找到$MAVEN_HOME/conf 下的 settings.xml 文件，在文件中加入 Sonar 相关的全局配置。在这里给出了一段代码，用于展示需要加入哪些配置，具体内容可以参考代码清单 6-4-1。

代码清单 6-4-1

```
<settings>
    <pluginGroups>
        <pluginGroup>org.sonarsource.scanner.maven</pluginGroup>
    </pluginGroups>
    <profiles>
        <profile>
        <id>sonar</id>
            <activation>
                <activeByDefault>true</activeByDefault>
            </activation>
            <properties>
                <sonar.host.url>
                    http://myserver:9000
                </sonar.host.url>
            </properties>
        </profile>
    </profiles>
</settings>
```

最后，可以在 Maven 项目中执行"mvn clean verify sonar:sonar"命令完成静态代码扫描。

如果你是第一次使用这个命令，那么 mvn 会自动下载依赖 maven-sonar-plugin，完成后发起代码的静态扫描，并会自动把扫描结果显示到 SonarQube 中。

这里对第 3 章的 GUI 测试代码（百度搜索的 Selenium 实现）进行了静态代码扫描，并通过图 6-5 展示了扫描结果。

图 6-5　SonarQube 的静态扫描结果

扫描结果是 Passed，但同时也发现了以下 3 个 Code Smells（代码的坏味道，特指那些看起来很可能有问题的代码）问题，或者改进建议，如图 6-6 所示。

（1）Class 建议放在 package 中。

（2）导入了 java.io.BufferedInputStream，但没有在实际代码中使用，建议删除。

（3）建议变量名字不要包含下划线。

至此，已经使用 Sonar 完成了一次代码的静态扫描，Sonar 是不是挺方便的？但是，在日常工作中可能还想要实时看到 Sonar 分析的结果，这样可以大幅提高修改代码的效率。为此，我们可以在 IDE 中引入 SonarLint 插件。可以通过 IDE 的插件管理界面安装 SonarLint。

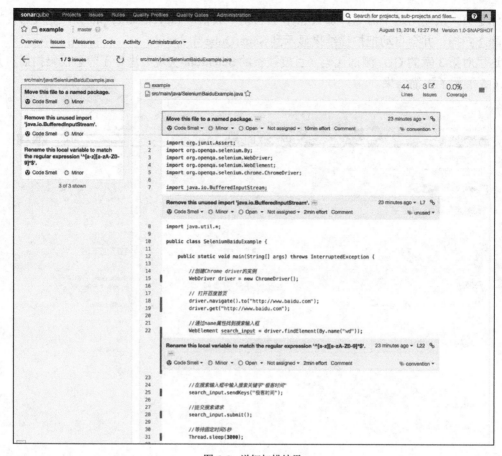

图 6-6　详细扫描结果

6.4.2　SonarLint 的使用

安装 SonarLint 之后重启 IDE，就可以在 IDE 中实时看到 Sonar 的静态分析结果了，如图 6-7 所示。

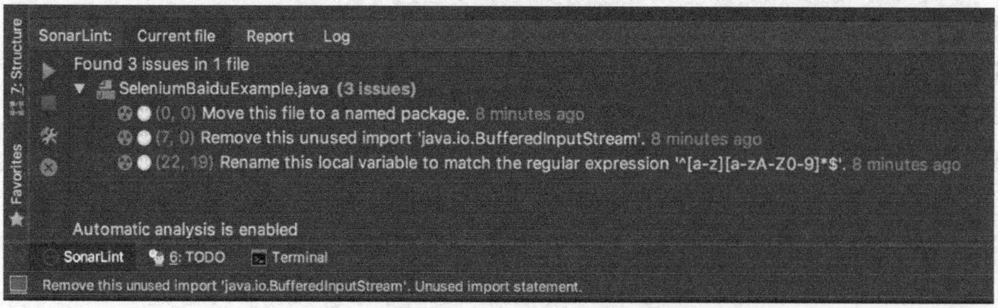

图 6-7　在 IDE 中直接查看静态扫描结果

另外，在 IDE 中绑定 SonarQube，就可以把 SonarLint 和 SonarQube 集成在一起，如图 6-8 所示。集成完成后，IDE 本地的代码扫描就能使用 SonarQube 端的静态代码规则库了，在企业级的项目中，一般要求所有开发人员都使用统一的静态代码规则库，所以一般都会要求集成本地 IDE 的 SonarLint 与 SonarQube。

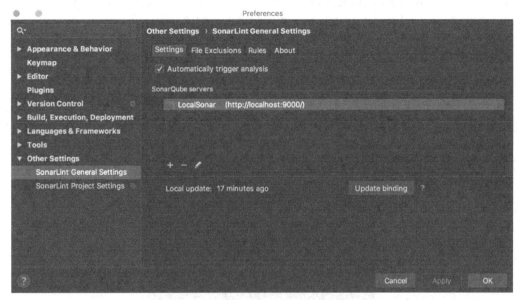

图 6-8　集成 SonarLint 和 SonarQube

目前，自动静态扫描通常都会和持续集成的流水线绑定，最常见的应用场景是当你提交代码后，持续集成流水线就会自动触发静态扫描。这一功能是通过 Jenkins 以及 Jenkins 上的 SonarQube 插件来完成的。当在 Jenkins 中安装了 SonarQube 插件并且将 SonarQube 服务器相关的配置信息加入该插件之后，就可以在 Jenkins Job 的配置中增加 Sonar 静态扫描步骤了。

6.5　单元测试框架 TestNG 的使用

TestNG 是一个基于 Java 的经典开源自动化测试框架，其灵感来自 JUnit 和 NUnit，但引入了很多新的功能，使其功能更强大，使用也更方便。TestNG 中的 NG 是 Next Generation 的缩写，表示下一代，皆在强调相比 JUnit 具有很多优势，其消除了旧框架的大部分限制，使开发人员能够编写更加灵活和强大的测试。TestNG 在很大程度上借鉴了 Java 注解（JDK 5.0 引入的特性）来定义测试，使其灵活性相较之前的 JUnit 有大幅度的提升。下面介绍一下 TestNG 的使用方法，以帮助读者掌握 TestNG 的基本使用方法和一些进阶技巧。

6.5.1 TestNG 的基本用法

要使用 TestNG，可以遵循以下步骤。

（1）引入 TestNG 的库，通常直接使用 Maven 直接引入，也就是直接在 pom.xml 中添加 TestNG 的依赖。代码清单 6-5-1 展示了以 TestNG 6.8 为例的 pom.xml 文件。

代码清单 6-5-1

```
<dependency>
    <groupId>org.testng</groupId>
    <artifactId>testng</artifactId>
    <version>6.11</version>
    <scope>test</scope>
</dependency>
```

（2）直接使用 IDE 来新建一个 Maven 项目，目录结构如图 6-9 所示。

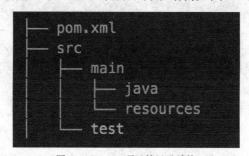

图 6-9　Maven 项目的目录结构

（3）新建一个 Demo.java 类作为被测对象，被测对象的具体代码如代码清单 6-5-2 所示。

代码清单 6-5-2

```
public class Demo {
    public int add(int a, int b)
    {
        return a + b;
    }
    public int sub(int a, int b)
    {
        return a - b;
    }
}
```

（4）直接在 IDE 中使用组合键 Ctrl+Shift+T 为 Demo 类自动生成测试类。当按组合键 Ctrl+Shift+T 后，就会出现图 6-10 所示的界面。我们选择 TestNG 作为单元测试框架，IDE 自动生成了单元测试类的类名，其命名规则为被测试类+Test，在这里就是 DemoTest。同时，勾选要进行测试的方法，这里只选择 add 方法作为示例。

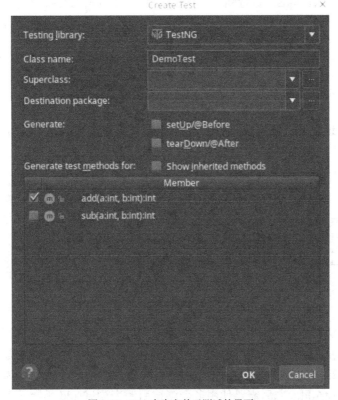

图 6-10 IDE 中生产单元测试的界面

单击"OK"按钮之后，就会在 src/test/java 目录下生成对应的测试类文件。可以看到已经生成的 DemoTest.java 文件，其内容如代码清单 6-5-3 所示。

代码清单 6-5-3

```
public class DemoTest {
    @Test
    public void testAdd() throws Exception {
    }
}
```

（5）在此基础上开始编写测试代码。这里，单元测试的目的是测试 add 这个函数的功能是否正确，所以在 testAdd 中编写的代码如代码清单 6-5-4 所示。

代码清单 6-5-4

```
@Test
public void testAdd() throws Exception {
    Demo d = new Demo();
    assertEquals(88, d.add(22, 66));
}
```

这里，使用了 assertEquals 进行断言，这表示 d.add(22,66)的结果应该是 88，请执行 add 看看是不是返回 88。一个单元测试用例完成了之后，直接运行该测试方法，可以看到如下输出。

```
[TestNG] Running:
===========================================
Default Suite
Total tests run: 1, Failures: 0, Skips: 0
===========================================
```

运行结果表明这个测试通过，函数的功能没错。如果把代码改成 assertEquals(d.add(22, 66), 80)，那么就会出现如下提示。

```
Expected :80
Actual   :88
 <Click to see difference>
    at org.testng.Assert.fail(Assert.java:94)
    at org.testng.Assert.failNotEquals(Assert.java:494)
    ...........

===========================================
Default Suite
Total tests run: 1, Failures: 1, Skips: 0
===========================================
```

这表明 add 方法的返回结果和期望的不同。

这里需要注意，上面只对 add 进行了一次测试，这并不能代表 add 方法就不存在问题。assertEquals(d.add(22, 66), 88)只是一个测试用例。这里要弄清一个概念：为 add 函数编写了一个单元测试函数 testAdd，之后需要使用多个测试用例来测试 add 函数是否存在缺陷。为了证明 add 的实现没有缺陷，就需要考虑所有可能想到的情况，比如，输入为 0，输入为负数，输入为比较大的整数等。所以一个比较完整的测试应该如代码清单 6-5-5 所示。

代码清单 6-5-5

```
@Test
public void testAdd() throws Exception {
    Demo d = new Demo();
    assertEquals(d.add(22, 66), 88);
    assertEquals(d.add(-3, 4), 1);
    assertEquals(d.add(-33, -55), -88);
    assertEquals(d.add(0, 88), 88);
    assertEquals(d.add(0, 0), 0);
    assertEquals(d.add(65535, 65535), 131070);
}
```

这里需要特别提一下的是，其中的最后一个测试用例 assertEquals(d.add(65535, 65535), 131070)会失败，原因是 add 的 return 值采用了 int 类型。当两个很大的整数相加的时候会出现整数溢出的情况，也就是说，两个大整数相加会出现负数，由此我们就发现了 add 函数的一个缺陷。

接下来，让我们再来看看 TestNG 中一些较常用的高级方法。

6.5.2 TestNG 的高级用法

上面的例子只是简单用法，目的是让读者快速使用 TestNG。下面介绍一些高级用法来帮助读者更好地进行单元测试。

1. @BeforeClass/@AfterClass 和@BeforeMethod/@AfterMethod

除了@Test 注解之外，TestNG 还有两对常用的注解——@BeforeClass/@AfterClass 和@BeforeMethod/@AfterMethod。这些注解的关系如图 6-11 所示。

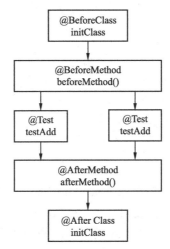

图 6-11　@BeforeMethod/@AfterMethod 和@BeforeClass/@AfterClass 的关系

从图 6-11 中可以看出，@BeforeMethod/@AfterMethod 是在@Test 函数执行之前/之后执行的钩子函数。在执行每一个@Test 注解函数之前/之后都会执行@BeforeMethod/@AfterMethod 注解函数。而@BeforeClass/@AfterClass 的作用和@BeforeMethod/@AfterMethod 类似，不同的是，@BeforeClass/@AfterClass 在初始化类的时候执行，这就意味着@BeforeClass/@AfterClass 只会执行一次，而@BeforeMethod/@AfterMethod 的执行次数和@Test 函数的个数保持一致。代码清单 6-5-6 就能很好地说明这种执行顺序。

代码清单 6-5-6

```
public class DemoTest {
    @BeforeClass
    public static void beforeClass() {
        System.out.println("before class....");
    }

    @BeforeMethod
    public void beforeTest() {
```

```
        System.out.println("before test...");
    }

    @Test
    public void testAdd() {
        int res = new Demo().add(22, 66);
        Assert.assertEquals(res, 88);
    }

    @Test
    public void testSub() {
        int res = new Demo().sub(-99, 11);
        Assert.assertEquals(res, -88);
    }

    @AfterMethod
    public void afterTest() {
        System.out.println("after test....");
    }

    @AfterClass
    public static void afterClass() {
        System.out.println("after class....");
    }
}
```

执行上面的代码，可以看到 aBeforeClass/aAfterClass 只执行了一次，而 aBeforeMethod/aAfterMethod 执行了两次。这里还需要提一点：@BeforeClass/@AfterClass 注解的函数必须使用 static 修饰。另外，除了使用 assertEquals 断言函数测试结果之外，TestNG 还提供了一些更高级的测试方法。

2. 异常测试

异常测试用于测试方法是否有抛出异常。通过@Test(expected=NullPointerException.class) 来指定方法必须抛出 NullPointerException 异常。如果没有抛出异常或者抛出其他异常，则测试失败。异常测试的具体用法如代码清单 6-5-7 所示。

代码清单 6-5-7

```
@Test(expectedExceptions = NullPointerException.class)
public void testSub() {
    throw new NullPointerException();
}
```

3. 超时测试

在@Test 注解中添加 timeOut 参数就可以进行超时测试。@Test(timeOut=8)表示测试方法的运行时间应该短于 8ms，如果超时，则测试失败。超时测试对于网络连接类的测试相当有用。超时测试的具体用法如代码清单 6-5-8 所示。

代码清单 6-5-8

```
@Test(timeOut = 8)
public void testSub() {
    int i =0;
    while (i < 88888888888) {
    new Demo().sub(99, 11);
        i++;
    }
}
```

4. 依赖测试

如果需要测试方法按照特定的顺序调用，就需要使用@Test 注解的 dependsOnMethods 参数来指定依赖方法和方法的执行顺序。依赖测试的具体用法如代码清单 6-5-9 所示。

代码清单 6-5-9

```
//验证函数 test1 执行之前会先依次执行函数 test2 和函数 test3
@Test(dependsOnMethods = {"test2","test3"})
public void test1(){
    …
}
@Test
public void test2(){
    …
}
@Test
public void test3(){
    …
}
```

TestNG 的使用就介绍到这里，更多的用法可以参考 TestNG 的官网文档。

6.6 代码覆盖率工具 JaCoCo 的使用

6.6.1 JaCoCo 简介

JaCoCo 是一个开源的代码覆盖率工具。它针对的开发语言是 Java。其使用方法很灵活，可以嵌入到 Ant、Maven 中，可以作为 Eclipse 插件，可以使用其 JavaAgent 技术监控 Java 程序等。同时，很多第三方工具提供了对 JaCoCo 的集成，如 Sonar、Jenkins、IDEA。JaCoCo 包含了多种尺度的覆盖率计数器，包含指令覆盖率（C0 覆盖率）、分支覆盖率（C1 覆盖率）、圈复杂度覆盖率、行覆盖率、方法覆盖率、类覆盖率。

6.6.2 JaCoCo 的使用

接下来讲解 JaCoCo 的使用。其实 JaCoCo 的使用非常简单，因为它经常会和单元测试一起使用，所以这里会基于 TestNG 的单元测试来介绍如何开启 JaCoCo 的代码覆盖率统计功能。

首先，需要在 pom.xml 中添加 JaCoCo 的依赖，同时指定必要的配置参数。代码清单 6-6-1 给出了详细的示例。

代码清单 6-6-1

```xml
<dependencies>
    <dependency>
        <groupId>org.testng</groupId>
        <artifactId>testng</artifactId>
        <version>6.11</version>
        <scope>test</scope>
    </dependency>
</dependencies>


<build>
    <plugins>
        <plugin>
            <groupId>org.apache.maven.plugins</groupId>
            <artifactId>maven-surefire-plugin</artifactId>
            <version>2.18.1</version>
        </plugin>
        <plugin>
            <groupId>org.jacoco</groupId>
            <artifactId>jacoco-maven-plugin</artifactId>
            <version>0.7.9</version>
            <executions>
                <execution>
                    <goals>
                        <goal>prepare-agent</goal>
                    </goals>
                </execution>
                <execution>
                    <id>report</id>
                    <phase>prepare-package</phase>
                    <goals>
                        <goal>report</goal>
                    </goals>
                </execution>
            </executions>
        </plugin>
        <plugin>
            <groupId>org.apache.maven.plugins</groupId>
            <artifactId>maven-compiler-plugin</artifactId>
```

```
            <version>3.5.1</version>
            <configuration>
                <source>1.7</source>
                <target>1.7</target>
            </configuration>
        </plugin>
    </plugins>
</build>
```

然后，可以在项目的根目录下执行“mvn install”命令。如果一切顺利，运行结果如图 6-12 所示。

```
λ mvn install
[INFO] Scanning for projects...
[INFO]
[INFO] ------------------------------------------------------------------------
[INFO] Building jacocoTest 1.0-SNAPSHOT
[INFO] ------------------------------------------------------------------------
[INFO]
[INFO] --- jacoco-maven-plugin:0.7.9:prepare-agent (default) @ jacocoTest ---
[INFO] argLine set to -javaagent:D:\\Java\\maven\\repo\\org\\jacoco\\org.jacoco.agent
\\0.7.9\\org.jacoco.agent-0.7.9-runtime.jar=destfile=D:\\Java\\IdeaProjects\\jacocoTe
st\\target\\jacoco.exec
[INFO]
[INFO] --- maven-resources-plugin:2.6:resources (default-resources) @ jacocoTest ---
[WARNING] Using platform encoding (GBK actually) to copy filtered resources, i.e. bui
ld is platform dependent!
[INFO] Copying 0 resource
[INFO]
[INFO] --- maven-compiler-plugin:3.5.1:compile (default-compile) @ jacocoTest ---
[INFO] Nothing to compile - all classes are up to date
[INFO]
[INFO] --- maven-resources-plugin:2.6:testResources (default-testResources) @ jacocoT
est ---
[WARNING] Using platform encoding (GBK actually) to copy filtered resources, i.e. bui
ld is platform dependent!
```

图 6-12 mvn install 执行的结果

接着，就可以通过“mvn test”来执行单元测试，执行完成后就可以得到包含代码覆盖率的测试报告了。图 6-13 展示了 JaCoCo 的代码覆盖率报告。

jacocoTest > default > Count　　Sessions

Count

Element	Missed Instructions	Cov.	Missed Branches	Cov.	Missed	Cxty	Missed	Lines	Missed	Methods
sub(int, int)		0%		n/a	1	1	1	1	1	1
add(int, int)		100%		n/a	0	1	0	1	0	1
Count()		100%		n/a	0	1	0	1	0	1
Total	4 of 11	63%	0 of 0	n/a	1	3	1	3	1	3

Created with JaCoCo 0.7.9.201702052155

jacocoTest > default > Count.java　　Sessions

图 6-13 JaCoCo 的代码覆盖率报告

关于 JaCoCo 更详细的使用方法可以参考其官网资料。

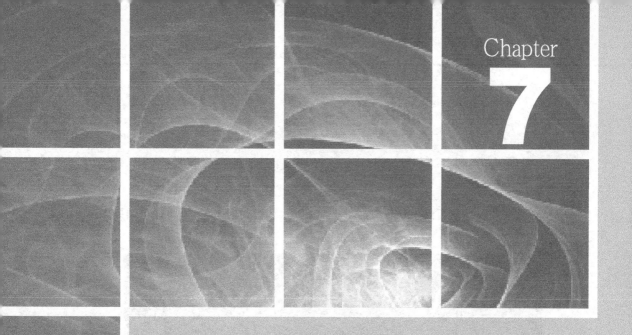

Chapter

7

第 7 章

性能测试基础

本章系统地阐述性能指标、性能测试的方法以及应用领域，用实例诠释了各种性能指标，以及前端和后端性能测试工具的原理。

7.1　不同视角下的软件性能与性能指标

本节在性能测试的全局视角下梳理软件性能测试相关的知识点，让读者对性能测试指标有一个清晰的理解，为完成性能测试工作打好基础。

目前，对软件性能最普遍的理解就是软件处理的及时性。其实，从不同的系统类型和不同的视角讨论软件性能都会有所区别。对于不同类型的系统，人们对软件性能的关注点各不相同。

- 对于 Web 类应用和手机端应用，一般以终端用户感受到的端到端的响应时间来描述系统的性能。
- 对于非交互式的应用，如电信和银行后台处理系统，对性能关注的是事件处理的速度，以及单位时间的事件吞吐量。

同样地，对于同一个系统来说，不同的对象群体对软件性能的关注点也不完全相同，甚至很多时候是对立的。这里，不同的对象群体可以分为 4 类——终端用户、系统运维人员、软件设计开发人员和性能测试人员。图 7-1 展示了关注软件性能的 4 类群体。

图 7-1　关注软件性能的 4 类群体

终端用户是软件系统的最终使用者，他们对软件性能的反馈直接决定了这个系统的应用前景；软件设计开发人员、系统运维人员、性能测试人员，对性能测试的关注点则直接决定了一个系统交付到用户手中的性能。只有全面了解各类群体对软件系统的不同需求，才能保证这个系统具有高度可靠的性能。所以，接下来从这 4 类人的视角介绍软件性能到底指的是什么。

7.1.1　终端用户眼中的软件性能

从终端用户（也就是软件系统使用者）的角度来讲，软件性能表现为用户进行业务操作时的响应时间。具体来讲就是，从用户在界面上完成一个操作开始，到系统把本次操作的结果以用户能察觉的方式展现出来的全部时间。对于终端用户来说，这个时间越短越好。

这个响应时间是终端用户对系统性能好坏的最直观印象，其中包括了系统响应时间和前端展现时间。

- 系统响应时间，反映的是系统能力，又可以进一步细分为应用系统处理时间、数据库处理时间和网络传输时间等。

- 前端展现时间，反映的是用户端的处理能力。

从这个角度来看，你就非常容易理解性能测试为什么会分为后端（服务器端）的性能测试和前端（通常是浏览器端）的性能测试了。

7.1.2　系统运维人员眼中的软件性能

从系统运维人员的角度来讲，除了包括单个用户的响应时间外，软件性能还包括大量用户并发访问时的负载，以及可能在更大负载情况下的系统健康状态、并发处理能力、当前部署的系统容量、可能的系统瓶颈、系统配置层面的调优、数据库的调优，以及长时间运行的稳定性和可扩展性。

大多数情况下，系统运维人员和终端用户对软件性能的要求是站在同一个角度上的，都希望系统的响应速度尽可能地快。但是在某些情况下，他们的意见是对立的，最常见的情况就是，系统运维人员必须在最大并发用户数和系统响应时间之间进行平衡。比如，两套系统配置方案可以提供以下系统性能：

- 配置方案 A 可以满足 100 万个并发用户的访问能力，此时终端用户的登录响应时间是 3s；
- 配置方案 B 可以满足 500 万个并发用户的访问能力，此时终端用户的登录响应时间是 8s。

这时，从全局利益最大化角度来看，系统具有更大并发用户访问能力的价值会更大，所以系统运维人员一定会选择方案 B，对于终端用户来说，响应时间就会延长。

目前，有些系统为了能够承载更多的并发用户，往往会牺牲等待时间而引入预期的等待机制。比如，在购票网站，在处理大并发用户访问时采用了排队机制，以尽可能提高系统容量，这就增加了终端用户实际感受到的响应时间。

7.1.3　软件设计开发人员眼中的软件性能

软件设计开发人员关注的是与性能相关的设计和实现细节，这几乎涵盖了软件设计和开发的全过程。

在大型传统软件企业中，软件性能绝不仅仅是性能测试阶段要考虑的问题，而是整个软件研发生命周期中都要考虑的内容，我们把与软件性能相关的活动称为"性能工程"（Performance Engineering）。

从软件设计开发人员的角度，软件性能通常包含算法设计、架构设计、性能实践、数据库、软件性能的可测试性这五大方面。其中，每个方面关注的点也包括很多。以下罗列了一些其中比较关键的内容。

1．算法设计

算法设计包含：

- 核心算法的设计与实现是否高效；
- 必要时，设计上是否采用缓冲区机制以提高性能；
- 是否存在潜在的内存泄露；
- 是否存在并发环境下的线程安全问题；
- 是否存在不合理的线程同步方式；
- 是否存在不合理的资源竞争。

2．架构设计

架构设计包含：

- 系统的整体是否可以方便地进行容量和性能扩展；
- 应用集群的可扩展性是否经过测试和验证；
- 缓存集群的可扩展性是否经过测试和验证；
- 数据库的可扩展性是否经过测试和验证。

3．性能实践

性能实践包含：

- 代码实现是否遵守开发语言的性能实践；
- 关键代码是否在白盒级别进行性能测试；
- 是否考虑前端性能的优化；
- 必要的时候是否压缩数据；
- 对于既要压缩又要加密的场景，是否采用先压缩后加密的顺序。

4．数据库

数据库包含：

- 数据库表设计是否高效；
- 是否引入必要的索引；
- SQL 语句的执行计划是否合理；
- SQL 语句除了功能之外是否要考虑性能要求；
- 数据库是否需要引入读写分离机制；
- 系统冷启动后，当缓存大量不命中的时候，数据库承载的压力是否超负荷。

5．软件性能的可测试性

软件性能的可测试性包含：

- 是否为性能分析器提供必要的接口支持；
- 是否支持高并发场景下的性能打点；
- 是否支持全链路的性能分析。

需要注意的是，软件设计开发人员一般不会关注系统部署级别的性能，比如，目标操作系统的调优、应用服务器的参数调优、数据库的参数调优、网络环境的调优等。系统部署级别的性能测试，目前一般在系统性能测试阶段或者系统容量规划阶段，由性能测试人员、系统架构师，以及数据库管理员（DBA）协作完成。

7.1.4　性能测试人员眼中的软件性能

在系统架构师、数据库管理员以及开发人员的协助下，性能测试人员既要能够准确把握软件的性能需求，又要能够准确定位造成性能低下的因素和根源，并提出相应的解决方案。

性能测试工程师一般需要具有以下技能：

- 性能需求的总结和抽象能力；
- 根据性能测试目标，精准的性能测试场景设计和计算能力；
- 性能测试场景和性能测试脚本的开发与执行能力；
- 性能测试报告的分析解读能力；
- 性能瓶颈的快速排查和定位能力；
- 性能测试数据的设计和实现能力；
- 面对互联网产品，全链路压测的设计与执行能力，能够和系统架构师一起处理流量标记、影子数据库等的技术设计能力；
- 深入理解性能测试工具的内部实现原理，当性能测试工具的功能受限时，可以进行二次开发；

另外，性能测试工程师要有宽广的知识面，既要有"面"的知识，如系统架构、存储架构、网络架构等全局的知识，又要有大量"点"的知识，如数据库 SQL 语句的执行计划调优、Java 虚拟机的垃圾回收机制、多线程常见问题的排除方法等。

看到如此多的技能要求你可能有点害怕。的确，性能测试的专业性比较强。优秀的性能测试工程师需要在实际项目中积累大量的实际经验，才能慢慢培养所谓的"性能直觉"。

下面介绍一下衡量软件性能的 3 个最常用的指标——并发用户数、响应时间，以及系统吞吐量。只要你接触过性能测试，或者你所在的团队开展过性能测试，就应该听说过这 3 个指标。其实很多人对它们的理解还都停留在表面，并没有深入细致地考虑过其本质与内涵。接下来讲解这 3 个指标的内涵和外延。

7.1.5　并发用户数

并发用户数是性能测试中最常用的指标之一。它包含了业务层面和服务器层面的含义。

- 业务层面的并发用户数，指的是实际使用系统的用户总数。但是，单靠这个指标并不能反映系统实际承载的压力，还要结合用户行为模型才能得到系统实际承载的压力。
- 服务器层面的并发用户数，指的是"同时向服务器发送请求的数量"，直接反映了系统实际承载的压力。

为了更好地理解这两层含义之间的区别，我们看一个实例：有一个已经投入运行的企业资源计划（Enterprise Resource Planning，ERP）系统，使用该系统的企业有 5000 名员工，并都拥有登录账号。也就是说，这个系统有 5000 个潜在用户。

根据系统日志分析，该系统最大在线用户数是 2500 人。从宏观角度来看，2500 就是这个系统的最大并发用户数。但是，2500 这个数据仅仅是指在系统峰值时段有 2500 个用户登录了系统，而服务器所承受的压力取决于登录用户的行为，所以它并不能准确表现服务器此时此刻正在承受的压力。

假设在某一时间点这 2500 个用户中 30% 的用户处于页面浏览状态（对服务器没有发起请求），20% 的用户在填写订单（也没有对服务器发起请求），5% 的用户在递交订单，15% 的用户在查询订单，而余下的 30% 的用户没有进行任何操作，那么这 2500 个"并发用户"中真正对服务器产生压力的只有 500 个用户((5%+15%)×2500=500)。

在这个例子中，5000 是最大的"系统潜在用户数"，2500 是最大的"业务并发用户数"，500 则是某个时间点上的"实际并发用户数"。而这 500 个用户同时执行业务操作所实际触发的服务器端的所有调用，叫作"服务器并发请求数"。

从这个例子可以看出，在系统运行期间的某个时间点上，有一个指标叫作"同时向服务器发送请求的数量"。"同时向服务器发送请求的数量"就是服务器层面的并发用户数，这个指标取决于并发用户数和用户行为模式，而且用户行为模式占的比重较大。

因此，分析得到准确的用户行为模式，是性能测试中的关键一环。目前，获取用户行为模式的方法主要分为两种：

- 对于已经上线的系统来说，往往采用系统日志分析法获取用户行为，以及峰值并发量等信息；
- 而对于未上线的新系统来说，通常的做法是参考行业中类似系统的统计信息来建立用户行为模，并分析。

7.1.6 响应时间

通俗来讲，响应时间反映了完成某个操作所需要的时间，其标准定义是"应用系统从请求发出开始到客户端接收到最后一字节的数据所消耗的时间"。

响应时间分为前端展现时间和系统响应时间两部分。其中，前端展现时间（又称呈现时间）的长短取决于客户端收到服务器返回的数据后渲染页面所消耗的时间；而系统响应时间又可以进一步划分为 Web 服务器处理时间、数据库服务器处理时间，以及数据网络传输时间。

图 7-2 展示了响应时间的主要构成，从图中可以看出：

响应时间=数据网络传输时间($N_1+N_2+N_3+N_4$)+Web 服务器处理时间(A_1+A_3) +数据库服务器处理时间(A_2) +浏览器页面呈现时间(R_1)

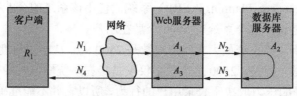

图 7-2 响应时间的构成

如果不是针对前端的性能测试与调优，软件的性能测试一般更关注服务器端。服务器端响应时间的定义非常清晰、直接，就是指从发出请求起到处理完成的时间；而前端处理时间的定义存在一些歧义。所以，接下来会详细讲解前端处理时间的定义。

虽然前端处理时间一定程度上取决于客户端的处理能力，但是前端开发人员现在普遍会使用一些编程技巧，在数据尚未完全接收完时呈现数据，以缩短用户实际感受到的响应时间。也就是说，我们现在会普遍采用提前渲染技术，使得用户实际感受到的响应时间通常要短于标准定义的响应时间。因此，前端响应时间的标准定义就不尽合理了，尤其是用"接收到最后一字节"来说明处理完成的时间。例如，在加载一个网页时，如果 10s 后还是白屏，用户一定会感觉很慢。但是，回想一下你曾经上新浪网的经历，当加载新浪首页时，你应该不会感觉速度很慢。其实，实际情况是，新浪网首页的加载时间要远大于 10s，只是新浪网采用了数据尚未完全接收完时呈现数据的技术，缩短了用户感受到的时间，提升了用户体验。

所以，严格来讲，响应时间应该包含两层含义：技术层面的标准定义和基于用户感受到的时间的定义。对于软件服务器端的性能测试，肯定要采用标准定义。而对于前端性能评估，则应该采用用户感受到的时间的定义。

7.1.7 系统吞吐量

系统吞吐量是最能直接体现软件系统负载承受能力的指标。这里需要注意的是，所有对吞吐量的讨论都必须以"单位时间"作为前提。

对于性能测试而言，通常用每秒的请求数，每秒的页面数和每秒的字节数来衡量吞吐量。当然，从业务的角度来讲，吞吐量也可以用单位时间的业务处理数量来衡量。

以不同方式表达的吞吐量可以说明不同层次的问题。

- 以每秒的字节数和每秒的页面数表示的吞吐量，主要受网络设置、服务器架构、应用服务器制约。
- 以每秒的请求数表示的吞吐量，主要受应用服务器和应用本身实现的制约。

这里需要特别注意的是，虽然吞吐量可以反映服务器承受负载的情况，但在不同并发用户数的场景下，即使系统具有相近的吞吐量，得到的系统性能指标也会相差甚远。比如，一个测试场景中采用 100 个并发用户，每个用户每隔 1s 发出一个请求；另外一个测试场景采用 1000 个并发用户，每个用户每隔 10s 发出一个请求。显然，这两个场景具有相同的吞吐量，都是每秒发出 100 个请求，但是两种场景下的系统性能拐点肯定不同，因为两个场景所占用的系统资源是不同的。性能测试场景的指标必然不是单一的，需要根据实际情况并结合并发用户数、响应时间这两个指标评估软件性能。

7.1.8 并发用户数、响应时间、系统吞吐量之间的关系

并发用户数、响应时间、系统吞吐量这三者之间的关系可能从字面上并不好理解，因此这里会以一个日常生活中的体检为例，解释它们之间的关系。

先想象这样一个场景：假设你找了一份新工作，入职前需要到体检中心完成入职体检。在体检中心做检查的过程，通常是先到前台登记个人信息并领取体检单，然后根据体检单的检查项目依次完成不同科室的检查。假设一共有 5 个科室，每个科室有 3 个候诊室，你发现体检中心有很多人都在做检查，那么你一般会选择先做排队人数较少的检查项目，直至完成 5 个科室的全部检查，最后离开体检中心。现在，我们做个类比：把整个体检中心想象成一个软件系统，从你进入体检中心到完成全部检查所花费的时间就是响应时间，同时在体检中心参加体检的总人数就是并发用户数，系统吞吐量就可以想象成单位时间内完成体检的人数，比如，每小时 100 人。如果你到达体检中心的时间比较早，并且等待的人还很少，5 个科室都不用排队，那么你就能以最短的时间完成体检。也就是说，当系统的并发用户数比较少时，响应时间就比较短。然而，因为整体的并发用户数少，所以系统的吞吐量也很低。因此我们可以得出如下的结论。

当系统并发用户数较少时，系统的吞吐量也低，系统处于空闲状态，我们往往把这个阶段称为"空闲区间"。

如果你到达体检中心时排队的人已经比较多了，只有部分科室不需要排队，并且在每个科室都有 3 个候诊室可以同时进行检查，排队时间不会很长，你还可以在较短的时间完成体检。也就是说，当系统的并发用户数比较多时，响应时间不会大幅度增加，因此系统的整体吞吐量也随着并发用户数的变大而变大。于是，我们可以得出如下的结论。

当系统整体负载并不是很大时，随着系统并发用户数的增长，系统的吞吐量也会线性增长，我们往往把这个阶段称为 "线性增长区间"。

为了给读者更直观的认识，图 7-3 展示了线性区间的吞吐量与并发用户数之间的关联，从图中可以清晰地看到，系统的吞吐量随着并发用户的上升线性上升。

进一步，当体检中心的人越来越多时，每个科室都需要排队，而且每个科室的队伍都很长，你每检查完一个项目，都要花很长时间才能进行下一项检查，这样一来，你完成体检的时间就会明显变长。也就是说，当系统的并发用户数达到一定规模时，每个用户的响应时间都会明显变长，所以系统的整体吞吐量并不会继续随着并发用户数的增长而增长。因此我们可以得出如下的结论。

随着系统并发用户数的进一步增长，系统的处理能力逐渐趋于饱和，因此每个用户的响应时间会逐渐变长。相应地，系统的整体吞吐量并不会随着并发用户数的增长而继续线性增长。

我们往往把这个时间点称为系统的"拐点"。

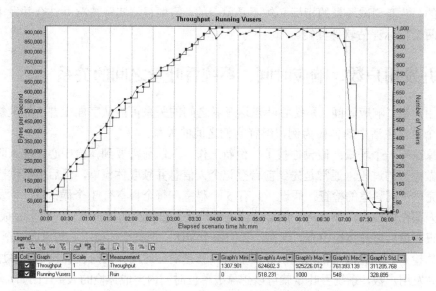

图 7-3 线性区间的吞吐量和并发用户数之间的关联

最糟糕的情况是，如果体检中心的人继续增加，你会发现连排队的地方都没有了，所有人都被堵在了一起，候诊室中检查完的人出不来，排队的人又进不去。也就是说，系统的并发用户数已经突破极限，每个用户的响应时间变得无限长，因此系统的整体吞吐量变成了零。换言之，此时的系统已经被压垮了。于是我们可以得出如下的结论。

随着系统并发用户数的增长，系统处理能力达到过饱和状态。此时，如果继续增加并发用户数，最终所有用户的响应时间会变得无限长。相应地，系统的整体吞吐量会降为零，系统处于被压垮的状态。我们往往把这个阶段称为"过饱和区间"。

通过这个类比，相信你已经对并发用户数、响应时间和系统吞吐量理解了。

只有理解了这些主要性能指标之间的关系，我们才能在实际的性能测试中设计有的放矢的性能测试场景。对于后端性能测试的负载，我们一般只会把它设计在"线性增长区间"内；对于压力测试的负载，我们则会将它设计在系统的"拐点"上，甚至"过饱和区间"上。

7.2 常用的性能测试与应用领域

上一节介绍了衡量软件性能的 3 个主要的指标——并发用户数、响应时间和系统吞吐量，讲解了这些指标的内涵。本节首先介绍 7 种常用性能测试，以及四大应用领域。

因为性能测试是一个很宽泛的话题，所以不同的人对性能测试的看法也不完全一样。从我亲身经历的实践来看，最关键的还是要理解性能测试方法的本质和内涵，这样在面对实际问题时才能处变不惊，灵活应对。虽然学习性能测试概念、方法和原理的内容会有些枯燥，但是掌握了这些内容后，你会发现自己的性能测试知识体系完善了许多。

7.2.1 常用的 7 种性能测试

根据在实际项目中的经验，这里把常用的性能测试分为 7 类——后端性能测试（Back-end Performance Test）、前端性能测试（Front-end Performance Test）、代码级性能测试（Code-level Performance Test）、压力测试（Load/Stress Test）、配置测试（Configuration Test）、并发测试（Concurrence Test），以及可靠性测试（Reliability Test）。接下来，将详细介绍每一种性能测试。

1. 后端性能测试

其实，读者平时听到的性能测试，大多数情况下指的是后端性能测试，也就是服务器端性能测试。后端性能测试是首先通过性能测试工具模拟大量的并发用户请求，然后获取系统性能的各项指标，并且验证各项指标是否符合预期性能需求的测试方法。

这里的性能指标除了包括并发用户数、响应时间和系统吞吐量外，还包括各类资源的使用率，如系统级别的 CPU 占用率、内存使用率、磁盘 I/O 和网络 I/O 等，应用级别以及 JVM 级别的各类资源使用率等。

因为需要模拟的并发用户数通常在"几百"到"几百万"的数量级，所以选择的性能测试工具一定不是基于 GUI 的，而采用基于协议的模拟方式，也就是模拟用户在 GUI 操作的过程中实际向后端服务发起的请求。只有这样才能模拟高的并发用户数，尽可能地模拟真实系统的使用场景，这也是现在所有后端性能测试工具所采用的方法。

根据应用领域，后端性能测试的场景设计主要包括以下两种方式：

- 基于性能需求目标的测试验证；
- 探索系统的容量，并验证系统容量的可扩展性测试。

2. 前端性能测试

前端性能测试并没有一个严格的定义和标准。通常来讲，前端性能测试关注的是浏览器端的页面渲染时间、资源加载顺序、请求数量、前端缓存使用情况、资源压缩等内容。通过前端性能测试方法，可以找到页面加载过程中比较耗时的操作，并进行针对性的优化，从而达到优化终端用户在浏览器端使用体验的目的。

目前，业界普遍采用的前端性能测试方法是雅虎（Yahoo）前端团队总结的 7 大类（35 条）前端性能优化规则，可以通过雅虎网站查看这些规则，以及规则的详细说明。这里列出了其中几个最典型也最重要的规则，来帮助读者理解前端性能测试方法。

- **减少 HTTP 请求次数**：HTTP 请求次数越多，执行过程中的耗时就越长，所以可以采用合并多个图片为一个图片文件的方法来减少 HTTP 请求次数，也可以采用将多个脚本文件合并成单一文件的方式来减少 HTTP 请求次数。
- **减少 DNS 查询次数**：域名系统（Domain Name System，DNS）的作用是将 URL 转化为实际服务器主机的 IP 地址，实现原理是分级查找，查找过程需要花费 20～100ms

的时间。所以，一方面要加快单次查询的速度；另一方面也要减少一个页面中资源使用多个不同域的情况。

- **避免页面跳转**：页面跳转相当于又打开一个新的页面，耗费的时间会比较长，所以要尽量避免使用页面跳转。
- **使用内容分发网络（Content Delivery Network，CDN）**：使用 CDN 相当于对静态内容做了缓存，并把缓存内容放在互联网服务供应商（Internet Service Provider，ISP）的机房，用户根据就近原则从 ISP 机房获取这些缓存的静态资源，因此可以大幅提高性能。
- **通过 Gzip 压缩传输文件**：压缩可以减小传输文件的大小，进而可以从网络传输时间的层面来缩短响应时间。

3. 代码级性能测试

代码级性能测试是指在单元测试阶段就对代码的时间性能与空间性能进行测试和评估，以防止底层代码的执行效率问题在项目后期才被发现。

如果你从事过性能测试相关的工作，一定遇到过这样的场景：系统级别的性能测试发现一个操作的响应时间很长，要花费很多时间去逐级排查，最后却发现"罪魁祸首"是代码中某个低效的底层算法。对于这种自上而下逐级排查定位的方法，效率通常很低，代价也很高。所以，我们需要在项目早期对一些关键算法进行代码级别的性能测试，以防止此类在代码层面就可以发现的性能问题，遗留到最后的系统性能测试阶段才被发现。但是，需要注意的是，从实际执行的层面来讲，代码级性能测试并不存在严格意义上的测试工具，通常的做法是改造现有的单元测试框架。最常使用的改造方法如下。

（1）将原本只会执行一次的单元测试用例连续执行 n 次，n 的取值范围通常是 2000～5000。

（2）统计执行 n 次单元测试的平均时间。如果这个平均时间比较长（也就是单次函数调用时间比较长），比如，已经达到了秒级，那么通常情况下这个被测函数的实现逻辑一定需要优化。

这里之所以采用执行 n 次的方式，是因为函数的执行时间往往是毫秒级的，单次执行的误差会比较大，所以采用多次执行取平均值的做法。

4. 压力测试

压力测试通常指的是后端压力测试。一般采用后端性能测试的方法，不断对系统施加压力，验证系统处于或长期处于临界饱和阶段的稳定性以及性能指标，并试图找到系统处于临界状态时影响性能的主要瓶颈。压力测试往往用于系统容量规划的测试。另外，在执行压力测试时，我们还会故意在临界饱和状态的基础上继续施加压力，直至系统完全瘫痪，观察这段时间内系统的运行状态。然后，逐渐减小压力，观察瘫痪的系统是否可以自动恢复原状。

5. 配置测试

配置测试主要用于观察系统在不同配置下的性能表现。通常使用后端性能测试的方法：

（1）通过性能基准测试（Performance Benchmark）建立性能基线（Performance Baseline）；

（2）在（1）的基础上调整配置；

（3）基于同样的性能基准测试，观察不同配置条件下系统性能的差异，根本目的是找到特定压力模式下的最佳配置。

这里需要注意的是，"配置"是一个广义的概念，包含了以下多个层面的配置：

- 宿主操作系统的配置；
- 应用服务器的配置；
- 数据库的配置；
- Java 虚拟机的配置；
- 网络环境的配置；

......

6. 并发测试

并发测试指的是在同一时间调用后端服务，在一段时间内观察被调用服务在并发情况下的行为表现，旨在发现诸如资源竞争、资源死锁之类的问题。

谈到并发测试就不得不介绍"集合点并发"的概念，它源于 HP 的 LoadRunner，目前已经被广泛使用。什么是"集合点并发"呢？

假设我们希望后端调用的并发数是 100，如果直接设定 100 个并发用户是无法达到这个目标的，因为这 100 个并发用户会执行各自的操作，无法控制某一个确定的时间点上后端服务的并发数量。为了达到准确控制后端服务并发数的目的，我们需要让某些并发用户到达该集合点时，先处于等待状态，直到全部并发用户都到达时，再一起向后端服务发起请求。简单地说，就是先到的并发用户要等着，等所有并发用户都到了以后，再集中向后端服务发起请求。比如，当要求的集合点并发数是 100 时，前 99 个先到达的用户都会等在那里，直到第 100 个用户到了，才集中向后端服务发起请求。当然，实际到达服务器的并发请求数，还会因为网络延迟等原因小于 100。所以，在实际项目中，建议在要求的并发数上进行适当放大，比如，如果要求的并发数是 100，那么集合点并发数可以设置为 120。

7. 可靠性测试

可靠性测试是验证系统在常规负载模式下长期运行稳定性的方法。虽然可靠性测试在不同公司的叫法不同，但其本质就是通过长时间模拟真实的系统负载来发现系统潜在的内存泄露、链接池回收等问题。

因为真实环境下的实际负载会有高峰和低谷的交替变化（比如，对于企业级应用，白天的负载通常有高峰时段，而晚上则有低谷时段），所以为了尽可能地模拟出真实的负载情况，我们会每 12h 模拟一个高峰负载，在两个高峰负载中间模拟一个低谷负载，依次循环 3～7 天，形成一个"波浪形"的系统测试负载曲线。然后，用这个"波浪形"的测试负载模拟真实的系统负载，完成可靠性测试。同样地，可靠性测试也会持续 3～7 天。

讲了常用性能测试方法的种类后，下面讲解性能测试的四大应用领域，以及在每个应用领域都会使用哪些性能测试方法。

7.2.2 性能测试的四大应用领域

不同的性能测试方法适用于不同的应用领域，这里"不同的应用领域"主要包括能力验证、能力规划、性能调优、缺陷发现这四大方面。每个应用领域可以根据自身特点，选择合适的测试方法。

1. 能力验证

能力验证是性能测试中最常用也最容易理解的应用领域，主要验证"某系统能否在 A 条件下具有 B 能力"，通常要求在明确的软硬件环境下，根据明确的系统性能需求设计测试方案和用例。

能力验证这个领域最常使用的性能测试包括后端性能测试、压力测试和可靠性测试。

2. 能力规划

能力规划关注的是如何才能使系统达到要求的性能和容量。通常情况下，我们会采用测试的方式来了解系统的能力。能力规划解决的问题主要包括以下几个方面：

- 验证能否支持未来一段时间内的用户增长；
- 验证应该如何调整系统配置，使系统能够满足不断增长的用户数量；
- 验证应用集群的可扩展性，以及寻找集群扩展的瓶颈点；
- 验证数据库集群的可扩展性；
- 验证缓存集群的可扩展性；

……

能力规划最常使用的性能测试有后端性能测试、压力测试、配置测试和可靠性测试。

3. 性能调优

性能调优其实是性能测试的延伸。在一些大型软件公司会有专业的性能工程（Performance Engineering）团队。除了负责性能测试的工作外，该团队还负责性能调优。

性能调优主要解决性能测试过程中发现的性能瓶颈问题，通常会涉及多个层面的调整，包括硬件设备选型、操作系统配置、应用系统配置、数据库配置和应用代码实现的优化等。这个领域最常用的性能测试有后端性能测试、前端性能测试、代码级性能测试、压力测试、配置测试、并发测试和可靠性测试。

4. 缺陷发现

缺陷发现是一个比较直接的应用领域，可以通过性能测试的各种方法来发现诸如内存泄露、资源竞争、不合理的线程锁和死锁等问题。

缺陷发现最常用的测试方法有并发测试、压力测试、后端性能测试和代码级性能测试。

上面这些内容就是常用的性能测试和应用领域，表 7-1 汇总了各个应用领域需要用到的测试方法。

表 7-1	各个应用领域需要用到的性能测试			
	能力验证	能力规划	性能调优	缺陷发现
后端性能测试	√	√	√	√
前端性能测试	×	×	√	×
代码级性能测试	×	×	√	√
压力测试	√	√	√	√
配置测试	×	√	√	×
并发测试	×	×	√	√
可靠性测试	√	√	√	×

7.3　后端性能测试工具原理与行业常用工具简介

　　前面的章节介绍了多种常用的性能测试方法，但不管是什么类型的性能测试方法，都需要模拟大量并发用户，所以性能测试基本上都靠工具实现。没有工具，性能测试将寸步难行。本节从后端性能测试的工具讲起，讨论它们的实现原理，以及如何用于后端的性能测试。另外，本节还会讲解一些中大型互联网企业选择的性能测试工具。

　　因为本节要讲解的知识点比较多，而且是相对独立的，所以采用问答的形式介绍这些内容。希望通过对这些内容的讲解，读者能够对以下知识点有完整、清晰的理解与认识：

- 后端性能测试和后端性能测试工具之间的关系；
- 后端性能测试工具和 GUI 自动化测试工具的区别；
- 后端性能测试工具的原理；
- 后端性能测试场景设计和具体内容；
- 业内主流的后端性能测试工具。

7.3.1　后端性能测试和后端性能测试工具之间的关系

　　后端性能测试工具是实现后端性能测试的技术手段，但是千万不要简单地把使用后端性能测试工具等同于后端性能测试，工具只是后端性能测试中的一个必要手段而已。

　　完整的后端性能测试应该包括性能需求获取、性能场景设计、性能测试脚本开发、性能场景实现、性能测试执行、性能结果分析、性能优化和再验证。其中，后端性能测试工具主要在性能测试脚本开发、性能场景实现、性能测试执行这 3 个步骤中发挥作用，而其他环节都要依靠性能测试工程师的专业知识完成。是不是感觉有点难以理解呢？下面做个类比。

　　假如你现在要去医院看病，医生会根据你对身体不适的描述和需要检查的血液指标，要求你先验血。验血是通过专业的医疗仪器分析血样并得到验血报告的过程。医生拿到验血报告后，根据积累的专业知识，结合验血报告的各项指标以及指标之间的相互关系，判断你的病情，并给出诊断结果以及相应的治疗措施。同样的验血报告，如果给不懂医术的人看，就是一堆没有意义的数据；如果给一个初级医生看，他可能基于单个指标的高低给出推测；如果给一个具有丰富临床经验的医生看，他往往可以根据这些指标以及它们之间的相互关系给出很明确的诊断结果。

现在，把这个过程和性能测试做个类比，把性能测试对应到整个看病的过程：

- 需求获取对应的是你向医生描述身体不适细节的过程，医生需要知道要帮你解决什么问题；
- 设计性能场景对应的是医生决定需要检查哪些血液指标的过程；
- 使用性能测试工具对应的是使用医疗仪器分析血样的过程；
- 性能测试报告对应的就是验血报告；
- 性能测试人员分析性能结果报告的过程，对应的是医生解读验血报告的过程；
- 性能测试人员根据性能报告进行性能优化的过程，对应的是医生根据验血报告判断你的病情并给出相应治疗措施的过程。

所以，使用性能测试工具获得性能测试报告只是性能测试过程中的一个必要步骤，而得出报告的目的是让性能测试工程师去做进一步的分析，以得出最终结论，并给出优化性能的措施。

7.3.2　后端性能测试工具和 GUI 自动化测试工具的区别

虽然后端性能测试工具和 GUI 自动化测试工具都通过自动化的手段模拟终端用户使用系统的行为，但是两者实现的原理截然不同。

- 第一个显著区别是模拟用户行为的方式。

GUI 自动化测试工具模拟的是用户的界面操作，因此测试脚本记录的是用户在界面上对控件的操作；而性能测试工具模拟的是用户的客户端与服务器之间的通信协议和数据，这些通信协议和数据往往是用户在界面上执行 GUI 操作时产生的。明白了这一点，你自然就能明白为什么录制虚拟用户性能测试脚本时，我们需要先选定录制协议了。

另外，正是由于测试脚本的模拟是基于协议的，所以我们才能比较方便地模拟成千上万并发用户同时使用系统的场景。如果性能测试基于 GUI 发起，我们就需要成千上万的浏览器同时执行测试用例，而这显然是不可能的。

- 第二个显著区别是测试的执行方式。

在 GUI 自动化测试中，一般单个用户执行测试并验证功能。而在性能测试中，往往需要同时模拟大量的并发用户，不仅需要验证业务功能是否成功实现，还要收集各种性能监控指标，会涉及压力产生器、并发用户调度控制、实时监控收集等内容，所以性能测试的执行方式要比 GUI 自动化测试复杂得多。

7.3.3　后端性能测试工具的原理

虽然后端性能测试工具种类很多，但是因为都不能通过 GUI 的方式来模拟并发，所以其基本原理和主要概念与前端基本一致。

首先，后端性能测试工具会基于客户端与服务器端的通信协议，构建模拟业务操作的虚拟用户测试脚本。对于目前主流的 Web 应用，通常基于 HTTP/HTTPS 协议；对于 Web 应用，基于 Web Service 协议；至于具体基于哪种协议，需要和开发人员或者架构师确认。当然，现在有些后端性能测试工具也可以直接帮用户检测出协议的种类。

我们把这些基于协议模拟用户行为的测试脚本称为虚拟用户测试脚本，而把开发和产生这些测试脚本的工具称为虚拟用户测试脚本生成器。

不同后端性能测试工具的虚拟用户测试脚本生成器，在使用上的区别比较大，例如，LoadRunner 通过录制后再修改的方式生成虚拟用户测试脚本，JMeter 主要通过添加各种组件并对组件进行配置的方式生成虚拟用户测试脚本。虽然 LoadRunner 也支持采用直接开发的方式产生虚拟用户测试脚本，但是因为开发难度太大，所以基本上都采用先录制再修改的方式，不会直接去开发。另外，尽管 JMeter 也支持录制，但是 JMeter 的录制功能是通过设置代理完成的，而且录制的测试脚本都是原始的 HTTP 请求，并没有经过适当的封装，所以录制功能比较弱。虽然不同工具的使用方式各有特色，但其本质上都通过协议模拟用户的行为。

然后，后端性能测试工具会以多线程或多进程的方式并发执行虚拟用户测试脚本，来模拟大量并发用户的同时访问，从而对服务器施加测试负载。其中，我们把实际发起测试负载的机器称为压力产生器。受限于 CPU、内存，以及网络带宽等硬件资源，一台压力产生器能够承载的虚拟用户数量是有限的，当需要发起的并发用户数量超过了单台压力产生器能够提供的极限时，就需要引入多台压力产生器来提供需要的测试负载。一旦有了多台压力产生器，就需要一个专门的控制器来统一管理与协调这些压力产生器，我们把这个专门的控制器称为压力控制器。压力控制器会根据性能测试场景的设计，来控制和协调多台压力产生器上多线程或多进程执行的虚拟用户测试脚本，最终模拟出性能测试场景中的测试负载。

接着，在施加测试负载的整个过程中，后端性能测试工具除了需要监控和收集被测系统的各种性能数据外，还需要监控被测系统中各个服务器的各种软/硬件资源，例如，后端性能测试工具需要监控应用服务器、数据库服务器、消息队列服务器、缓存服务器等资源的占用率。我们通常把完成监控和监控数据收集的模块称为系统监控器。在性能测试执行过程中，系统监控器的数据显示界面是性能测试工程师最密切关注的部分，性能测试工程师会根据实时的数据显示来判断测试负载下的系统"健康"状况。在不同的后端测试工具中，系统监控器能力差别也比较大，例如，LoadRunner 的系统监控器能力就很强大，支持收集各种操作系统的参数，还支持与 SiteScope 等第三方专业监控工具的无缝集成。

最后，后端性能测试工具会将系统监控器收集的所有信息汇总为完整的测试报告。后端性能测试工具通常能够基于该报告生成各类指标的图表，还能将多个指标关联在一起，通过综合分析来找出各个指标之间的关联。我们把完成这部分工作的模块称为测试结果分析器。需要强调的是，测试结果分析器只是按需提供多种不同维度和表现形式的数据展现，而对数据的分析工作，还要由具有丰富经验的性能测试工程师完成。

7.3.4　后端性能测试场景设计和具体内容

后端性能测试场景设计，是后端性能测试中的重要概念，也是压力控制器发起测试负载的依据。性能测试场景设计的目的是要描述性能测试过程中所有与测试负载以及监控相关的内容。通常来讲，性能测试场景设计主要涉及以下问题。

- 并发用户数是多少？
- 测试刚开始时，以什么样的速率添加并发用户？比如，每秒增加 5 个并发用户。
- 达到最大并发用户数后系统持续稳定运行多长时间？
- 在测试结束时，以什么样的速率减少并发用户？比如，每秒减少 5 个并发用户。
- 需要包含哪些业务操作？各个业务操作的占比是多少？比如，10%的用户在登录，70%的用户在查询，其他 20%的用户在下订单。
- 一轮虚拟用户测试脚本执行结束后，需要等待多长时间才可以开始下一轮？
- 同一个虚拟用户测试脚本中，各个操作之间的等待时间是多少？
- 需要监控被测服务器的哪些指标？
- 测试脚本出错时的处理方式是什么？比如，当错误率达到 10%时，自动停止该测试脚本。
- 需要使用多少台压力产生器？

把以上这些场景组合在一起，就构成了后端性能测试场景设计的主要内容。也就是说，性能测试场景会对测试负载组成、负载策略、资源监控范围定义、终止方式，以及负载产生规划进行定义，而其中的每一项还会包含更多的内容。具体请参考图 7-4 所示的大纲。

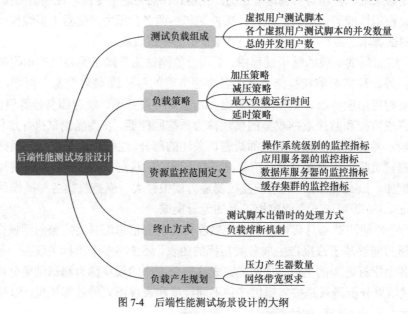

图 7-4　后端性能测试场景设计的大纲

7.3.5 业内主流的后端性能测试工具

目前，业内有很多成熟的后端性能测试工具，如 LoadRunner、JMeter、NeoLoad 等。另外，现在还有很多云端部署的后端性能测试工具或平台，如 CloudTest、Loadstorm、阿里的 PTS 等。其中，最常用的商业工具是 LoadRunner，由于其强大的功能和广泛的协议支持，几乎已经成了性能测试工具的代名词。传统软件企业基本上都使用 LoadRunner 实施性能测试，所以在后面讲解企业级服务器端性能测试的实践时，也是以 LoadRunner 为基础展开的。

另外，JMeter 是目前开源领域中主流的性能测试工具。JMeter 的功能非常灵活，能够支持 HTTP（超文本传输协议）、FTP（文件传输协议）、数据库的性能测试，也能够充当 HTTP 代理来录制浏览器的 HTTP 请求，可以根据 Apache 等 Web 服务器的日志文件回放 HTTP 流量，还可以通过扩展支持海量的并发。再加上开源免费的特点，JMeter 已经被很多互联网企业广泛应用。比如，"饿了么"就使用 JMeter 来完成系统的全链路压力测试。

其实，传统软件企业偏向于使用 LoadRunner，而互联网企业普遍采用 JMeter 是有原因的。LoadRunner License 是按照并发用户数收费的，并发用户数越高，收费就越贵，但是 LoadRunner 的脚本开发功能、执行控制、系统监控以及报告功能都非常强大，易学易用。而传统软件企业需要测试的并发用户数并不会太高，通常在几百到十几万这个数量级，而且它们很在意软件的易用性和官方支持能力，所以往往热衷于直接选择成熟的商业工具 LoadRunner。但是，互联网企业的并发用户请求数量很高，很多软件都会达到百万，甚至是千万的级别。如果使用 LoadRunner，存在以下问题。

（1）费用会很高。

（2）LoadRunner 对海量并发的测试支持并不太好。

（3）很多互联网企业还会有特定的需求，这些特定的需求很难在 LoadRunner 中实现，而在开源的 JMeter 中，用户完全可以根据需求进行扩展。

所以互联网企业往往选用 JMeter，而且通常会自己维护和扩展 JMeter 版本。

7.4 前端性能测试工具原理

前端性能优化主要针对的是 Web 应用。Web 应用的基础是 HTTP 和超文本标记语言（HTML）。HTTP 本身是一种面向非连接的协议，HTML 则是一种用于制作超文本文档资料的简单标记语言。

对于一个 Web 页面而言，请求和响应都可能是多次发生的。由于 HTTP 对浏览器下载资源的并发请求数量、缓存等方面都进行了定义和限制，因此用户感受的响应时间中相当大的一部分并不完全取决于应用的后台处理所需要的时间和网络传输时间，而取决于 Web 应用的前端设计和优化。

　　通常前端性能是用户获取所需页面数据或执行某个页面动作的一个实时性指标。一般以用户希望获取数据的操作与用户实际获得数据之间的时间间隔来衡量前端性能。例如，如果用户希望获取数据的操作是打开某个页面，那么这个操作的前端性能就可以用该用户操作开始到屏幕展示页面内容给用户的这段时间间隔来评判。

　　终端用户的等待延时可以分成两部分——可控等待延时和不可控等待延时。可控等待延时可以理解为能通过技术手段和优化来缩短时间的部分，例如，减小图片尺寸，加快请求加载速度，减少 HTTP 请求数，启用压缩传输，启用浏览器端静态数据的缓冲等。不可控等待延时则是不能或很难通过前/后端技术手段来缩短优化时间的部分，如 CPU 计算时间延时、网络传输延时等。所以，前端性能中的所有优化都是针对可控等待延时这部分来进行的。接下来，我们一起来了解一下如何获取和评价一个 Web 的具体性能，也就是如何对前端性能指标进行测试和统计。获取和衡量一个 Web 的性能，通常采用的方式有 4 种——Performance Timing API、Profile 工具、页面埋点计时和资源加载时序图分析。

7.4.1　Performance Timing API

　　Performance Timing API 是一个支持 WebKit 内核浏览器中记录页面加载和解析过程的关键时间点的机制，它可以详细记录每个页面资源从开始加载到解析完成这一过程中具体操作发生的时间，即根据开始和结束时间戳就可以计算出这个过程所花的时间。目前很多前端性能工具就是通过使用 Performance Timing API 来获取前端性能数据的。图 7-5 是 W3C 标准中

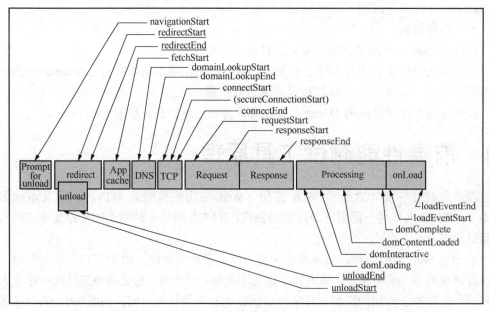

图 7-5　Performance Timing API 在页面加载和解析过程中记录各个关键点的原理

Performance Timing API 在页面加载和解析过程中记录各个关键点的原理。浏览器中加载和解析一个 HTML 文件的详细过程先后经历 unload、redirect、App cache、DNS、TCP、Request、Response、Processing、onLoad 几个阶段。浏览器已经使用 Performance Timing API 记录了每个过程开始和结束的关键时间戳，所以根据这个记录并结合简单的计算，就可以得到页面中每个过程所消耗的时间。

代码清单 7-4-1 展示了如何基于这些关键时间节点来计算前端性能指标。

代码清单 7-4-1

```
function frontend_performanceTest() {
    timing = performance.timing,
    readyStart = timing.fetchStart - timing.navigationStart,
    redirectTime = timing.redirectEnd - timing.redirectStart,
    appcacheTime = timing.domainLookupStart - timing.fetchStart,
    unloadEventTime = timing.unloadEventEnd - timing.unloadEventStart,
    lookupDomainTime = timing.domainLookupEnd - timing.domainLookupStart,
    connectTime = timing.connectEnd - timing.connectStart,
    requestTime = timing.responseEnd - timing.requestStart,
    initDomTreeTime = timing.domInteractive - timing.responseEnd,
    domReadyTime = timing.domComplete - timing.domInteractive,
    loadEventTime = timing.loadEventEnd - timing.loadEventStart,
    loadTime = timing.loadEventEnd - timing.navigationStart;
    console.log('准备新页面时间耗时: ' + readyStart);
    console.log('redirect 重定向耗时: ' + redirectTime);
    console.log('Appcache 耗时: ' + appcacheTime);
    console.log('unload 前文档耗时: ' + unloadEventTime);
    console.log('DNS 查询耗时: ' + lookupDomainTime);
    console.log('TCP 连接耗时: ' + connectTime);
    console.log('request 请求耗时: ' + requestTime);
    console.log('请求完毕至 DOM 加载: ' + initDomTreeTime);
    console.log('解析 DOM 树耗时: ' + domReadyTime);
    console.log('load 事件耗时: ' + loadEventTime);
    console.log('加载时间耗时: ' + loadTime);
}
```

通过计算上面的时间戳可以得到几个关键步骤所消耗的时间。在前端性能中解析 DOM 树耗时，load 事件耗时，整个加载过程耗时。

除了记录资源加载和解析的关键时间节点外，Performance Timing API 还提供了一些其他方面的功能，我们可以根据具体需要选择使用。代码清单 7-4-2 给出了一些常见的使用示例。

代码清单 7-4-2

```
// 获取内存占用的具体数据
performance.memory

// 获取当前网页自 performance.timing 到现在的时间
performance.now()
```

```
// 记录当前网页重定向跳转的次数
performance.navigation.redirectCount

// 获取页面所有加载资源的 Performance Timing 情况
performance.getEntries()
```

7.4.2 Profile 工具

Performance Timing API 记录了页面资源从加载到解析各个阶段的关键点时间，但是无法统计 JavaScript 代码执行过程中系统资源的占用情况。Profile 是 Chrome 和 Firefox 等标准浏览器提供的一种用于测试页面脚本运行时系统内存和 CPU 资源占用情况的 API。以 Chrome 浏览器为例，结合 Profile，可以实现以下几个功能：

- 分析页面脚本执行过程中最耗资源的操作；
- 记录页面脚本执行过程中 JavaScript 对象消耗的内存与堆栈的使用情况；
- 检测页面脚本执行过程中 CPU 的占用情况。

使用 console.profile()和 console.profileEnd()可以分析中间一段代码执行时系统的内存或 CPU 资源的消耗情况，并配合浏览器的 Profile 查看比较消耗系统内存或 CPU 资源的操作，这样就可以针对性地进行优化页面了。代码清单 7-4-3 给出了使用示例。

代码清单 7-4-3

```
console.profile();
// 需要测试的页面 JavaScript 逻辑操作
……
console.profileEnd();
```

7.4.3 页面埋点计时

使用 Profile 可以在一定程度上帮助我们分析页面的性能，但缺点是不够灵活。在实际项目中，我们不会过多关注页面内存或 CPU 资源的消耗情况，因为 JavaScript 有自动内存回收机制。我们更多关注的是页面脚本逻辑执行的时间。

除了关键过程耗时计算之外，我们还希望检测代码的具体解析或执行时间，这就不能写很多的 console.profile()和 console.profileEnd()来逐段实现。为了更加简单地处理这种情况，往往选择通过脚本埋点计时的方式来统计每部分代码的运行时间。

页面 JavaScript 埋点计时比较容易实现，和 Performance Timing 记录时间戳有点类似，我们可以首先记录 JavaScript 代码开始执行的时间戳，然后在需要记录的地方埋点记录结束的时间戳，最后通过差值来计算一段 HTML 代码解析或 JavaScript 代码解析和执行的时间。为了方便操作，可以将某个操作开始和结束的时间戳记录到一个数组中，分析数组之间的间隔就得到每个步骤的执行时间。这种方式经常在移动端页面中使用，因为移动端浏览器 HTML 代码的解析和 JavaScript 代码的执行相对较慢。通常为了进行性能优化，我们需要找到页面中执行

JavaScript 代码最耗时的操作。如果将关键 JavaScript 代码的执行过程进行埋点计时并上报，就可以轻松找出 JavaScript 代码执行慢的地方，并针对性地进行页面优化。

7.4.4　资源加载时序图

我们还可以借助浏览器的资源加载时序图来帮助分析页面资源加载过程中的性能问题。这种方法可以粗粒度地分析浏览器的所有资源文件请求耗时和文件加载顺序，如保证 CSS 和数据请求等关键性资源优先加载，JavaScript 文件和页面中非关键性图片等内容延后加载。我们可通过资源加载时序图来辅助分析页面上资源加载顺序的问题。

图 7-6 展示了网页中资源的加载时序。根据这个时序图，我们可以很直观地看到页面上各个资源加载过程所需要的时间和先后顺序，找出加载过程中比较耗时的文件资源，从而针对性地进行页面优化。

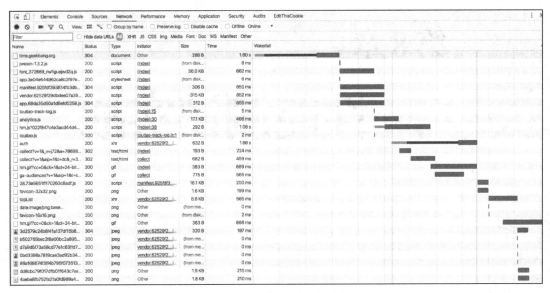

图 7-6　网页中的资源加载时序

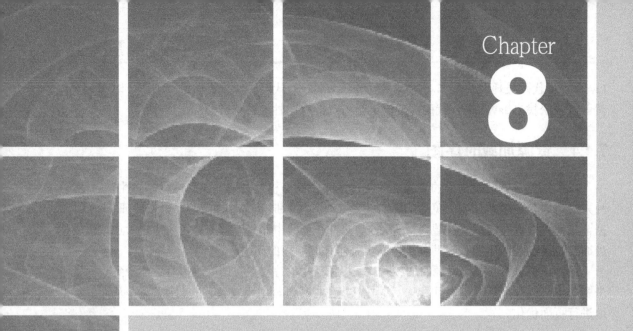

Chapter

8

第 8 章

性能测试实战

上一章主要讲解了性能测试的基础知识。这一章讲解性能测试的实际应用。首先我们从前端性能测试工具 WebPagetest 的使用开始讲起。

8.1 前端性能测试工具 WebPagetest

本节介绍前端性能测试工具的基本使用方法，并以一个具体网站为例，分析 WebPagetest 的用法，以及与前端性能相关的主要概念与指标。

8.1.1 WebPagetest 功能简介

WebPagetest 是前端性能测试的利器，主要表现在以下几个方面。

- 可以为我们提供全方位的前端性能量化指标，包括页面的加载时间、首字节时间、渲染开始时间、最早页面可交互时间、页面中各种资源的字节数、后端请求数量等。
- 还可以自动给出被测页面性能优化水平的评价指标，告诉我们哪些部分的性能已经优化过了，哪些部分还需要改进。
- 能提供 Filmstrip 视图、Waterfall 视图、Connection 视图、Request 详情视图和页面加载视频。

WebPagetest 为我们提供了前端性能测试所需要的一切，而且还是免费的。接下来，我们就通过测试一个具体的网站，使用一下它的强大功能，并介绍具体使用方法。

8.1.2 使用 WebPagetest 测试某网站的首页

下面就以某网站首页的前端性能测试为例，看看如何使用这个强大的前端性能工具。

首先，访问 WebPagetest 的主页，可以看到工具的使用界面。

（1）将被测页面的地址填写到被测 Website URL 栏中。

（2）设置 Test Location 以及 Browser，这里分别选择了"San Francisco，CA"、Chrome。

WebPagetest 在许多地区都有自己的测试代理机，这些测试代理机可能是虚拟机，也可能是真机，还有很多是建立在 Amazon EC2 上的云端机器。另外，除了支持各种浏览器以外，WebPagetest 还支持主流的 Android 设备和 Apple 设备。

然后，选择需要模拟的网络。这里选择了有线网络 Cable。当然，也可以根据测试要求选择各种 3G 或者 4G 移动网络。

接着，在 Repeat View 中选择"First View and Repeat View"，这是一个很关键的选项。我们知道当使用浏览器访问网站时，第一次打开一个新的网页往往会很慢，而第二次打开它通常就会快很多，这是因为浏览器端会缓存很多资源。这个选项的意思就是既要测试第一次打开页面的前端性能，也要测试在有缓存情况下重复打开这个页面的前端性能。

最后，单击"START TEST"按钮发起测试。最终的测试设置界面如图 8-1 所示。因为所有的用户会共享这些散布在各地的测试代理机，所以发起测试后，一般情况下测试并不会立即执行，而是会进入排队系统。当然，WebPagetest 界面会清楚地告诉你排在第几位。

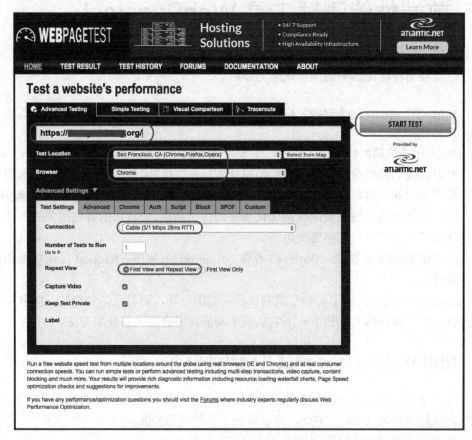

图 8-1　WebPagetest 的测试设置界面

测试执行完成后，我们会看到图 8-2 所示的测试结果页面。这个页面包含非常多的信息，接下来会一一解读这些信息，同时介绍与前端性能指标相关的概念。

8.1.3　前端性能评估结果评分分析

图 8-2 右上角的性能评估结果栏，列出了主要性能评估项目的评分。可以看到"First Byte Time""Keep-alive Enabled"和"Compress Transfer"三项的评分都是 A 级，说明这 3 项做得比较好。但是，"Compress Images""Cache static content"和"Effective use of CDN"的评分比较差，表明这是需要优化的部分。

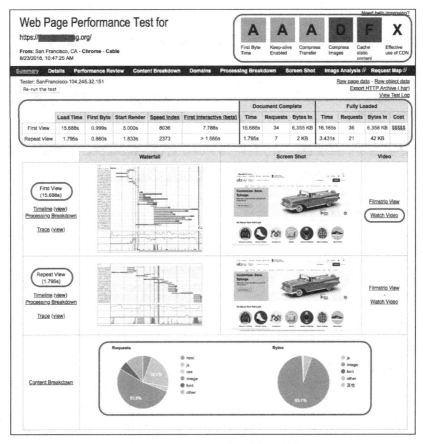

图 8-2　WebPagetest 的测试结果页面

接下来，我们就看看这 6 项前端性能指标分别代表什么意思。

1．First Byte Time

First Byte Time 指的是用户发起页面请求到接收到服务器返回的第一个字节所花费的时间。这个指标反映了后端服务器处理请求、构建页面，并且通过网络返回信息所花费的时间。

根据本次测试的结果，首次打开页面（First View）花费的时间是 999ms，重复打开页面（Repeat View）花费的时间是 860ms。这两个指标都在 1s 以下，所以 WebPagetest 给出了 A 级的评分。

2．Keep-alive Enabled

页面上的各种资源（如图片、CSS 等）都需要通过链接 Web 服务器来一一获取，与服务器建立新链接的过程往往比较耗时，所以通用的做法是尽可能重用已经建立好的链接，避免每次都创建新的链接。

Keep-alive Enabled 就要求每次请求使用已经建立好的链接。它属于服务器上的配置，不需要对页面本身进行任何更改,启用了 Keep-alive 通常可以将加载页面的时间减少 40%～50%，页面的请求数越多，能够节省的时间就越多。

如图 8-3 所示，本次测试的结果显示，所有的请求都复用了同一个链接，所以 WebPagetest 也给出了 A 级的评分。

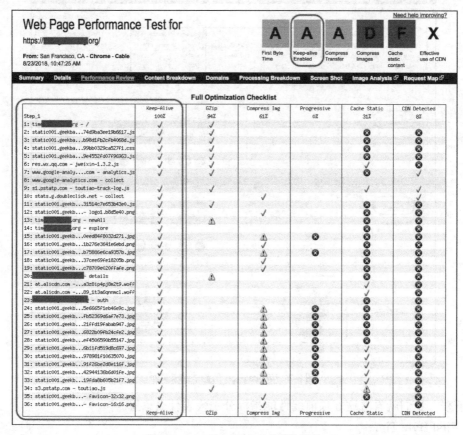

图 8-3　Keep-alive Enabled 的统计结果

3. Compress Transfer

如果将页面上各种文本类的资源（如 CSS 等）进行压缩，将会减少网络传输的数据量，同时由于 JavaScript 和 CSS 都是页面上最先加载的部分，因此减少这部分数据量会加快页面的加载速度，同时也能缩短 First Byte Time 表示的时间。

为文本资源启用压缩通常也只是更改服务器配置，无须对页面进行任何更改。如图 8-4 所示，本次测试结果显示，这个网站中绝大多数的文本类资源都通过 GZip 进行了压缩，所以 WebPagetest 也给出了 A 级的评分。但是第 13 项和第 20 项的两个资源并没有压缩，报告中显示如果这两个资源也经过压缩，将可以减少 24.3KB 的数据传输量。

4. Compress Images

为了减少网络传输的数据量，图像文件也需要进行压缩。本次测试结果如图 8-5 所示，所有的 JPEG 图片都没有经过必要的压缩，并且所有的 JPEG 图片都没有使用渐进式 JPEG（Progressive JPEG）技术，所以 WebPagetest 给出了 D 级的评分。

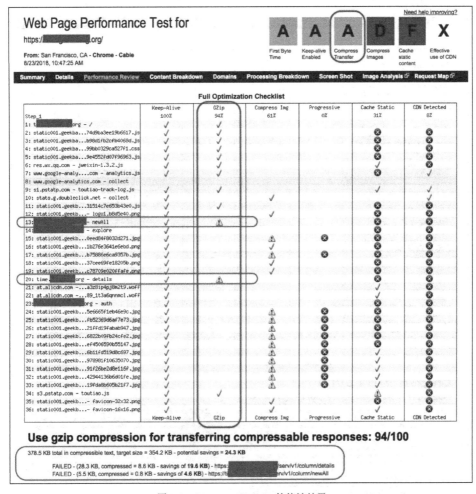

图 8-4　Compress Transfer 的统计结果

什么是渐进式 JPEG？下面简单解释一下。普通 JPEG 文件的存储方式是按照从上到下的扫描方式，把每一行顺序地保存在 JPEG 文件中。当打开这个文件时，数据将按照存储时的顺序从上到下一行一行地显示，直到所有的数据都被读完，就完成了整张图片的显示。如果文件较大或者网络下载速度较慢，就会看到图片是一行一行加载的。为了获得更好的用户体验，渐进式 JPEG 技术就出现了。渐进式 JPEG 包含多次扫描，然后将扫描顺序存储在 JPEG 文件中。打开文件后，会先显示整个图片的模糊轮廓，随着扫描次数的增加，图片会变得越来越清晰。这种格式的主要优点是在网络较慢时，通过图片轮廓就可以知道正在加载的图片大概是什么内容。所以，这种技术往往被一些网站用于打开大图片。

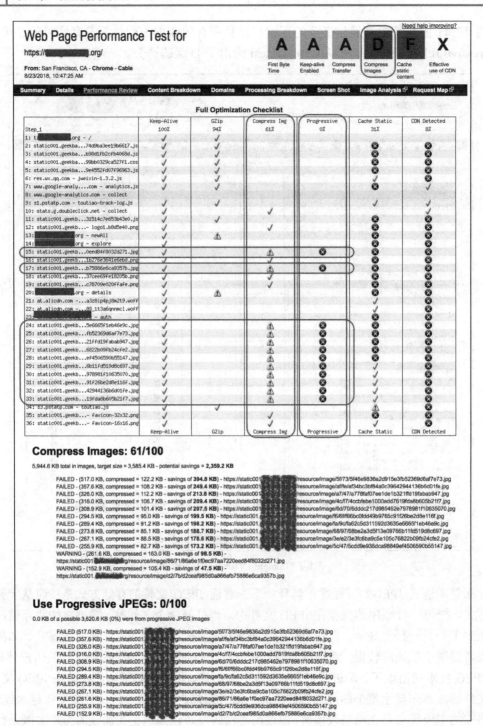

图 8-5　Compress Images 的统计结果

5. Cache static content

一般情况下，页面上的静态资源不会经常变化，所以如果浏览器可以缓存这些资源，那么当重复访问一些页面时，浏览器就可以从缓存中直接使用已有的资源副本，而不需要每次向 Web 服务器请求资源。这种做法可以显著提高重复访问页面的性能，并减少 Web 服务器的负载。如图 8-6 所示，本次测试结果显示，被测网站有超过一半的静态资源没有被浏览器缓存，浏览器每次都需要从 Web 服务器端获取资源，所以 WebPagetest 给出了 F 级的评分。

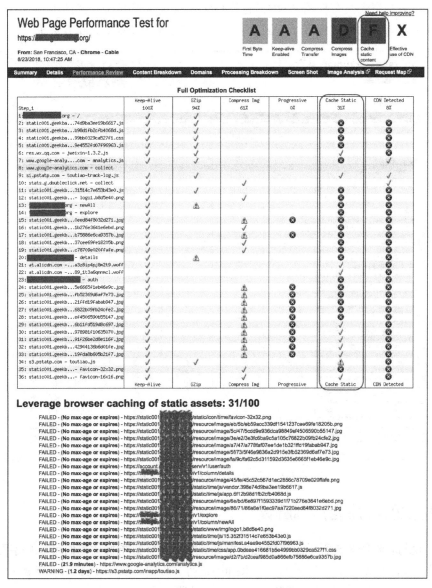

图 8-6　Cache static content 的统计结果

6. Effective use of CDN

CDN（Content Delivery Network，内容分发网络）的基本原理是采用各种缓存服务器，将这些缓存服务器分布到用户访问相对集中的地区的网络供应商机房内，当用户访问网站时，利用全局负载技术将用户的访问指向距离最近的、正常工作的缓存服务器，由这个缓存服务器直接响应用户请求。

理解了什么是 CDN 后，我们看一下本次测试中 CDN 的使用情况。如图 8-7 所示，本次被测网站绝大多数的资源没有使用 CDN。也许由于本次发起测试的计算机在美国旧金山，而旧金山可能并不是该网站的目标市场，因此它并没有在这里的 CDN 上部署资源。

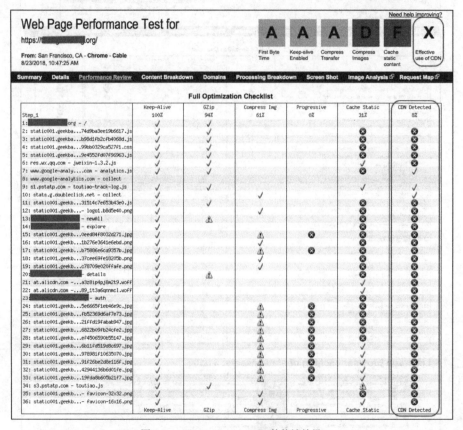

图 8-7　Effective use of CDN 的统计结果

8.1.4　其他前端性能指标解读

现在，我们看看图 8-8 所示的前端性能指标。对于大多数指标，我们可以从字面上很容易理解其含义，如 Load Time、First Byte、Requests 等。但是，Start Render、First Interactive 和 Speed Index 这 3 个指标相对较难理解，下面简单解释一下。

View Test Log

						Document Complete			Fully Loaded			
	Load Time	First Byte	Start Render	Speed Index	First Interactive (beta)	Time	Requests	Bytes In	Time	Requests	Bytes In	Cost
First View	15.688s	0.999s	5.000s	8036	7.788s	15.688s	34	6,355 KB	16.165s	36	6,358 KB	$$$$$
Repeat View	1.795s	0.860s	1.833s	2373	> 1.686s	1.795s	7	2 KB	3.431s	21	42 KB	

图 8-8 WebPagetest 测试显示的前端性能指标

1. Start Render

Start Render 指的是浏览器开始渲染的时间，从用户角度看就是在页面上看到第一个内容的时间。这个时间越短，用户会感觉页面显示速度越快，这样用户也会耐心等待页面其他内容的展现。如果这个时间过长，则用户会在长时间内面对一个空白页面后失去等待的耐心。

理论上，Start Render 时间主要由 3 部分组成，分别是"发起请求到服务器返回第一个字节的时间（也就是 First Byte 时间）""从服务器加载 HTML 文档的时间"，以及"HTML 文档头部解析完成所需要的时间"，因此影响 Start Render 时间的因素包括服务器响应时间、网络传输时间、HTML 文档的大小以及 HTML 头中的资源使用情况。

本次测试中，第一次打开网页的 Start Render 时间是 5s，而第二次打开网页的 Start Render 时间是 1.833s。理想的 Start Render 时间并没有严格的标准，一般情况下，这个值最好不要超过 3s，所以这个网站在这个指标上还可以再优化一下。

优化的基本思路是先找出时间到底花在了哪里，因为第二次打开网页的时间还比较理想，所以可以从首次加载资源的角度找突破口。

2. First Interactive

First Interactive 可以简单地理解为最早的页面可交互时间。页面中可交互的内容包括很多种类，比如，单击一个链接、单击一个按钮都属于页面可交互的范畴。First Interactive 时间的页短对用户体验的影响十分重要，这个值越小越好。

为了使这个值尽可能小，我们通常会采取以下措施。

- 只有页面控件内容渲染出来了，才有可能进行交互，所以 First Interactive 依赖于 Start Render 时间。
- 尽量将交互控件的代码放置在 HTML BODY 的前部，让其尽早加载。
- 尽早完成 JavaScript 的初始化和功能绑定。目前大多数做法有两种：一是在 DOM Ready 中完成所有 JavaScript 的初始化和功能绑定；二是在页面底部完成 JavaScript 的初始化和功能绑定。这两种方式的优点在于简单，不需要关注具体 DOM 节点的位置；缺点是初始化的时间太晚。因此，应该将 JavaScript 的初始化提前到相关 DOM 元素建立后，例如，将初始化操作直接放在元素之后进行，这样就可以使控件尽可能早地变成可交互状态。

本次测试中，第一次打开网页的 First Interactive 时间是 7.788s，而第二次打开网页的 First Interactive 时间是略大于 1.686s 的某个值。理想的 First Interactive 时间也没有严格的标准，一般情况下，这个值最好不要超过 5s，所以这个网站还可以根据上面的 3 条措施再优化一下。

3. Speed Index

严格来说，Speed Index 是通过微积分定义的。它理解起来会比较困难，所以这里只做定性的讨论。

通常，影响网页性能体验的一个重要指标是页面打开时间。打开时间越短，用户体验越好。但是，当存在两个打开时间完全相同的网站 A 和 B 时，其中网站 A 的打开过程是通过逐渐渲染页面完成的，而网站 B 的打开过程则是空白了一段时间后在短时间内页面渲染后完成的。毫无疑问，网站 A 的用户体验一定好于 B。

Speed Index 就是用来衡量这种体验的。通常来讲，它的值越小越好。本次测试中，第一次打开网页的 Speed Index 是 8036，而第二次打开网页的 Speed Index 是 2373。

8.1.5　WebPagetest 实际使用中需要解决的问题

讨论到这里，读者是不是觉得 WebPagetest 是一个很强大的工具？如果要在实际工程项目中使用该工具，还需要解决两个问题。

- 第一个问题是，用 WebPagetest 执行前端测试时，所有的操作都是基于界面的，不利于与 CI/CD 流水线集成。
- 第二个问题是，如果被测网站部署在公司内部的网络中，那么处于外网的 WebPagetest 就无法访问这个网站，也就无法完成测试。

接下来分别讲一下这两个问题各自的解决方案。

1. WebPagetest API Wrapper

对于第一个问题，推荐的解决方案是引入 WebPagetest API Wrapper。

WebPagetest API Wrapper 是一款基于 Node.js 并且调用了 WebPagetest 提供的 API 的命令行工具。也就是说，可以利用这个命令行工具发起基于 WebPagetest 的前端性能测试，这样就可以很方便地与 CI/CD 流水线集成了。具体的使用步骤如下。

（1）通过 "npm install webpagetest -g" 安装该命令行工具。

（2）访问 WebPagetest 网站获取 WebPagetest API Key。

（3）使用 "webpagetest test -k API-KEY 被测页面 URL" 发起测试，该调用是异步操作，会立即返回结果，并为你提供一个 testId。

（4）使用 "webpagetest status testId" 查询测试是否完成。

（5）测试完成后，就可以通过 "webpagetest results testId" 查看测试报告，但是你会发现测试报告是个很大的 JSON 文件，可读性较差。

（6）通过 "npm install webpagetest-mapper -g" 安装 webpagetest-mapper 工具，这用于解决测试报告可读性差的问题，将 WebPagetest 生成的 JSON 格式的测试报告转换成 HTML 格式。

（7）使用 "Wptmap -key API-KEY --resultIds testId --output ./test.html" 将 JSON 格式的测

试结果转换成 HTML 格式。

2．WebPagetest 的私有化部署

正如刚才提到的，如果被测网站部署在公司内部的网络中，那么处于外网的 WebPagetest 就无法访问这个网站，也就无法完成测试。要解决这个问题，需要在公司内网中搭建自己的私有化部署的 WebPagetest 以及相关的测试执行机。具体如何搭建，可以参考下面介绍的方法。

WebPagetest 的完整安装涉及服务器端以及测试执行机端两个部分。

（1）WebPagetest 服务器端的安装

首先，从 WebPagetest 官方网站下载最新版本的发布包，在本地解压，解压后可以看到 WebPagetest 由 3 个目录组成。其中 www 是 WebPagetest 页面的 PHP 代码，agent 是测试执行机的软件，mobile 是与移动端参数相关的内容。

然后，将目录 www 下的代码放到 Apache 中并运行。为此，需要打开 Apache 的虚拟目录功能，并将 WebPagetest 的 www 目录映射进去，这样就可以启动 Apache 了。

启动完成后，在浏览器中输入虚拟地址，就可以看到 WebPagetest 界面了，此时还不要高兴得太早。你会发现此时"Test Location"和"Browser"都属于空的状态，也就是没有可以选择的项目，如图 8-9 所示，这是因为我们还没有对测试执行机进行必要的配置。先不管配置，我们先来完成 WebPagetest 服务器的安装。

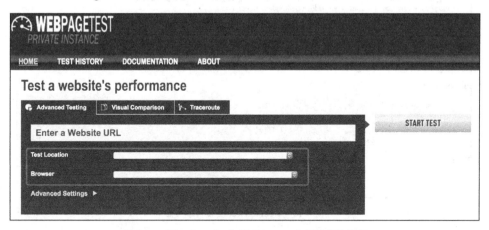

图 8-9　"Test Location"和"Browser"属于空的状态

为此，接着在浏览器中输入"mine.webpagetest.net/install/"来查看完整使用 WebPagetest 所需要安装的全部软件清单。这个清单如图 8-10 所示，有很多的软件属于缺失状态。为此，需要依次完成这些软件的安装。下面给出了这些必需软件的简介。

● SQLite：一款轻量级的数据库。

● APC：PHP 的缓存实现。

● ffmpeg：一款可以用来记录、转换数字音频和视频，并能将其转化为流的开源计算机程序，功能包括视频采集、视频格式转换、视频抓图、给视频加水印等。

- imagemagick：一款创建、编辑、合成图片的免费软件，它可以读取、转换、写入多种格式的图片。
- jpegtran：一款 JPEG 图片压缩工具。
- exiftool：一款图片查看、制作和编辑应用程序。

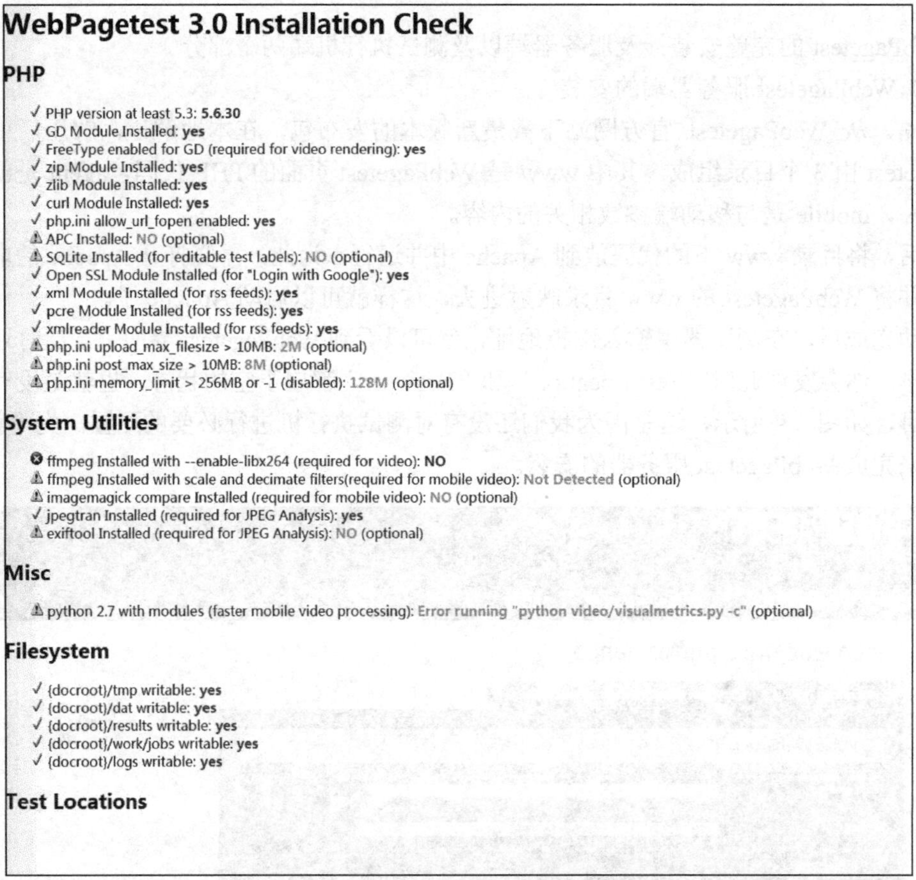

WebPagetest 3.0 Installation Check

PHP

√ PHP version at least 5.3: **5.6.30**
√ GD Module Installed: **yes**
√ FreeType enabled for GD (required for video rendering): **yes**
√ zip Module Installed: **yes**
√ zlib Module Installed: **yes**
√ curl Module Installed: **yes**
√ php.ini allow_url_fopen enabled: **yes**
⚠ APC Installed: NO (optional)
⚠ SQLite Installed (for editable test labels): NO (optional)
√ Open SSL Module Installed (for "Login with Google"): **yes**
√ xml Module Installed (for rss feeds): **yes**
√ pcre Module Installed (for rss feeds): **yes**
√ xmlreader Module Installed (for rss feeds): **yes**
⚠ php.ini upload_max_filesize > 10MB: 2M (optional)
⚠ php.ini post_max_size > 10MB: 8M (optional)
⚠ php.ini memory_limit > 256MB or -1 (disabled): 128M (optional)

System Utilities

✗ ffmpeg Installed with --enable-libx264 (required for video): **NO**
⚠ ffmpeg Installed with scale and decimate filters(required for mobile video): Not Detected (optional)
⚠ imagemagick compare Installed (required for mobile video): NO (optional)
√ jpegtran Installed (required for JPEG Analysis): **yes**
⚠ exiftool Installed (required for JPEG Analysis): NO (optional)

Misc

⚠ python 2.7 with modules (faster mobile video processing): Error running "python video/visualmetrics.py -c" (optional)

Filesystem

√ {docroot}/tmp writable: **yes**
√ {docroot}/dat writable: **yes**
√ {docroot}/results writable: **yes**
√ {docroot}/work/jobs writable: **yes**
√ {docroot}/logs writable: **yes**

Test Locations

图 8-10　WebPagetest 安装自检页面

　　将所有的缺失软件都安装完成后，图 8-10 中的所有项都应该显示为绿色（真实环境中可见），这表明 WebPagetest 的服务器端安装成功了。接下来配置一下测试执行机的信息。为此，需要配置 "www/settings" 中的 "locations.ini" 文件，locations.ini 文件的具体内容如图 8-11 所示。

　　（2）测试执行机的安装

　　测试执行机的软件都在 agent 目录下，可以将 agent 目录下的文件复制到测试执行机上。然后将 agent 目录下 wptdriver.ini 文件中的 location 改成 "IE，Test"，接着运行 aptdriver.exe 即可完成安装。

```
[locations]
1=Test_loc
; 这些是Test Location下拉列表中列出的顶级位置
; 每一个都指向一个或多个浏览器配置
[Test_loc]
1=IE
2=Test
label=Test Location
group=Desktop

; browser就是测试代理wptdriver.ini中配置的浏览器
[IE]
browser=IE9
connectivity=LAN
label="Test Location - IE9"

[Test]
browser=Chrome,Firefox
connectivity=LAN
label="Test Location"
```

图 8-11　locations.ini 文件的内容

至此，属于你自己的私有化部署 WebPagetest 就顺利搭建完成了。

8.2　后端性能测试主流商业工具 LoadRunner

本节介绍如何基于 LoadRunner 开展企业级服务器端（后端）的性能测试。在讨论这个主题时，会从最开始的性能需求获取讲起，完整地展示一个服务器端性能测试项目。通过这个过程，读者可以快速建立服务器端性能测试的全局观，并了解各主要步骤的关键技术细节。

讲到这里，读者可能就有些困惑了。之前的章节曾经提到过，LoadRunner 比较适合于传统软件企业开展性能测试，而 JMeter 更适用于互联网企业的软件性能测试。那么，为什么没有基于 JMeter（而选择 LoadRunner）来讲解后端性能测试呢？主要原因如下。

- JMeter 的官方文档对其使用方法介绍得很详细，而且其操作基本上一目了然。JMeter 使用的难点在于：如何支持海量并发，以及实现更好的负载控制。解决这个问题可以参考 LoadRunner 的实现方式，然后从你所在企业的实际业务场景出发，进行二次开发。
- 互联网企业和传统软件企业的软件产品的后端性能测试，在原理以及方法上是基本一致的，区别较大的只是全链路压测。所以，以传统企业的软件产品测试为例，讲述的原理以及测试方法将同样适用于互联网软件产品的性能测试。

- 关于互联网软件产品的全链路压测，因为需要实现海量并发以及流量隔离等操作，所以目前只有一些大型企业在做，如饿了么、淘宝、eBay、美团等。关于全链路压测的技术，会在本章的最后讲解。

为了让读者在进行服务器端性能测试时更充分地利用 LoadRunner，在正式讲解这个测试案例前，先简单介绍一下 LoadRunner 的基本原理，以及主要的功能模块。这些功能模块不仅在这个案例中会用到，也会在实际工程项目中经常使用。

8.2.1　LoadRunner 的基本原理

第 7 章介绍过后端性能测试工具的基本原理，我们先一起来回忆一下。后端性能测试工具首先通过虚拟用户脚本生成器生成基于协议的虚拟用户脚本，然后根据性能测试场景设计的要求，通过压力控制器控制、协调各个压力产生器以并发的方式执行虚拟用户脚本，并且在测试执行过程中，通过系统监控器收集各种性能指标以及系统资源占用率，最后通过测试结果分析器展示测试结果。

LoadRunner 的基本原理与上面的描述完全一致。在 LoadRunner 中，Virtual User Generator 对应的就是虚拟用户脚本生成器，Controller 对应的就是压力控制器和系统监控器，Load Generator 对应的就是压力产生器，Analysis 对应的就是测试结果分析器。

为了帮助读者理解 LoadRunner 的工作原理和模块，先不谈这些名词，设想一下如果没有专用的后端性能测试工具，我们如何开展后端性能测试。

这个过程大致是这样的。

首先，我们需要一批测试机器，为每台测试机器雇用一个测试人员。

然后，我们需要一个协调员拿着话筒发号施令，统一控制这些测试人员的步调，协调员会向所有测试人员喊话，比如，"1 号到 100 号测试人员现在开始执行登录操作，101 号到 1000 号测试人员 5min 后开始执行搜索操作"，同时协调员还会要求每个测试人员记录操作花费的时间。

测试完成后，测试协调员会要求性能测试工程师分析测试过程中记录的数据。

这个过程也叫人工模式，如图 8-12 所示。

理解了这种人工模式的后端性能测试过程后，我们再回过头来看 LoadRunner 的各个模块就豁然开朗了。

- 测试协调员以及完成数据记录的部分就是 Controller 模块。
- 大量的测试机器以及操作这些测试机器的人就是 Load Generator 模块。
- 操作这些测试机器的人的行为就是 Virtual User Generator 产生的虚拟用户脚本。
- 分析测试数据的部分就是 Analysis 模块。

图 8-12 人工模式的后端性能测试过程

8.2.2 LoadRunner 的主要模块

通过对比人工模式和 LoadRunner 工具，我们可以清楚地看到，使用 LoadRunner 进行性能测试，需要组合使用 Virtual User Generator、Controller（这个模块包含了 Load Generator），以及 Analysis 这三大模块。接下来，详细介绍这三大模块的作用，以及需要注意的事项。

1. Virtual User Generator

Virtual User Generator 用于生成模拟用户行为的测试脚本，生成的手段主要是基于协议的录制，也就是性能测试脚本开发人员通过 GUI 执行业务操作的同时，录制客户端和服务器之间的通信协议，并最终转化为代码化的 LoadRunner 的虚拟用户脚本。这样转化得到的虚拟脚本往往并不能直接使用，还需要经历数据参数化（Parameterization）、关联建立（Correlation），以及运行时设置（Run Time Settings）等操作，然后才能用于性能测试场景中。

具体什么是数据参数化、什么是关联建立、运行时设置都有哪些可选项，会在后面的章节中详细介绍。

2. Controller

Controller 相当于性能测试执行的控制管理中心，负责控制 Load Generator 产生测试负载，以执行预先设定好的性能测试场景。同时，它还负责收集各类监控数据。在实际执行性能测试时，Controller 是和性能测试工程师打交道最多的模块，性能测试工程师会在 Controller 的 UI 上完成性能测试场景的设计、运行时的实时监控、测试负载的开始与结束等操作。

3. Analysis

Analysis 是 LoadRunner 中一个强大的分析插件。它不仅能图形化展示测试过程中收集的数据，还能很方便地对多个指标做关联分析，找出它们之间的因果关系。用它最根本的目的就是，分析出系统可能存在的性能瓶颈点以及潜在的性能问题。

8.2.3 基于 LoadRunner 的性能测试实战

了解了 LoadRunner 的原理和各个模块后，接下来我们就开始实战。通过这个实战，希望读者可以掌握如何基于 LoadRunner 进行企业级的性能测试。

从宏观角度，本节介绍基于 LoadRunner 完成企业级性能测试的 5 个阶段。

图 8-13 清晰地描述了这 5 个阶段的先后顺序，以及 LoadRunner 各模块发挥作用的部分。接下来，详细讲解每个阶段的具体工作以及关键的技术细节。

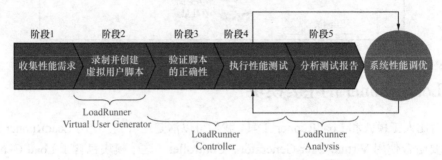

图 8-13 使用 LoadRunner 完成企业级后端性能测试的流程

1. 收集性能需求

其实，无论进行什么类型的测试，第一步工作都是根据测试目的明确测试的具体需求。一般情况下，企业级后端性能测试的具体需求主要包含以下内容。

- 系统整体的并发用户数，比如，高峰时段会有 10 万用户同时在线。
- 并发用户业务操作的分布情况，比如，20% 的用户在执行登录操作，30% 的用户在执行下订单操作，其他 50% 的用户在执行搜索操作。
- 单一业务操作的用户行为模式，比如，两个操作之间的停留时间，完成同一业务的不同操作路径等。
- 并发用户高峰期的时间分布规律，比如，早上 8 点会有大量用户登录系统，晚上 6 点后用户逐渐退出系统。
- 达到最高负载的时间长度，比如，并发用户数从 0 增长到 10 万花费的总时间。

......

完成这些测试其实并不复杂。只要按照已经明确的需求，开发后续的测试脚本、设计性能测试场景就可以。但是，如果你想要成长为更资深的性能测试工程师，或者已经是性能测试的设计者了，那么你就需要全程参与到这些需求的获取和确定中。

其实，在我看来，获取这些测试需求是性能测试中最难的两个工作之一。另一个最难的工作是，测试结果分析与性能问题定位。而其他类似性能测试脚本开发、场景设计等工作看起来很有技术含量，但实际上都是一些相对机械性的重复工作。

那为什么难以获取测试需求呢？因为绝大多数情况下没人会明确告诉你具体的性能需求。对于软件的功能测试来说，如果需求不明确，你可以直接求助产品经理。而对于性能测试需求来讲，产品经理通常无法准确告诉你用户的各个业务操作所占的百分比，也无法告诉你准确的用户行为模式。产品经理能做的，往往是给出定性描述，然后需要你计算或者根据过往经验得到具体的定量测试需求。所以，我们经常会听到产品经理对性能测试人员说："你是性能测试专家，你来告诉我性能测试需求。"

那么，对于性能测试设计人员来说，到底如何获得这个明确的性能测试需求呢？这是一个非常复杂的话题，因为测试目的不同，所用的测试方法也各不相同。所以，本节通过一个实际的测试案例，介绍一下获取具体测试需求的思路。

还记得之前章节介绍的体检例子吗？假设产品经理对体检的"性能需求"是"每天支持完成 8000 个体检任务"，这个需求看似很具体，但是要转化成实际可操作的性能测试需求，还需要再细化。

首先，你要明确这里的"每天"是否指的是 24h。显然，这取决于产品本身的属性。比如，产品是为单一时区的用户提供服务，还是要面向全球所有时区的用户。根据体检中心的属性，你很容易确定"每天"一定是指 8h 的工作时间。因为体检中心一定在一个确定的时区内工作，并且不会 24h 工作。

然后，明确了 8h 工作时间后，那么原始需求是不是可以转化为"每小时支持完成 1000 个体检任务"？

如果按照这个思路设计后续的性能测试，你会发现即使测试顺利完成，并且各项性能指标都达标了，但是一旦系统上线运行后，系统还是很有可能被压垮。因为实际情况是，验血往往需要空腹，所以上午可能是体检的高峰时段，体检者会在上午集中涌入体检中心。也就是说，这 8000 个体检者并不是平均分布在 8h 内的，而是有明显的高峰时段。

最后，可以采用 80/20 原则对高峰时段的用户负载进行建模，比如，80% 的体检任务（本例中是 6400 个）发生在上午 20% 的时间里。当然，为了使模型更接近真实的情况，你还应该分析历史数据，然后根据分析对该模型做进一步修正。

另外，在对负载建模后，性能测试设计人员往往还会在此基础上加入一定的负载冗余，比如，在峰值的基础上额外再增大 20% 的负载量，以增强系统上线后稳定运行的信心。

通过上面这个分析你可以认识到，性能测试需求的定义非常复杂，牵涉项目的方方面面，不可能通过阅读一些理论知识就快速掌握这一技能，需要不断地总结在实战中获得的经验。

得到了性能测试需求后，接下来就需要根据性能需求中涉及的用户业务操作来开发性能测试的脚本。比如，前面提到"20% 的用户在执行登录操作，30% 的用户在执行下订单操作，剩下 50% 的用户在执行搜索操作"，按需求分别开发"用户登录""下订单"和"搜索"这 3 个虚拟用户脚本。

在 LoadRunner 中，开发虚拟用户脚本的工作主要是基于录制后再修改的方式完成的。其中，录制由 Virtual User Generator 基于协议完成，录制后的修改主要是实现参数化、建立关联、建立事务、加入必要的检查点以及加入思考时间。

2. 录制并创建虚拟用户脚本

完成了性能测试需求分析后，就已经明确了要开发哪些性能测试脚本。下面讲解开发性能测试脚本的步骤。

从整体角度来看，用 LoadRunner 开发虚拟用户脚本主要包括以下步骤。

a. 识别被测应用使用的协议

如果你已经和系统设计、开发人员沟通过，明确知道了被测系统所采用的协议，那么你可以跳过这一步。如果还不知道具体使用的是哪种协议，可以使用 Virtual User Generator 模块自带的 Protocol Advisor 识别被测应用使用的协议，具体的操作方法也很简单。

（1）在 Virtual User Generator 中依次单击 File→Protocol→AdvisorAnalyze→Application。

（2）在打开的界面上按要求填写被测应用的信息。

（3）Protocol Advisor 会自动运行被测系统。如果是网页应用，就会打开浏览器。

（4）在页面上执行一些典型的业务操作，完成这些业务操作后单击 Stop Analyzing 按钮停止录制。

（5）Protocol Advisor 会根据刚才录制的内容自动分析被测应用使用的协议，并给出最终的建议。

接下来，就可以使用 Protocol Advisor 建议的录制协议开始脚本录制工作了。图 8-14 所示就是 Protocol Advisor 给出的建议录制协议界面。

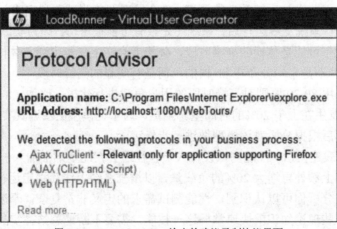

图 8-14　Protocol Advisor 给出的建议录制协议界面

b. 录制脚本

脚本录制的基本原理是，通过 GUI 对被测系统进行业务操作，Virtual User Generator 模块在后台捕获 GUI 操作所触发的客户端与服务器端的所有交互，并生成基于 C 语言的虚拟用户脚本文件。也就是说，录制脚本的过程需要通过 GUI 执行业务操作，所以建议读者在开始录制脚本前，先多次演练需要这些 GUI 操作步骤，并明确知道哪些操作步骤会对服务器端及起请求。

我们要知道哪些操作步骤会对服务器发起请求的原因是，要将这些操作步骤在虚拟用户脚本中封装成"事务"（Transaction）。封装为"事务"的目的是统计响应时间，因为 LoadRunner 中的响应时间都是以"事务"为单位的。

具体的录制脚本步骤主要包括如下 3 步。

（1）选择 Create→Edit Scripts 进入 Virtual User Generator 创建脚本的协议选择界面。

（2）选择正确的协议后进入 Start Recording 界面，选择需要录制的应用类型，并填写应用的详细信息。如果是 Web 应用，Application type 就应该选择 Internet Application，然后选择浏览器类型并填写这个 Web 应用的 URL，完成后 LoadRunner 自动打开浏览器。

（3）在浏览器中执行业务操作，Virtual User Generator 模块会记录所有的业务操作，并生成脚本。

在录制脚本的过程中，强烈建议直接对发起后端调用的操作添加事务定义，而不要等到脚本生成后再添加。因为 LoadRunner 脚本的可读性并不好，在录制完的脚本中添加事务定义的难度会很大。在录制过程中，直接添加事务操作也很简单，主要包括如下 3 步。

（1）在开始执行 GUI 操作前，先单击图 8-15 中的"事务开始"按钮并填写事务名称。

（2）执行 GUI 操作。

（3）操作完成后，单击图 8-15 中的"事务结束"按钮。

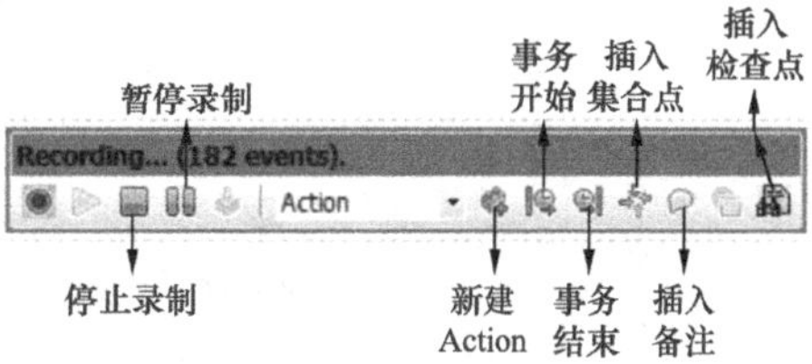

这样刚才执行 GUI 操作时录制的脚本会被

图 8-15　Virtual User Generator 的脚本录制控制条

lr_start_transaction 和 lr_end_transaction（LR_AUTO）"包围"起来，这样就完成了事务的定义。

c．完善录制的脚本

脚本录制只是虚拟用户脚本开发中最简单的一步。在上文中提到由 Virtual User Generator 模块录制的脚本不能直接使用，还需要对录制的脚本做以下处理。

（1）在两个事务之间加入思考时间。

什么是思考时间？用户在实际使用系统时，并不会连续不断地向后端服务器发起请求，在两次发起请求之间往往会有一个时间间隔，这个时间间隔主要来自两个方面。

● 用户操作时的人为等待时间，因为用户不可能像机器人那样快速地执行操作。

● 用户可能需要先在页面上填写很多信息才能提交操作，因此填写这些信息就需要花费一定的时间。

所以，为了让虚拟用户脚本能够更真实地模拟实际用户的行为，我们就需要在两个事务之间加入一定的等待时间。这个等待时间就是 LoadRunner 中的思考时间。

你只要直接调用 LoadRunner 提供的 lr_think_time() 函数，就可以在两个事务之间加入思考时间。然而，这个思考时间到底设置为多少，并不容易知道。思考时间往往会涉及多方面的因素，严格计算的话会非常复杂。所以，在实际项目中，一般先粗略估计一个值（如 15s），然后在实际执行负载的过程中，再根据系统吞吐量调整这个值。

在后续调整思考时间时，无须逐行修改虚拟用户脚本代码，可以在 Run-time Settings（运行时设置）界面中很方便地完成。图 8-16 展示了 Run-time Settings 中调整思考时间的多种方式。

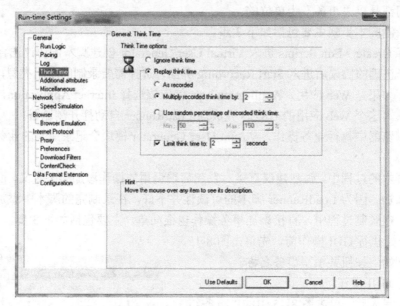

图 8-16　通过 Run-time Settings 界面统一调整思考时间

下面对图 8-16 中的部分选项解释一下。

● As recorded，代表的是直接使用 lr_think_time() 函数中指定的时间。

● Multiply recorded think time by，代表的是在 lr_think_time() 函数中指定的时间基础上乘以一个数字。如果这个数字是 2，那么所有的思考时间都会翻倍。

● Use random percentage of recorded think time，指的是使用指定思考时间范围内的随机值。例如，如果 lr_think_time() 函数中指定的时间是 2s，在 Min 中填写 50%，在 Max 中填写 150%，则实际的思考时间会取最小值 1s（2s×50%）和最大值 3s（2s×150%）之间的随机值。

● Limit think time to，指的是为思考时间设置一个上限值。只要 lr_think_time() 函数中指定的时间没有超过这个上限值，就使用 lr_think_time() 函数指定的值。如果超过了，就取这个上限值作为思考时间。

（2）对界面输入的数据做参数化操作。

为了理解数据的参数化，再举一个例子。

假设录制的虚拟用户脚本完成的是用户登录操作，因为回放脚本时需要支持多用户的并发，所以必须把脚本中的用户名和密码独立出来，放入专门的数据文件中，然后在这个文件中提供所有可能被用到的用户名和密码。有没有感觉这个操作很熟悉？它其实和以前介绍到的数据驱动的自动化测试完全相同。图 8-17 给出了参数化配置的界面，LoadRunner 支持的参数化的数据源很丰富，既可以是 Excel 文件，也可以是数据库中的表等。

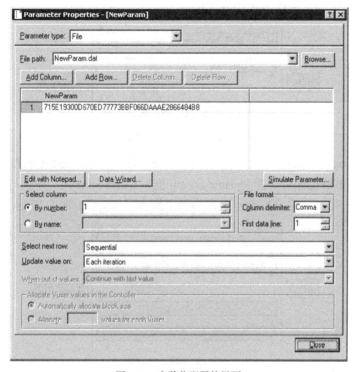

图 8-17　参数化配置的界面

　　这里需要特别说明的是，凡是参数文件中使用的测试数据都需要在执行性能测试前，在被测系统中事先准备好。比如，还以用户登录的脚本为例，假设参数文件中提供了 5000 条用于并发执行的用户信息，那么这 5000 条用户信息必须是已经实际存在于系统中的，这就要求你在开始测试前事先准备好这 5000 条用户信息。所以，参数化操作分两步。

- 分离性能测试脚本和测试数据。
- 事先建立性能测试的数据。

也就是说，参数化的过程往往与性能测试数据的准备密不可分。

　　（3）完成脚本的关联操作。

　　关联操作是 LoadRunner 虚拟用户脚本开发过程中最关键的部分，直接关系到脚本是否可以回放成功。

　　关联的主要作用是，取出前序调用返回结果中的某些动态值，传递给后续调用。是不是不太好理解？我们来看一个具体的例子。

　　假设每次客户端连接服务器端时，服务器端都会用当前的时间戳（Time Stamp）计算 CheckSum，然后将 Time Stamp 和 CheckSum 返回给客户端。客户端就把 Time Stamp +

CheckSum 的组合作为唯一标识客户端的 Session ID。在录制脚本时，录制得到的一定是硬编码（Hardcode）的 Time Stamp 值和 CheckSum 值。图 8-18 展示了脚本录制过程，录制得到的 Time Stamp 值是 TS，而 CheckSum 值是 CS。

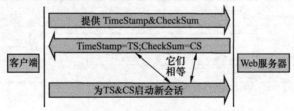

图 8-18 脚本录制过程

采用 Time Stamp + CheckSum 的组合作为 Session ID 的方式，在我们回放这个脚本的时候就有问题了。因为回放时已经有了新的 Time Stamp 值和 CheckSum 值，并且与之前的值不同，所以服务器无法完成 Session ID 的验证，也就导致了脚本回放失败。图 8-19 展示了脚本回收过程。

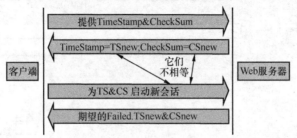

图 8-19 脚本回放过程

其实，这种情况几乎存在于所有的虚拟用户脚本中，所以我们必须解决这个问题。解决方法是，在脚本回放的过程中，实时抓取 Time Stamp 值和 CheckSum 值，然后在后续需要使用这两个值的地方用实时抓取到的值。这个过程就是"关联"。

如图 8-20 所示，关联就是解析服务器端返回的结果，抓取新的 Time Stamp 值和 CheckSum 值，然后后续的操作都使用新抓取的值，这样脚本就能回放成功了。

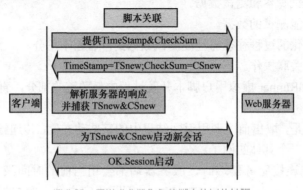

图 8-20 使用"关联"后的脚本的回放过程

理解了关联操作，在脚本中处理关联就比较简单了，LoadRunner 提供了功能强大的关联函数 web_reg_save_param()。这个关联函数支持多种动态值的获取方式，用得最多的是基于"前序字符串匹配"和"后续字符串匹配"的方式。其中，字符串匹配支持正则表达式。我们一起来看一个具体的例子。

假设服务器端返回的结果是"LB=name=timestamp value=8888.LB=name=CheckSum"，那么为了能够获取到"8888"这个动态值，我们就可以用"前序字符串=LB=name=timestamp value="和"后续字符.LB=name=CheckSum"来"框出"8888 这个动态值。

另外，需要特别注意的是，web_reg_save_param()函数是注册型函数，必须放在获取动态值所属的请求前面，相当于先声明后调用。更多的关联函数用法可以参考 LoadRunner 官方文档。

（4）加入检查点。

检查点类似于功能测试中的断言。但是，性能测试脚本不像功能测试脚本那样需要加入很多的断言，往往只在一些关键步骤后加入少量的检查点即可。这些检查点的主要作用是，保证脚本按照设计的路径执行。

最常用的检查点函数是 web_reg_find()，它的作用是通过指定左右边界的方式在页面中查找相应的内容。这里需要注意的是，这个函数也是注册型函数，即需要放在所检查的页面之前，否则会检查失败。更多的检查点函数以及用法请参考 LoadRunner 官方文档。

3. 验证脚本的正确性

完成了脚本开发后，根据个人经验，强烈建议读者按照以下顺序检查脚本的准确性。

（1）以单用户的方式，在有思考时间的情况下执行脚本，确保脚本能够顺利执行，并且验证脚本行为以及执行结果是否正确。

（2）以单用户的方式，在思考时间为零的情况下执行脚本，确保脚本能够顺利执行，并且验证脚本行为以及执行结果是否正确。

（3）以并发用户的方式，在有思考时间的情况下执行脚本，确保脚本能够顺利执行，并且验证脚本行为以及执行结果是否正确。

（4）以并发用户的方式，在思考时间为零的情况下执行脚本，确保脚本能够顺利执行，并且验证脚本行为以及执行结果是否正确。

只有上述 4 个执行全部通过，虚拟用户脚本才算顺利完成。

至此，我们完成了录制并创建虚拟用户脚本的工作，顺利得到了虚拟用户脚本。接下来，使用已开发的虚拟用户脚本创建并定义性能测试场景。

还记得之前的章节介绍过的性能测试场景的内容吗？如果忘记了，建议先回顾一下之前的内容。

下面的工作就是在 Controller 中设置性能测试场景。因为整个设置过程都是基于 Controller 的图形用户界面的操作，没有什么难度，所以就不再详细介绍了。

4. 执行性能测试

完成了性能测试场景的设计与定义后，执行性能测试场景就非常简单了。这个过程一般在 Controller 中完成。可以通过 Controller 发起测试、停止测试、调整性能测试场景的各种参数，还可以监控测试的执行过程。

5. 分析测试报告

执行完性能测试后，LoadRunner 根据性能测试场景中定义的系统监控器指标，生成完整的测试报告。在 Analysis 中，不仅可以以图形化的方式显示单个指标，还可以将多个指标关联在一起进行比较与分析。

图 8-21 展示了性能测试报告，可以在右下角看到各个事务的最短响应时间、最长响应时间和平均响应时间。

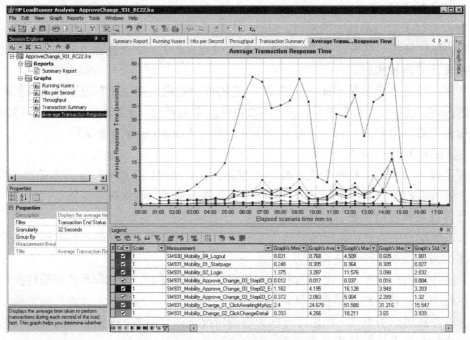

图 8-21　性能测试报告

性能测试报告的分析是一项技术含量非常高的工作。优秀的性能测试工程师通过报告中的数值以及数值之间的相互关系，就能判断出系统中可能存在的问题。

8.3　后端性能测试主流开源工具 JMeter

目前越来越多的公司（尤其是互联网公司）都在使用免费的 JMeter 作为性能测试工具，所以本节介绍一下 JMeter 的基本使用方法。

8.3.1 JMeter 简介

JMeter 最早是为了测试 Tomcat 的前身 JServ 的执行效率而诞生的。截至本书写作的时间，它的最新版本是 5.0。JMeter 是一款使用 Java 开发的、开源免费的测试工具，主要用来做 API 的功能测试和性能测试（压力测试/负载测试）。图 8-22 是 JMeter 官网首页。

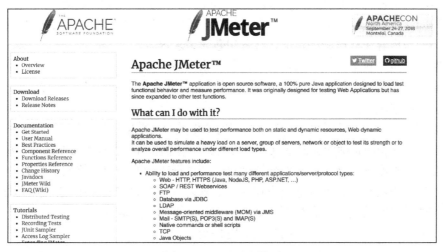

图 8-22　JMeter 官网首页

JMeter 是一款纯 Java 应用，是 Apache 组织的开源项目，是功能和性能测试工具。JMeter 可以用于测试静态或者动态资源的性能（文件、Servlet、Perl 脚本、Java 对象、数据库和查询、FTP 服务器或者其他资源）。最初 JMeter 是为 Web/HTTP 测试而设计的，但是它的功能已经扩展。下面罗列了 JMeter 的一些主要功能。

- 能够对 HTTP 和 FTP 服务器进行压力与性能测试，也可以对任何数据库进行同样的测试（通过 JDBC）。
- 允许通过多个线程并发取样和通过单独的线程组对不同的功能同时取样。
- 精心设计的 GUI 允许用户快速操作和精确计时。
- 可以缓存和离线分析/回放测试结果。
- 可链接的取样器允许无限制的测试能力。
- 有各种负载统计表和可链接的计时器。
- 数据分析和可视化插件提供了很好的可扩展性。
- 提供动态输入功能。
- 支持脚本变成的取样器。

8.3.2　JMeter 的主要概念

下面先介绍一下 JMeter 中的主要概念。如果你是第一次接触这个工具，可能有些概念会比较难以理解。下面会用一个实际的例子来讲解 JMeter 的使用。学习完实例后，再回过头来看这些概念就会有豁然开朗的感觉。JMeter 的主要概念如下。

- JMeter 的测试计划是使用 JMeter 进行测试的起点，它是其他 JMeter 测试元件的容器。
- JMeter 的线程组代表一定数量的并发用户，它可以用来模拟并发用户发送请求。实际的请求内容在取样器中定义，线程组包含请求内容。
- 监听器负责收集测试结果，同时控制结果的显示方式。
- 逻辑控制器可以自定义 JMeter 发送请求的行为逻辑，同时使用它与取样器可以模拟复杂的请求序列。
- 断言（Assert）可以用来判断请求响应的结果是否与期望一致。它可以用来隔离问题域，即在确保功能正确的前提下执行压力测试。这个限制对于有效的测试是非常有用的。
- 配置元件维护取样器需要的配置信息，并根据实际的需要会修改请求的内容。
- 前置处理器和后置处理器负责在生成请求之前与之后完成工作。前置处理器常常用来修改请求的设置，后置处理器则常常用来处理响应的数据。
- 定时器负责定义请求之间的延迟间隔控制。

8.3.3　JMeter 的使用

JMeter 的安装非常简单，在安装完 Java 环境的基础上，从 JMeter 官方网站上下载 JMeter，解压之后即可使用。图 8-23 和图 8-24 分别展示了 JMeter 在 Mac 上的启动方式以及初始化界面。

```
[cnenrubm1:bin rub$ pwd
/Users/rub/workspace/apache-jmeter-5.0/bin
[cnenrubm1:bin rub$ ./jmeter
================================================================
Don't use GUI mode for load testing !, only for Test creation and Test debugging

For load testing, use NON GUI Mode:
    jmeter -n -t [jmx file] -l [results file] -e -o [Path to web report folder]
& increase Java Heap to meet your test requirements:
    Modify current env variable HEAP="-Xms1g -Xmx1g -XX:MaxMetaspaceSize=256m" in
 the jmeter batch file
Check : https://jmeter.apache.org/usermanual/best-practices.html
```

图 8-23　JMeter 的启动方式

下面用一个实际的例子来讲解 JMeter 的具体使用方法。

1. 被测对象

首先，看一下被测对象。我们将通过请求来获取城市地区代码。

然后，结合上面获取的城市地区代码得到该地区的天气预报。

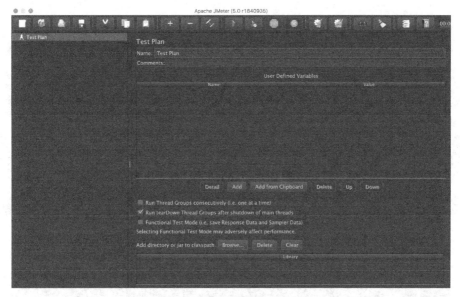

图 8-24 JMeter 的初始化界面

2. 新建 JMeter 的线程组

先创建 JMeter 的线程组（Thread Group），JMeter 的所有任务都是由线程来管理的，所有任务都必须在线程组下面创建。图 8-25 展示了线程组的创建过程。图 8-26 展示了线程组的信息。

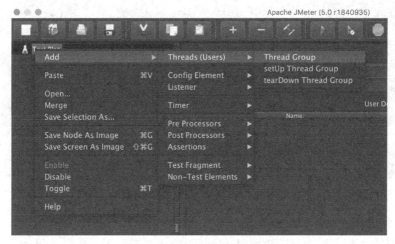

图 8-25 JMeter 线程组的创建过程

3. 创建一个 HTTP 请求

接下来要发送一个 Get 方法的 HTTP 请求，这可以按照图 8-27 和图 8-28 来操作。先添加 HTTP 请求类型的取样器，然后基于 HTTP 请求的具体参数来配置这个取样器。

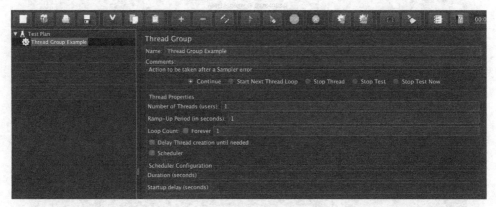

图 8-26　JMeter 线程组的信息

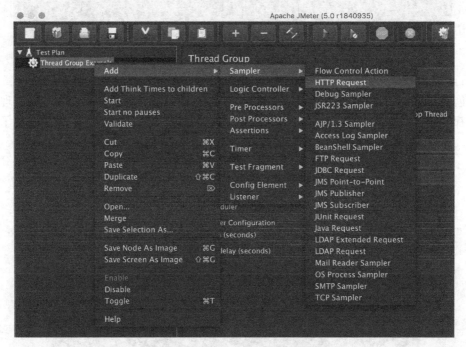

图 8-27　添加 HTTP 请求类型的取样器

4. 添加 HTTP Header Manager

首先，选中上一步创建的 HTTP 请求（GetCityCode）并右击，选择 Add→Config Element→HTTP Header Manager，添加一个 HTTP Header Manager。具体操作与具体配置分别可以参考图 8-29 和图 8-30。

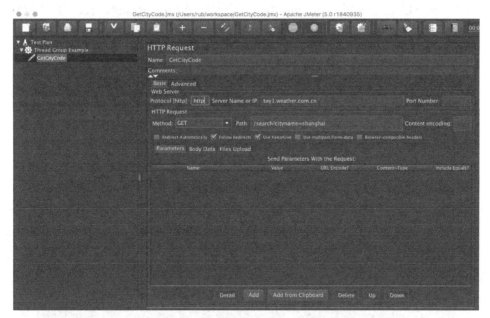

图 8-28　HTTP Request 的具体配置

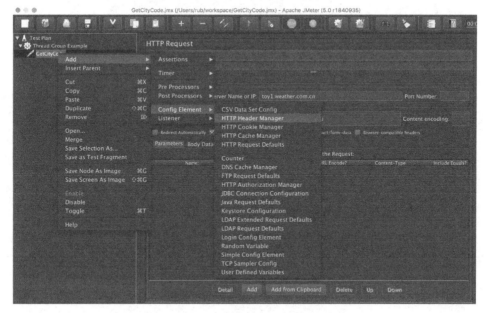

图 8-29　添加 HTTP Header Manager

5. 添加 View Results Tree

View Results Tree 是用来查看运行结果的。选中之前建立的 HTTP 请求（GetCityCode），

右击，选择 Add→Lisenter→View Results Tree，添加一个 View Results Tree。具体的操作可以参考图 8-31。

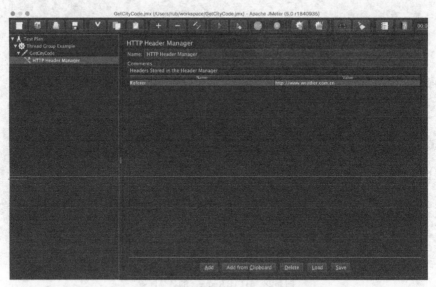

图 8-30　HTTP Header Manager 的具体配置

图 8-31　添加 View Results Tree

6. 运行测试，查看结果

到目前为止已经成功建立了一个简单的 API 测试，并且顺利执行了，如图 8-32 所示。但是我们知道没有断言的测试是没有意义的，所以接下来就给这个测试添加断言。

图 8-32   查看运行结果

7. 添加 Response Assertion 和 Assert Results

首先，选择 HTTP 请求（GetCityCode），右击并选择 Add→Assertions→Response Assertion，添加 Response Assertion。然后，添加 Patterns To Test。具体的操作可以参考图 8-33 和图 8-34。

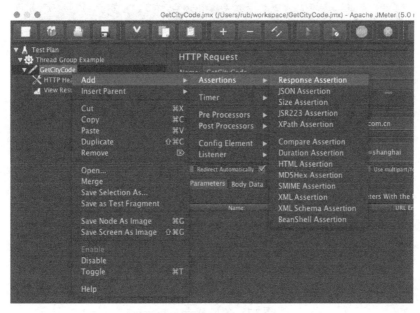

图 8-33   添加 Response Assertion

接下来，还可以添加一个 Assetion Results，用来查看 Assertion 执行的结果。为此，可以选中 HTTP 请求（GetCityCode），右击并依次选择 Add→Listener→Assertion Results，运行测试脚

本后，如果 HTTP Response 中没有包含期待的字符串"shanghai"，那么测试就会失败。图 8-35 展示了这一过程。

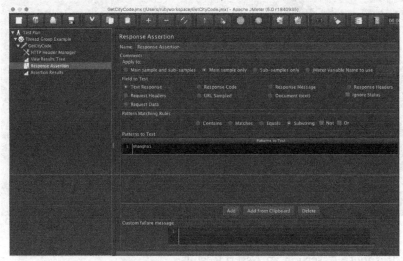

图 8-34 添加 Patterns To Test

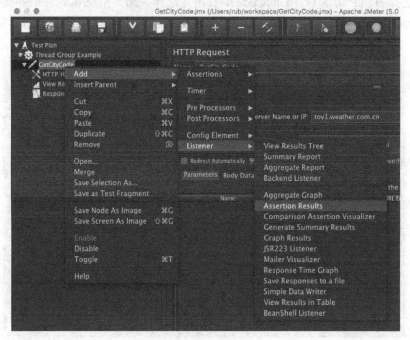

图 8-35 添加 Assert Results

8．添加 User Defined Variables

我们还可以在 JMeter 中自定义变量。比如，定义一个变量 cityName，使用它的时候可以通过${cityName}来引用。为了添加 User Defined Variables，选中 HTTP 请求（GetCityCode），右击并依次选择 Add→Config Element→User Defined Variables 项，然后添加变量。具体的操作可以参考图 8-36。图 8-37 展示了如何命名变量。

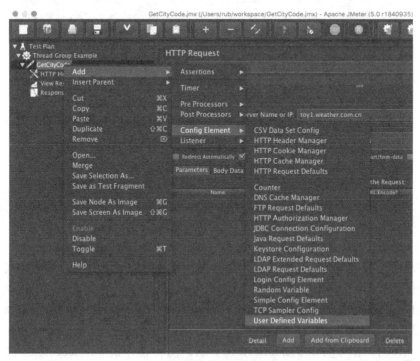

图 8-36　添加 User Defined Variables

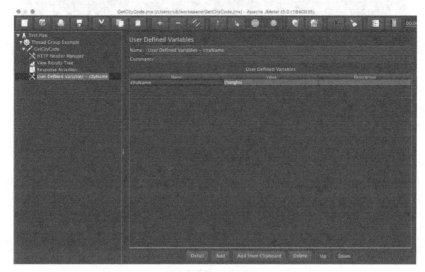

图 8-37　命名变量

接下来，这个变量就可以在 HTTP 请求中使用了，如图 8-38 所示。

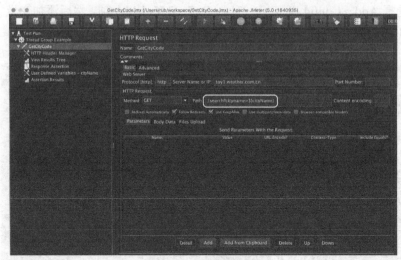

图 8-38　自定义变量的使用

9．添加关联

所谓关联就是在第二个请求中会使用第一个请求返回的响应数据。为此，需要在第一个 HTTP 请求中创建一个正则表达式，把响应的值提取到变量中，供后面的 HTTP 请求使用。为此，可以选中 HTTP 请求（GetCityCode），右击并依次选择 Add→Post Processors→Regular Expression Extractor，然后添加可以提取你需要的值的正则表达式，并且指定用于存储这个值的变量名。具体的操作可以参考图 8-39 和图 8-40。图 8-40 中的 cityCode 就是关联变量。

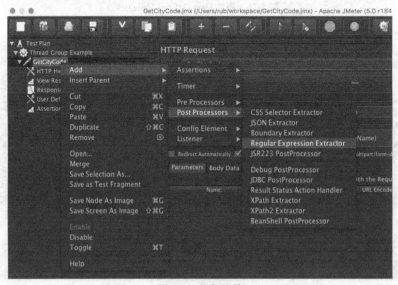

图 8-39　添加关联

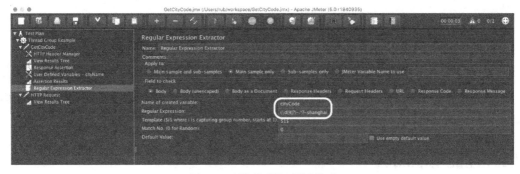

图 8-40 添加关联的正则表达式

那么在之后的 HTTP 请求中就可以直接使用这个通过关联得到的变量了（见图 8-41）。

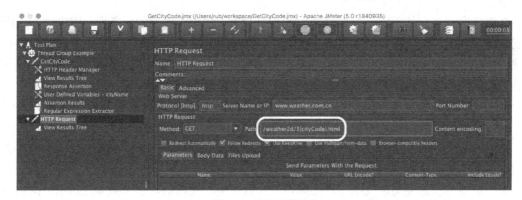

图 8-41 使用关联变量

10. 并发测试

并发测试操作非常简单，只要在图 8-42 所示的界面上配置并发数即可，图中设置了 100 个线程的并发调用。需要注意的是，并发线程数是在线程组上配置的。

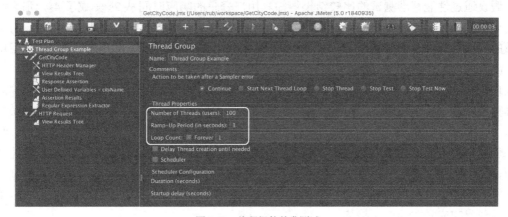

图 8-42 线程组的并发测试

8.4　企业级实际性能测试案例与经验

为了讲解传统的企业级软件企业如何开展性能测试工作，这里挑选了 4 类企业级的性能测试方法，分别是性能基准测试、稳定性测试、并发测试，以及容量规划测试，用来介绍如何在实际项目中完成性能测试，确保软件的质量。

8.4.1　性能基准测试

性能基准测试（Performance Benchmark Test）是每次对外发布产品版本前必须要完成的测试类型。

性能基准测试会基于固定的硬件环境和部署架构（比如，专用的服务器、固定的专用网络环境、固定大小的集群规模、相同的系统配置、相同的数据库背景数据等）进行测试，并得到系统的性能测试报告，然后与上一版本发布时的系统指标进行对比。如果发现指标有"恶化"的趋势，就需要进一步排查。典型的"恶化"趋势主要表现在以下几个方面。

- 同一事务的响应时间变慢了，比如，上一版本中，用户登录的响应时间是 2s，但是在最新的被测版本中这个响应时间变成了 4s。
- 系统资源的占用率变大了，比如，上一版本中，平均 CPU 占用率是 15%，但是在最新的被测版本中平均 CPU 占用率变成了 30%。
- 网络带宽的使用量变高了，比如，上一版本中，发送的总字节数是 25MB，接收的总字节数是 200MB，但是在最新的被测版本中发送的总字节数变成了 50MB，接收的总字节数变成了 400MB。

这里需要注意的是，判断"恶化"趋势的前提是完全相同的环境以及测试负载。对于不同"恶化"指标，有不同的排查方法。以最常见的事务响应时间变慢为例，说明一下排查方法。

假设通过性能基准测试的比较结果得知，用户登录的响应时间从 2s 变成了 4s，那么我们首先要做的是验证在单用户的情况下，是否会出现响应时间变长的问题。具体做法是，将用户登录的虚拟用户脚本单独拿出来，建立一个单用户运行的性能测试场景并执行测试，观察用户登录的响应时间是否变慢。如果变慢了，就说明这是单用户登录场景下出现的性能问题，后续的处理也相对简单了。解决方法是：分析单用户登录的后端日志文件，看看完成登录操作的时间具体都花在了哪些步骤上，相比之前，哪些步骤花费的时间变长了，或者多出了哪些额外的步骤。如果没有变慢，则说明我们必须尝试在有压力的情况下重现这个性能问题。为此，我们要基于用户登录的虚拟用户脚本构建并发测试的场景，但是我们并不清楚在这个场景设计中到底应该采用多少并发用户、加入多长的思考时间。这时，通常的做法是，直接采用性能基准测试中的并发用户数和思考时间，去尝试重现问题。如果无法重现，可以适当地逐步加大测试负载，并观察响应时间的变化趋势。

这里需要注意的是，千万不要使用过大的测试负载。因为测试负载过大，系统资源也会成为性能瓶颈，一定会使响应时间变长。但这时，响应时间变长主要是由资源瓶颈造成的，而不是你开始要找的那个单用户登录原因。如果此时可以重现问题，那就可以进一步分析并发场景下，单用户登录操作的时间切片，找到具体的原因。如果此时还是不能重现问题，情况就比较复杂了，也就是登录操作的性能可能和其他的业务操作存在依赖，或者与某种资源存在竞争关系，这就要具体问题具体分析了。

一般来说，当定位到性能"恶化"的原因并修复后，我们还会再执行一轮性能基准测试，以确保系统对外发布前的性能基准测试指标没有"变坏"。可以说，通过对每个预发布版本进行性能基准测试，可以保证新发布系统的整体性能不会下降，这也就是性能基准测试最终要达到的目的。

很多大型的传统软件公司都有专门的性能测试团队，这个团队会建立标准的性能基准测试场景，并把性能基准测试的结果作为产品是否可以发布的依据之一。比如，HP 软件中国研发中心就由专门的性能测试卓越中心（PCoE）负责维护、执行性能基准测试，并分析测试结果。

从性能基准测试的设计角度来看，需要注意以下 3 点。

- 性能基准测试中虚拟用户脚本的选择以及配比，需要尽可能地匹配实际的负载情况。
- 总体的负载设计不宜过高，通常被测系统的各类指标占用率需要控制在 30%以内，尽量避免由于资源瓶颈引入的操作延时。
- 每次进行性能基准测试前，需要对系统资源以及网络资源做一轮快速的基准测试，以保证每次被测环境的一致性，同时也要保证数据库的数据量在同一个级别上。总之，需要采用一切可能的手段，来确保多次性能基准测试之间的环境一致性。

8.4.2 稳定性测试

稳定性测试又称可靠性测试，主要通过长时间（7×24h）模拟被测系统的测试负载，来观察系统在长期运行过程中是否有潜在的问题。通过对系统指标的监控，稳定性测试可以发现诸如内存泄露、资源非法占用等问题。

很多企业级的服务器端产品，在发布前往往都要进行稳定性测试。稳定性测试通常直接采用性能基准测试中的虚拟用户脚本，但是性能测试场景的设计和性能基准测试场景会有很大不同。一般是采用"波浪式"的测试负载，比如，先逐渐加大测试负载，在高负载情况下持续 10h 以上，然后逐渐降低负载，这样就构成了一个"波浪"，整个稳定性测试将由很多个这样的波浪连续组成。

稳定性测试成功完成的标志主要有以下 3 项。

- 系统资源的所有监控指标不存在"不可逆转"的上升趋势。
- 事务的响应时间不存在逐渐变慢的趋势。
- 事务的错误率不超过 1%。

实际项目中，因为稳定性测试执行的时间成本很高，往往需要花费 3～7 天的时间，所以一般在其他所有测试都已经完成，并且所有问题都已经修复之后才开始稳定性测试。

另外，为了缩短稳定性测试的执行时间，有些企业往往还会采用"时间轴压缩"的方法。具体的做法就是：在加大测试负载的前提下，适当缩短每个"波浪"的时间，从而减少整体的测试执行时间。

千万不要小看稳定性测试带来的价值，因为在稳定性测试中一旦发现问题，那么这些问题都是很严重而且非常隐蔽的大问题。所以，很多大型的软件企业都会执行严格的稳定性测试，并把稳定性测试的结果作为产品是否可以发布的硬性要求。比如，HP 软件研发中心每次发布产品前都会由专门的性能测试团队完成严格的稳定性测试，并以此来决定是否要发布这个产品。

8.4.3　并发测试

并发测试是在高并发情况下验证单一业务功能的正确性以及性能的测试手段。并发测试一般使用思考时间为零的虚拟用户脚本来发起具有"集合点"的测试。"集合点"的概念已经在前面的章节中解释过了。如果不清楚，可以再回顾一下之前的内容。

并发测试往往被当作功能测试的补充，主要用于发现诸如多线程、资源竞争、资源死锁之类的错误。要执行并发测试，就需要加入"集合点"，所以往往需要修改虚拟用户脚本。加入"集合点"一般有两种做法。

- 在虚拟用户脚本的录制过程中直接添加。
- 在虚拟用户脚本中，通过加入 lr_rendezvous()函数添加。

8.4.4　容量规划测试

容量规划测试是为了完成容量规划而设计的测试。什么是容量规划呢？所谓容量规划是软件产品为满足用户目标负载而调整自身生产能力的过程。

容量规划的主要目的是，当系统负载将要达到极限处理能力时，解决我们应该如何通过垂直扩展（增加单机的硬件资源）和水平扩展（增加集群中的机器数量）增加系统整体的负载处理能力的问题。

目前来讲，容量规划的主要方法水平扩展。但是，具体应该增加多少机器，以及增加后系统的负载处理能力是否会线性增长，这些问题都需要通过容量规划测试进行验证。那么，容量规划测试具体要怎么做呢？

我们可以使用性能基准测试中的虚拟用户脚本，以及各个业务操作脚本的百分比，压测单机部署的被测系统。我们会采用人工的方式不断增加测试负载，直到单机系统的吞吐量指标到达临界值，由此就可以知道单台机器的处理能力。

理论上讲,整个集群的处理能力将等于单台机器的处理能力乘以集群中的机器数,但是实际情况并不是这样。实际的集群整体处理能力一定小于这个值,但具体小多少就要靠实际的测试验证了。

理想的状态是,集群整体的处理能力能够随着集群中机器数量的增长线性增长。但是,随着机器数量的不断增长,在达到某个临界值之后,集群的整体处理能力总会不再继续线性增长。这个临界值也需要通过容量规划测试找出来。

另外,容量规划测试的结果还可以被用作系统容量设计的依据。如果企业级软件产品的目标用户规模通常是可以预估的,那么我们就可以通过这些预估的系统负载计算出软件部署的集群规模,并且可以在具体实施后通过容量规划测试的方式进行验证。

8.5 大型互联网产品的全链路压测

本节首先讲解一些全链路压测的基础理论知识,然后介绍具体的难点以及解决方案。

8.5.1 全链路压测的定义

全链路压测是基于真实的生产环境来模拟海量的并发用户请求和数据,对整个业务链路进行压力测试,试图找到所有潜在性能瓶颈并持续优化的实践。

目前,一线互联网公司的大型电商平台都会不定期地开展全链路压测,如淘宝、京东、饿了么和美团这些企业,都已经有了自己的全链路压测方案和平台。

其中,最典型的要数淘宝的"双 11"活动了。每年到了 11 月 11 日的 0 点,淘宝的整个系统都会面临极大的流量冲击,如果事先没有经过充分的测试和容量预估,很可能会在流量爆发时瘫痪。记得在早些年的淘宝"双 11"活动中,就出现了不同程度的网站故障,严重影响了用户体验,所以从 2013 年开始,淘宝开始实施全面的全链路压测。由于在真正的"双 11"活动到来前,淘宝内部已经模拟了比"双 11"活动流量还要高的负载,并且逐个解决了已经发现的问题,因此真正的"双 11"活动到来的时候,就不会出现严重的问题了。于是,为了防止事故发生,淘宝会在每年"双 11"活动之前,对系统的稳定性以及负载承受能力进行必要的测试和评估。

当然,全链路压测的应用场景不仅包括验证系统在峰值期间的稳定性,还包含新系统上线后的性能瓶颈定位以及站点容量的精准规划。

比如,如果某些业务模块的操作负载会集中到几个最核心的组件上,那么通过全链路压测的模拟,就能快速识别出哪些模块的负载过大,哪些模块的负载偏小。这样我们在对系统进行扩容时,就可以把资源更多地分配给那些承受大负载的模块,而对于那些承受偏小负载的模块,就可以进行适当地压缩资源,以让出更多的可用资源。这就是精准的容量规划。

8.5.2　单系统的独立压测

早先的时候，压测并不是针对业务的全链路开展的，而是采用了"各个击破"的原则，即对生产环境中的单机或者单系统进行独立的压测。这时，压测主要是通过模拟单一系统的海量并发请求来实现的。而模拟海量请求主要有以下两种实现方式。

- 根据设计的压力来直接模拟大量的并发调用。
- 先获取线上真实的流量请求，然后经过数据清洗后，再回放、模拟大量的并发调用。

不管采用的是哪种方式，都会涉及流量模拟、数据准备、数据隔离等操作。除此之外，单系统的独立压测的局限性也非常明显。这里把单系统独立压测的局限性归纳为以下几点。

- 在单系统独立压测的时候，会假设其依赖的所有系统能力都是无限的，而实际情况一定不是这样，这就造成了单系统独立压测的数据普遍比较乐观的情况。
- 在大压力环境下，各系统间的相互调用会成为系统瓶颈，但这在单系统独立压测的时候根本无法体现。
- 在大压力环境下，各系统还会出现抢占系统资源（如网络带宽、文件句柄）的情况，这种资源抢占必然会引入性能问题，但是这类问题在单系统独立压测过程中也无法体现出来。
- 因为在单系统测试中，通常都只会先选择最核心的系统来测试，这就意味着其他的非核心系统会被忽略，而在实际项目中，这些非核心系统也很有可能会造成性能瓶颈。

因此，为了解决单系统独立压测的一系列问题，业界就衍生出了全链路压测。全链路压测会把整个系统看作一个整体，然后在真实的生产环境中模拟业务的海量并发操作，以此来衡量系统的实际承载能力，或者找出系统可能的瓶颈点并给出相应的解决方案。

目前来看，全链路压测需要解决的技术难点有很多，其中最重要的有 4 个点。

（1）海量并发请求的发起。

（2）全链路压测流量和数据的隔离。

（3）实际业务负载的模拟。

（4）真实交易和支付的撤销以及数据清理。

8.5.3　海量并发请求的发起

因为全链路压测需要发起海量并发请求，通常会超过每秒 1000 万次以上请求的压力量级，所以传统的性能测试工具 LoadRunner 已经很难满足要求了，原因有二。

（1）LoadRunner 按并发用户数收费，这就使得采用 LoadRunner 进行互联网的全链路压测的费用会非常高。

（2）因为 LoadRunner 本身也很难支持千万级乃至亿级的海量并发请求，所以业界多采用免费的 JMeter 来完成全链路压测，这也是 JMeter 近几年被互联网企业广泛使用的原因。

但是，即便有了 JMeter，我们在开展全链路压测时，也会有很多问题需要解决。其中，最主要的问题包括以下 3 个。

（1）虽然采用了分布式的 JMeter 方案，但是并发请求数量也会存在上限。比如，面对亿级的海量并发请求时，主要是因为分布式的 JMeter 方案中，Master 节点会成为发起整个压测的瓶颈。为了解决这个难题，很多公司并不会直接采用分布式 JMeter 架构来处理海量并发请求，而使用 Jenkins Job 单独调用 JMeter 节点来控制和发起压力测试。这样就避免了 Master 节点引发的瓶颈问题。另外，由于各个 Jmeter 节点是完全独立的，因此只要 Jenkins Job 足够多，并且网络带宽不会成为瓶颈，就能发起足够大的并发请求。

（2）测试脚本、测试数据和测试结果在分布式 JMeter 环境中存在的分发难题。如果直接采用分布式的 JMeter 方案，测试脚本需要通过 JMeter 的 Master 节点来分发，测试数据文件则要用户自行上传至每套虚拟机，同时测试结果还要通过 JMeter 的 Slave 节点回传至 Master 节点。所以，更好的做法是基于 JMeter 来搭建一个压测框架，诸如脚本分发、数据分发以及结果回传等工作，都由压测框架完成。这也是目前绝大多数大型互联网企业的做法。比如，饿了么就采用这种方式搭建了压测平台，并且取得了很好的效果。

（3）流量发起的地域要求不同。全链路压测中流量的发起很多时候是有地理位置要求的，比如，30%的压力负载来自上海，30%的压力负载来自北京等，这就要求我们在多个城市的数据中心都搭建 JMeter Slave，以便可以发起来自多个地域的组合流量。

8.5.4 全链路压测流量和数据的隔离

因为全链路压测是在实际的生产环境中执行的，所以测试产生的数据与真实的用户数据必须进行有效隔离，以防止压测的流量和数据污染、干扰真实的生产环境。比如，不能将压测数据记录到统计分析报表里，压测完成后应清洗掉压测产生的数据。为了达到这个目的，我们就需要对压测流量进行特殊的数据标记，以区别于真实的流量和数据。这就要求各个链路上的系统，都能传递和处理这种特殊的数据标记，同时写入数据库中的数据也必须带有这种类型的标记以便区分数据，或者直接采用专门的影子数据库来存储压测的数据。

可以看出，为了隔离压测产生的和真实的流量与数据，就需要对各个业务模块与中间件进行特殊改造和扩展。而这个工作量相当大，牵涉的范围非常广，也就进一步增加了实施全链路压测的难度。

通常来讲，首次全链路压测的准备周期会需要半年以上的时间，其中最大的工作量在于对现有业务系统和中间件的改造，来实现压测流量和数据的隔离。所以，在实际的项目中，如果全链路压测不是由高层领导直接牵头推动的，很难推进。

另外，在对各个业务模块和中间件添加特殊标记的改造过程中，我们会尽可能少地改动业务模块，而是更倾向于通过中间件来尽可能多地完成特殊数据标记的处理和传递。

8.5.5　实际业务负载的模拟

一直以来，如何尽可能准确地模拟业务系统的负载，都是设计全链路压测时的难题。这里的难点主要体现在两个方面：一方面，要估算负载的总体量级；另一方面，需要详细了解总负载中各个操作的占比情况以及执行频次。业界通常的策略是，采用已有的历史负载作为基准数据，然后在此基础上进行适当调整。具体到执行层面，通常的做法是，录制已有的实际用户负载，然后在此基础上做以下两部分修改。

- 录制数据的清洗，将录制得到的真实数据统一替换成为压测准备的数据，比如，需要将录制得到的真实用户替换成专门为压测准备的测试用户等。
- 基于用户模型的估算，在全链路压测过程中，按比例放大录制脚本的负载。之后，再用这个负载来模拟全链路压测的负载。

8.5.6　真实交易和支付的撤销以及数据清理

因为全链路压测是在真实的生产环境中进行的，在网站上完成的所有交易以及相关的支付都是真实有效的，所以在测试结束后，需要撤销这些交易。因为我们已经对这些交易的流量和数据进行了特定标记，所以可以比较方便地筛选出需要撤销的交易，然后通过自动化脚本的方式来完成批量的数据清理工作。全链路压测还需要考虑测试执行过程中的性能监控、高强度压测负载下的测试熔断机制、全链路压测执行期间对原有系统正常负载的影响、全链路压测数据对外的不可见性等。

总之，全链路压测的技术含量很高，而且需要多方共同配合才可能顺利完成。

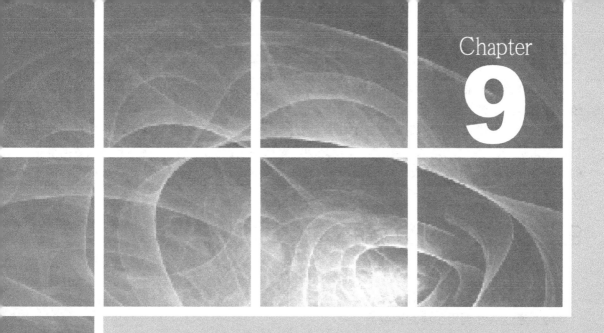

Chapter

9

第 9 章

准备测试数据

本章开始讲解准备测试数据的基本方法、创建测试数据的基本方法，以及目前业内先进的统一测试数据平台。

测试数据的准备是软件测试过程中非常重要的一个环节，无论是手工测试还是自动化测试，无论是 GUI 测试还是 API 测试，无论是功能测试还是性能测试，都避不开测试数据准备的工作。所以，如果你想要成 s 为一名优秀的测试工程师，就需要深入理解测试数据准备的方法，以及它们各自的优缺点和适用场景。

9.1　准备测试数据的基本方法

从创建测试数据的角度看，准备测试数据的方法主要分为 4 类。

（1）基于 GUI 操作生成测试数据。

（2）通过 API 调用生成测试数据。

（3）通过数据库操作生成测试数据。

（4）综合运用 API 和数据库生成测试数据。

接下来讲解这 4 种准备测试数据的方法。

9.1.1　基于 GUI 操作生成测试数据

基于 GUI 操作生成测试数据，是创建测试数据最原始的方法。简单地说，它就是采用 E2E 的方式来执行业务场景，然后生成测试数据的方法。比如，要测试用户登录功能，首先就要准备一个已经注册的用户，为此可以直接通过 GUI 操作来注册一个新用户，然后用这个新创建的用户完成用户登录功能的测试。这个方法的优点是简单直接，在技术上不复杂，而且所创建的数据完全来自真实的业务流程，可以保证数据的正确性。但是，该方法的缺点也十分明显，主要体现在以下这 4 个方面。

（1）创建测试数据的效率非常低。一是每次执行 GUI 业务操作都只能创建一条数据，二是基于 GUI 操作的执行过程比较耗时。

（2）基于 GUI 的测试数据创建方法不适合封装成测试数据工具。因为测试数据的创建是通过 GUI 操作实现的，所以把这种数据创建方法封装成测试数据工具的过程，其实就是在开发 GUI 自动化测试用例。无论是从开发工作量，还是从执行效率来讲，把基于 GUI 操作的测试数据创建方法封装成测试数据准备都不是最佳选择。

（3）测试数据成功创建的概率不会太高，因为准备测试数据的成功率受限于 GUI 自动化执行的稳定性，而且界面的变更可能导致无法创建测试数据。

（4）会引入不必要的测试依赖，比如，被测对象是用户登录功能，通过 GUI 操作准备这个注册用户数据，首先要保证系统的用户注册功能没有问题，而这显然是不合理的。

由于以上 4 方面的原因，在实际的测试过程中，很少直接使用基于 GUI 的操作生成测试数据。只有在万不得已的情况下，比如，当无法通过其他更好的方式创建正确可靠的测试数据时，才会使用这个方法。另外，这里需要说明的是，基于 GUI 操作生成测试数据的方法一般只用于手工测试，因为在自动化测试中使用这种数据准备方法，相当于要开发一个完整的 GUI 自动化测试用例，代价太大。

那为什么还要介绍这个方法呢？其实，这个方法帮助我们了解创建一个测试数据的过程中，后端调用了哪些 API，以及修改了哪些数据库的业务表。

9.1.2　通过 API 调用生成测试数据

通过 API 调用生成测试数据，是目前主流的测试数据准备方法。其实，当我们通过操作 GUI 生成测试数据时，实际的业务操作往往是由后端的 API 调用完成的。所以，这个过程完全可以通过直接调用后端 API 生成测试数据。

还以用户登录功能的测试为例，当我们通过 GUI 操作注册新用户时，实际上就调用了 createUser 这个 API。既然知道了具体要调用哪个 API，就可以跳过 GUI 操作，直接调用 createUser 生成"注册新用户"的测试数据。

为了规避在创建测试数据时过于在乎实现细节的问题，在工程实践中，往往会把调用 API 生成测试数据的过程封装成测试数据准备函数。那怎么才能知道前端新用户注册这个操作到底调用了哪些后端 API 呢？这通过以下 3 种方式可以获悉。

（1）直接询问开发人员，这是最直接的方法。

（2）如果你有一定的编程基础，可以直接阅读源代码。

（3）在一个可以独占的环境中执行 GUI 操作，创建测试数据，与此同时监控服务器端的调用日志，分析这个过程到底调用了哪些 API。

通过 API 调用生成测试数据的优点主要体现在以下几个方面。

- 可以保证创建的测试数据的准确性，原因是使用了和 GUI 操作同样的 API 调用。
- 准备测试数据的效率更高，因为该方法跳过了耗时的 GUI 操作。
- 把创建测试数据的 API 调用过程封装成了测试数据函数，因为这个调用过程的代码逻辑非常清晰。
- 测试数据的创建可以完全依赖于 API 调用，当创建测试数据的内部逻辑有变更时，由于此时 API 内部的实现逻辑也会由开发人员同步更新，因此我们依旧可以通过调用 API 来得到逻辑变更后的测试数据。

但是，该方法也不是完美无瑕的，其缺点主要表现如下。

- 并不是所有的测试数据创建方式都有对应的 API 支持。也就是说，并不是所有的数据都可以通过 API 调用的方式创建，有些操作还必须依赖于数据库的 CRUD 操作。这时，我们就不得不在测试数据准备函数中加入数据库的 CRUD 操作来生成测试数据了。
- 有时，创建一条业务线上的测试数据，往往需要按一定的顺序依次调用多个 API，并且会在多个 API 调用之间传递数据，这无形中也增加了测试数据准备函数的复杂性。

● 虽然相对于 GUI 操作方式，基于 API 调用的方式在执行速度上已经得到了大幅提升，并且还可以很方便地实现并发执行（如使用 JMeter 或者 Locust），但是对于需要批量创建海量数据的场景，基于 API 调用的方式还会力不从心。因此，业界往往还会通过数据库的 CRUD 操作生成测试数据。

9.1.3 通过数据库操作生成测试数据

通过数据库操作生成测试数据，也是目前主流的测试数据生成方法。这个方法的实现原理很简单，就是直接通过数据库操作，将测试数据插入被测系统的后台数据库中。常见的做法是，将创建数据需要用到的 SQL 语句封装成测试数据准备函数，当需要创建数据时，直接调用这些封装好的函数。

还以用户登录功能测试为例，当通过 GUI 操作注册新用户时，实际上在后端调用了 createUser 这个 API。而这个 API 的内部实现逻辑是，将用户的详细信息插入 userTable 和 userRoleTable 这两张业务表中。通过数据库操作，可以直接在 userTable 和 userRoleTable 这两张业务表中插入数据，完成这个新用户的注册工作。这样做的前提是，需要知道前端用户通过 GUI 操作注册新用户时，到底修改了哪些数据库的业务表。通过以下 3 种方式可以了解操作的业务表。

（1）直接向开发人员索要使用到的 SQL 语句。

（2）直接阅读源代码。

（3）在一个可以独占的环境中执行 GUI 操作，产生测试数据，与此同时，监控独占环境中数据库端业务表的变化，找到哪些业务表发生了变化。

通过数据库操作生成测试数据的主要优点是测试数据的生成效率非常高，可以在较短的时间内创建大批量的测试数据。当然，这个方法的缺点也非常明显，主要体现在以下几个方面。

● 很多时候，一个前端操作引发的数据创建，往往会修改很多个业务表，因此封装的数据准备函数的维护成本比较高。

● 容易出现数据不完整的情况。比如，一个业务操作实际上在一个业务主表和一个业务附表中插入了记录，但是基于数据库操作的数据创建可能只在主业务表中插入了记录，这种错误一般都会比较隐蔽，往往只在一些特定的操作下才会发生异常。

● 当业务逻辑发生变化时，即 SQL 语句有变化时，需要维护和更新已经封装的数据准备函数。

9.1.4 综合运用 API 和数据库生成测试数据

目前，在实际的测试实践中，很少使用单一的方法生成测试数据，基本上都采用 API 和数据库相结合的方式。最典型的应用场景是，先通过 API 调用生成基础的测试数据，然后使用数据库的 CRUD 操作生成符合特殊测试需求的数据。以创建用户为例，介绍一下如何综合运用 API 和数据库两种方式创建测试数据。

假设我们需要封装一个创建用户的函数，这个函数需要对外暴露"用户"和"支付方式"这两个参数。因为实际创建的用户是通过后台 createUser API 完成的，但是这个 API 并不支持指定"用户"和"支付方式"这两个参数，所以就需要自己封装一个创建用户的函数。要封装创建用户函数的方法，可以通过下面这个思路实现。

首先，调用 createUser API 完成基本用户的创建。

然后，调用 paymentMethod API 实现用户与不同支付方式的绑定，其中 paymentMethod API 使用的 userID 就是上一步中 createUser API 产生的用户 ID。

最后，通过数据库的 SQL 语句更新"用户"。

在这个例子中，createUserAPI 和 paymentMethod API 只是为了说明如何综合运用 API 的顺序调用，且其具体参数并不是要阐述的关键内容，所以并没有详细说明这两个 API 的参数、实现方式等。另外，在最后一步综合运用了数据库的 CRUD 操作，完成了创建测试数据的全部工作。

9.2 创建测试数据的方法

上一节介绍了创建测试数据的 4 类方法，即基于 GUI 操作生成测试数据、通过 API 调用生成测试数据、通过数据库操作生成测试数据，以及综合运用 API 和数据库生成测试数据。但是，并没有介绍应该在什么时机创建这些测试数据。比如，是在测试用例中实时创建测试数据，还是在准备测试环境时准备好所有的测试数据呢？

在不同的时机创建测试数据，就是为了克服准备测试数据的不同困难。那么，准备测试数据的困难都体现在哪些方面呢？

- 在测试用例执行过程中，创建所需的数据往往会耗时较长，从而使得测试用例执行的时间变长。
- 在测试执行之前，先批量生成所有需要用到的测试数据，就有可能出现在测试用例执行时，这些事先创建好的数据已经被修改而无法正常使用的情况。
- 在微服务架构下，测试环境本身的不稳定性，也会阻碍测试数据的顺利创建。

从测试数据创建的时机来看，主要分为实时创建（On-the-fly）和事先创建（Out-of-box）两类方法。这两类方法都有各自的优缺点，以及适用场景。而且在实践中，往往会综合使用这两种方法。

接下来，通过一些实例，详细讨论这两类方法。

9.2.1 实时创建方法

实时创建方法，指的是在测试用例的代码中实时创建要使用到的测试数据。比如，对于用户登录功能的测试，在测试用例开始的部分，首先调用上一节中介绍的创建新用户的数据准备函数来生成一个新用户，接下来的测试将会直接使用这个新创建的用户。

在使用实时创建方法时，测试用例中所有用到的测试数据，都在测试用例开始前实时准备。采用实时创建方式创建的数据，都是由测试用例自己维护的，不会依赖于测试用例外的任何数据，从而保证了数据的准确性和可控性，最大限度地避免了出现"脏"数据的可能性。

什么是"脏"数据呢？这里的"脏"数据是指，在实际使用前，数据已经进行了非预期的修改。

从理论上来讲，这种自己创建和维护数据的方式是好的处理方式，很多早期的测试资料都推荐采用这种方式。但是，随着软件架构的发展，以及软件发布频率的快速增长，这种方式的弊端越来越明显。这些弊端主要体现在以下 3 方面。

（1）实时创建测试数据比较耗时。

在测试用例执行的过程中实时创建测试数据，将直接导致测试用例的整体执行时间变长。

作者曾统计过一个大型电商网站的测试用例执行时间，在总的测试用例执行时间中，有30%～40%的时间花在了测试数据的实时准备上。也就是说，测试数据的实时准备花费了差不多一半的测试用例执行时间。对于传统软件企业来说，它们可能并不太在意这多出来的测试执行时间，因为它们的软件发布周期比较长，留给测试的时间也比较长，所以这多出来的时间可以忽略不计。但是，对于互联网软件企业来说，软件发布频率很高，留给测试执行的时间都很短，缩短测试数据准备时间的重要性就不言而喻了。

要解决创建测试数据耗时的问题，除了从测试数据准备函数的实现入手外，还可以考虑采用后面介绍的事先创建测试数据的方式。

（2）测试数据本身存在复杂的关联性。

很多时候，为了创建一批业务数据，往往需要先创建一堆其他相关联的数据。越是业务链后期的数据，这个问题就越严重。

比如，创建订单数据这个最典型的案例。因为创建订单的数据准备函数需要提供诸如卖家、买家、商品 ID 等一系列的前置数据，所以就不得不先创建这些前置数据。这样做，一方面准备测试数据的复杂性直线上升，另一方面创建测试数据所需要的时间也会变得更长。

为了缓解这个问题，可以考虑将部分相对稳定的数据事先创建好，而不要采用实时创建方式创建所有的数据。

（3）来自于微服务架构的挑战。

早期的软件架构都是单体的，只要测试环境部署成功了，所有的功能就都可以使用了。现如今，大量的互联网产品都采用了微服务架构，所以，很多时候测试环境并不是 100%处于全部可用的状态。也就是说，并不是所有的服务都是可用的，这就给准备测试数据带来了新的挑战。

比如，为了测试用户登录功能，根据实时创建的策略，首先需要创建一个新用户。假设在微服务架构下注册用户和用户登录隶属于两个不同的微服务，而此时注册用户的微服务恰好因为某种原因处于不可用状态，所以就无法成功创建这个用户，也就是无法创建测试数据。因此，整个测试用例都无法顺利执行。显然，这不是我们想要的结果。

为了解决这个问题，可以采用事先创建数据的方式，只要能够保证测试环境在某个时间段没有问题，就可以在这个时间段事先创建好测试数据。

为了解决上述 3 个问题，事先创建测试数据的方式应运而生。接下来我们就一起看看这个方式的原理，以及适用场景。

9.2.2 事先创建方法

事先创建方法，指的是在准备测试环境时预先将测试需要用到的数据全部准备好，而不是在测试用例中实时创建。这样可以节省不少测试用例的执行时间，同时也不会存在由于环境问题无法创建测试数据而阻碍测试用例执行的情况。也就是说，事先创建方法可以克服实时创建方法的缺点，那么这个方式又会引入哪些新问题呢？

事先创建方法"最致命"的问题是出现的"脏"数据。比如，我们在测试用例中使用事先创建好的用户进行登录测试，但这个用户的密码被其他人无意中修改了，导致在测试用例执行时登录失败，不能顺利完成测试。此时，这个测试用户的数据就成了"脏"数据。再比如，我们在测试用例中使用事先创建的优惠券数据去完成订单操作，但是由于某种原因这张优惠券已经被使用过了，导致订单操作失败，也就意味着测试用例执行失败。此时，这个优惠券数据也是"脏"数据。

由此可见，在测试用例执行的那个时刻，这些事先创建好的测试数据是否依然可用其实是不一定的，因为这些数据很有可能在被使用前已经发生了非预期的修改。这些非预期的修改主要来自以下 3 个方面。

（1）其他测试用例使用了这些事先创建好的测试数据，并修改了这些数据。

（2）在执行手工测试时，因为直接使用事先创建好的数据，很有可能就会修改某些测试数据。

（3）在自动化测试用例的调试过程中，修改了事先创建的测试数据。

为了处理这些"脏"数据，我们只能通过优化流程控制数据的使用。目前，业内有些公司会将所有事先创建好的测试数据列在一个 Wiki 页面，然后按照不同的测试数据区段来分配使用对象。比如，如果事先创建了 1000 个测试用户，那么用户 ID 介于 0001～0200 的数据给一个团队使用，用户 ID 介于 0201～0500 的数据给另一个团队使用。这个分配工作要靠流程保证，前提就是所有人都要遵守这些流程。

但凡需要靠流程保证的一定不是最靠谱的，因为你无法确保所有人都会遵守流程。也正是因为这个原因，在实际项目中还是会经常看到由"脏"数据引发测试用例执行失败的案例。

更糟糕的是，如果自动化测试用例直接采用硬编码的方式，去调用那些只能使用一次的测试数据（如订单数据、优惠券等），你会发现测试用例只能在第一次执行时通过，后面再执行都会因为测试数据的问题而失败。另外，还需要在测试用例级别保证测试数据只调用一次，而这往往会涉及跨测试用例的测试数据维护问题，实现起来非常麻烦。所以，事先创建方法不适用于只能使用一次的测试场景。

9.2.3 综合运用实时创建方法和事先创建方法

为了充分利用实时创建方法和事先创建方法各自的优点，并且规避各自的缺点，实际的测试中，往往综合运用实时创建方法和事先创建方法来准备测试数据。在实际的测试项目中，根据测试数据的特性，可以把它们分为两大类，用业内的行话讲，就是"死水数据"和"活水数据"。

"死水数据"是指那些相对稳定、不会在使用过程中改变状态并且可以多次使用的数据。比如，商品分类、商品品牌、场馆信息等。这类数据就非常适合事先创建。

这里需要特别说明的是，哪些数据属于"死水数据"并不是绝对的，由测试目的决定。比如，用户数据在大多数的非用户相关的测试用例中基本上属于"死水数据"，因为绝大多数的业务测试都会包含用户登录的操作，而且并不会修改用户本身的数据属性，所以这时就可以将用户数据按照"死水数据"处理，也就是事先创建这些数据。但是，对于那些专门测试用户账号的测试用例来讲，往往会涉及用户撤销、激活、修改密码等操作，因此此时的用户数据就不再是"死水数据"了，而应该按照"活水数据"处理。

"活水数据"是指那些只能使用一次或者经常会修改的测试数据。最典型的数据是优惠券、订单等数据。这类数据通常在使用一次后状态就发生了变化，不能反复使用。这类测试数据就更适合采用实时创建的方式。同时，由于有事先创建的数据的支持，这类数据往往不需要从最源头开始创建，而可以基于事先创建的数据生成。比如，在使用实时创建方式创建订单数据时，可以直接使用事先创建的用户数据作为买家数据。

由此可见，综合运用这两类方法，可以以互补的方式解决准备测试数据的很多问题，比如，准备测试数据比较耗时、测试数据中存在"脏"数据，以及测试环境不稳定造成测试数据无法创建等。

9.3 测试数据的"银弹"——统一测试数据平台

之前的章节介绍了创建测试数据的主要方法，以及创建测试数据的时机。在此基础上，本节介绍全球大型电商企业中关于准备测试数据的最佳实践。

本节会从全球大型电商企业早期的测试数据准备实践谈起，并分析这些测试数据准备方法在落地时遇到的问题，以及如何在实践中解决这些问题。其实，这种分析问题、解决问题的思路，也是推动测试数据准备时代从 1.0 到 2.0 再到 3.0 演进的动力。

因为这个主题的内容相对较多，所以为了便于理解，下面分 3 节展开讨论。同时，为了深入讨论这个话题，也真正做到"接地气"，在介绍过程中，本节会列举很多工程中的实际问题，并给出相应的解决方案。或许这些问题你也曾经遇到过，或者正在解决中，希望这些方案可以给你启发，帮你攻克这些难关。

本节就先从测试数据准备的 1.0 时代谈起。

9.3.1　测试数据准备的 1.0 时代

目前很多软件企业还都处于测试数据准备的 1.0 时代。这个阶段最典型的方法就是，将测试数据准备的相关操作封装成数据准备函数。这些相关操作既可以是基于 API 的，也可以是基于数据库的。当然，也可以两者相结合。

有了这些数据准备函数后，就可以在测试用例内部以实时创建方式调用它们，实时创建数据，也可以在测试开始之前，在准备测试环境的阶段以事先创建方式调用它们，事先创建好测试数据。

那么，一个典型的数据准备函数是什么样子的？我们一起来看一段代码，里面的 createUser 函数就是一个典型的数据准备函数。代码清单 9-3-1 展示了典型的数据准备函数的原型。

代码清单 9-3-1

```
public static User createUser(String userName, String password, UserType userType,
    PaymentDetail paymentDetail, Country country, boolean enable2FA)
{
    //使用 API 调用和数据库 CRUD 实际创建测试数据
    ......
}
```

乍一看，如果可以将大多数的业务数据创建过程都封装成数据准备函数，那么测试数据的准备过程就变成了调用这些函数，而无须关心数据生成的细节。这岂不是很简单？真的是这样吗？

这里，建议你在继续阅读后面的内容之前，先思考一下这个方法会有什么短板，然后再回过头来往下看，这将有助于你加深对这个问题的理解。当然，如果你已经在项目中实际采用了这个方法，相信你已经对它的短板了如指掌了。

现在回答这个问题。利用这种数据准备函数创建测试数据方法的最大短板，在于其参数非常多，也非常复杂。在上面这段代码中，createUser 函数的参数有 6 个。而实际项目中，由于测试数据本身的复杂性，参数的数量往往会更多，十多个都是很常见的。

而在调用数据准备函数之前，首先要做的就是准备好这些参数。如果这些参数的数据类型是基本类型，还比较简单（如 createUser 函数中的 userName、password 是字符串型，enable2FA

是布尔型），但这些参数如果是对象（如 createUser 函数中的 userType、paymentDetail 和 country 就是对象类型的参数），就很麻烦了。为什么呢？因为需要先创建这些对象。更糟糕的是，如果这些对象的初始化参数也是对象，就涉及一连串的数据创建操作。代码清单 9-3-2 就是使用 createUser 函数创建测试数据的一个典型代码片段。

代码清单 9-3-2

```
//准备 createUser 的参数
UserType userType = new UserType("buyer");
Country country = new Country("US");

//准备 createPaymentDetail 的参数
PaymentType paymentType = new PaymentType("Paypal");

//调用 createPaymentDetail 创建 paymentDetail 对象
PaymentDetail paymentDetail = createPaymentDetail(paymentType,2000);

//最主要的部分，调用 createUser 产生测试数据
User user=createUser("TestUser001", "abcdefg1234", userType, paymentDetail, country, true);
```

由此可见，每次使用数据准备函数创建数据时，你不但要知道待创建数据的全部参数细节，而且要创建这些参数的对象，这就让原本看似简单的、通过数据准备函数调用生成测试数据的过程变得非常复杂。

其实，绝大多数的测试数据准备场景下，你仅需要一批所有参数都使用默认值的测试数据，或者只对几个参数有明确的要求，而其他参数都可以是默认值的测试数据。

以创建用户数据为例，大多情况下你只是需要一个默认（Default）参数的用户，或者是对个别参数有要求的用户。比如，你需要一个美国的用户，或者需要一个 userType 是 buyer 的用户。这时，人为指定你并不关心的所有参数的做法，其实是不合理的，也没有必要。

为了解决这个问题，在工程实践中，就引入了图 9-1 所示的数据准备函数的封装形式。

```
1   createUserImpl(A, B, C, D, E){
2       //使用API调用的方式和数据库CRUD的方式实际创建测试数据
3       ...
4   }
5
6   createDefaultUser(){
7       //初始化参数A, B, C, D, E
8       ...
9       createUserImpl(A, B, C, D, E);
10  }
11
12  createXXXUser(A){
13      //初始化参数B, C, D, E
14      ...
15      createUserImpl(A, B, C, D, E);
16  }
17
18  createYYYUser(A,D){
19      //初始化参数B, C, E
20      ...
21      createUserImpl(A, B, C, D, E);
22  }
```

图 9-1 数据准备函数的封装形式

在这个封装中,我们将实际完成数据创建的函数命名为 createUserImpl,这个函数内部将通过 API 调用和数据库 CRUD 操作的方式,完成实际数据的创建工作,同时对外暴露了所有可能用到的 user 参数 A、B、C、D、E。

接着,我们封装了一个不带任何参数的 createDefaultUser 函数。在函数内部的实现中,首先会用默认值初始化 user 的参数 A、B、C、D、E,然后将这些参数作为调用 createUserImpl 函数时的参数。

当测试用例中仅需要一个没有特定要求的默认用户时,就可以直接调用这个 createDefaultUser 函数,隐藏测试用例并不关心的其他参数的细节,这也就真正做到了用一行代码生成你想要的测试数据。

而对于那些测试用例只对个别参数有要求的场景,比如,只对参数 A 有要求的场景,就可以为此封装一个 createXXXUser(A)函数,用默认值初始化参数 B、C、D、E,然后对外暴露参数 A。

当测试用例需要创建 A 为特定值的用户时,就可以直接调用 createXXXUser(A)函数,然后 createXXXUser(A)函数会用默认的 B、C、D、E 参数的值加上 A 的值调用 createUserImpl 函数,以此完成测试数据的创建工作。当然,在对多个参数有特定要求的场景下,我们就可以封装出 createYYYUser 这样暴露多个参数的函数。

通过这样的封装,对于一些常用的测试数据组合,我们通过一次函数调用就可以生成需要的测试数据;而对于那些不常用的测试数据,我们依然可以通过直接调用最底层的 createUserImpl 函数完成数据创建工作。可见,这个方法相比之前已经有了很大的进步。

但是,在实际项目中,大量采用了这种封装的数据准备函数后,还有一些问题亟待解决,主要表现在以下几个方面。

- 对于参数比较多的情况,需要封装的函数数量很多。另外,参数越多,组合也就越多,封装函数的数量也就越多。
- 当底层 createUserImpl 函数的参数发生变化时,需要修改所有的封装函数。
- 数据准备函数的 JAR 包版本升级比较频繁。由于这些封装的数据准备函数往往是以 JAR 包的方式提供给各个模块的测试用例使用的,并且 JAR 会有对应的版本控制,因此一旦封装的数据准备函数发生了变化,我们就要升级对应 JAR 包的版本号。这些封装的数据准备函数由于需要支持新的功能,并修复现有的问题,因此会经常发生变化,从而使测试用例中引用的版本也需要经常更新。

为了进一步解决这 3 个问题,同时又可以最大限度地简化测试数据准备工作,我们就迎来了数据准备函数的一次大变革,由此也将测试数据准备推向了 2.0 时代。

这里需要强调一下,本书把到目前为止所采用的测试数据实践称为数据准备的 1.0 时代。下一节详细介绍 2.0 时代下的测试数据准备都有哪些关键的技术创新。

9.3.2　测试数据准备的 2.0 时代

上一节介绍了测试数据准备 1.0 时代的实践。在 1.0 时代，测试数据准备的最典型方法是，将测试数据准备的相关操作封装成数据准备函数。本节将介绍测试数据准备的 2.0 时代的实践，展示创建测试数据的方法又发生了哪些变革。

在 1.0 时代，为了让数据准备函数的使用更方便，避免每次调用前都必须准备所有参数的问题，介绍了很多使用封装函数隐藏默认参数初始化细节的方法。但是，这种封装函数的方式也会带来诸如需要封装的函数数量较多、频繁变更的维护成本较高，以及数据准备函数 JAR 版本升级的问题。所以，为了系统地解决这些可维护性问题，我们对数据准备函数的封装方式做了一次大变革，也由此进入了测试数据准备的 2.0 时代。

1.　测试数据的生成器模式

在测试数据准备的 2.0 时代，数据准备函数不再以暴露参数的方式进行封装了，而是引入了一种叫作生成器模式（Builder Pattern）的封装方式。这个方式能够在保证最大的数据灵活性的同时，在使用上提供最大的便利性，并且维护成本还非常低。

事实上，如果不考虑跨平台的能力，生成器模式是一个接近完美的解决方案。关于什么是"跨平台的能力"，会在测试数据准备的 3.0 时代中解释，这里先介绍生成器模式。

生成器模式是一种数据准备函数的封装方式。在这种方式下，当你需要准备测试数据时，不管情况多么复杂，都可以通过简单的一行代码调用来完成。下面列举一些示例。

示例一：你需要准备一个用户的数据，而且对具体的参数没有任何要求。也就是说，你需要的仅仅是一个所有参数都可以采用默认值的用户。那么，在生成器模式的支持下，只需要执行一行代码就可以创建出这个所有参数都是默认值的用户。代码清单 9-3-3 展示了这行代码。

代码清单 9-3-3

```
UserBuilder.build();
```

示例二：你现在还需要一个用户的数据，但是这次需要的是一个美国用户的数据。这时，在生成器模式的支持下，你只用一行代码也可以创建出这个指定国家是美国而其他参数都是默认值的用户。具体的代码请参考代码清单 9-3-4。

代码清单 9-3-4

```
UserBuilder.withCountry("US").build();
```

示例三：你又需要一个用户的数据，其中国籍是英国，支付方式是 Paypal，其他参数都是默认值。这时，在生成器模式的支持下，你依然可以通过一行简单的代码创建出满足这个要求的用户。具体的代码如代码清单 9-3-5 所示。

代码清单 9-3-5

```
UserBuilder.withCountry("US").withPaymentMethod("Paypal").build();
```

通过这 3 个实例，你肯定已经感受到，相对于通过封装函数隐藏默认参数初始化的方法来说，生成器模式简直太便利了。下面总结一下生成器模式的便利性。

● 如果仅仅需要一批全部采用默认参数的数据，可以直接使用 TestDataBuilder.build() 得到。

● 如果你对其中的某个或某几个参数有特定要求，可以通过 ".withParameter()" 的方式指定，而没有指定的参数将自动采用默认值。

这样一来，无论你对测试数据有什么要求，都可以以最灵活和最简单的方式，通过一行代码得到想要的测试数据。

2. 测试数据的生成策略

在实际项目中，随着生成器模式的大量使用，又逐渐出现了更多的新需求，为此这里归纳总结了以下 4 点。

（1）有时候，出于执行效率的考虑，我们不希望每次都重新创建测试数据，而希望可以从被测系统的已有数据中搜索符合条件的数据。

（2）但是，还有些时候，我们希望测试数据必须是新建的，比如，当需要验证新建用户的首次登录时，在系统提示修改密码的测试场景下，就需要这个用户是新建的。

（3）更多的时候，我们并不关心这些测试数据是新建的，还是通过搜索得到的，我们只希望以尽可能短的时间得到需要的测试数据。

（4）甚至，有些场景下，我们希望得到的测试数据一定是开箱即用的数据。

为了能够满足上述的测试数据需求，我们就需要在生成器模式的基础上，进一步引入生成策略（Build Strategy）的概念。顾名思义，生成策略指的是数据构建的策略。

为此，引入了 SEARCH_ONLY、CREATE_ONLY、SMART 和 OUT_OF_BOX 这 4 种数据构建的策略。这 4 类构建策略在生成器模式中的使用很简单，只要按照代码清单 9-3-6 指定的构建策略就可以了。

代码清单 9-3-6

```
UserBuilder.withCountry("US").withBuildStrategy(BuildStrategy.SEARCH_ONLY).build();
    UserBuilder.withCountry("US").withBuildStrategy(BuildStrategy.CREATE_ONLY).build();
    UserBuilder.withCountry("US").withBuildStrategy(BuildStrategy.SMART).build();
    UserBuilder.withCountry    ("US").withBuildStrategy(BuildStrategy.OUT_OF_BOX).build();
```

结合这 4 类构建策略的代码，再介绍一下，它们会在创建测试数据时执行什么操作，返回什么样的结果。

● 当使用 BuildStrategy.SEARCH_ONLY 策略时，生成器模式会在被测系统中搜索符合条件的测试数据。如果找到，就返回；否则，就失败（这里，失败意味着没能返回需要的测试数据）。

● 当使用 BuildStrategy.CREATE_ONLY 策略时，生成器模式会在被测系统中创建符合要求的测试数据，然后返回。

- 当使用 BuildStrategy.SMART 策略时，生成器模式会先在被测系统中搜索符合条件的测试数据。如果找到，就返回；如果没找到，就创建符合要求的测试数据，然后返回。
- 当使用 BuildStrategy.OUT_OF_BOX 策略时，生成器模式会返回 OUT_OF_BOX 中符合要求的数据，如果在 OUT_OF_BOX 中没有符合要求的数据，build 函数就会返回失败。

由此可见，引入生成策略之后，生成器模式的适用范围更广了，几乎可以满足所有的准备测试数据的要求。

9.3.3　测试数据准备的 3.0 时代

但是，不知道你注意到没有，我们其实还有一个问题没有解决，那就是：这里的生成器模式是基于 Java 代码实现的。如果测试用例不是基于 Java 代码实现的，那怎么使用这些生成器模式呢？

在很多大型公司，测试框架远不止一套，不同的测试框架也是基于不同语言开发的，比如，有些是基于 Java 的，有些是基于 Python 的，还有些基于 JavaScript 的。而如果非 Java 语言的测试框架想要使用基于 Java 语言的生成器模式，往往需要进行一些额外的工作，比如，调用一些专用函数等。

这里举个例子。对于 JavaScript 来说，如果要使用 Java 的原生类型或者引用，需要使用 Java.type()函数；而如果要使用 Java 的包和类，就需要使用专用的 importPackage()函数和 importClass()函数。这些都会使得调用 Java 方法很不方便，其他语言在使用基于 Java 的生成器模式时也有同样的问题。但是，我们不希望也不可能为每套基于不同开发语言的测试框架都封装一套生成器模式。所以，我们就希望一套生成器模式可以适用于所有的测试框架，这也就是前面提到的测试准备函数"跨平台的能力"。

为了解决这个问题，测试数据准备走向了 3.0 时代。

为了解决 2.0 时代跨平台使用数据准备函数的问题，我们将基于 Java 开发的数据准备函数用 Spring Boot 包装成了 Restful API，并且结合 Swagger 给这些 Restful API 提供了 GUI 和文档。

这样一来，我们就可以通过 Restful API 调用数据准备函数了，而且因为 Restful API 是通用接口，所以只要测试框架能够发起 HTTP 调用，就能使用这些 Restful API。于是，几乎所有的测试框架都可以直接使用这些 Restful API 准备测试数据。

由此，测试数据准备工作自然而然地就发展到了平台化阶段。我们把这种统一提供各类测试数据的 Restful API 服务，称为"统一测试数据平台"。

最初，统一测试数据平台服务化了数据准备函数的功能，并且提供了 GUI 以方便用户使用，除此以外，并没有提供其他额外功能。图 9-2 展示了统一测试数据平台最初的 UI。

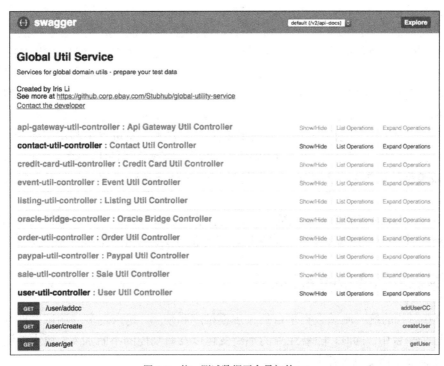

图 9-2 统一测试数据平台最初的 UI

后来，随着统一测试数据平台的广泛使用，我们逐渐加入了更多的创新设计，统一测试数据平台的架构也演变成了更复杂的样子。图 9-3 展示了经历演变后的统一测试数据平台的架构。

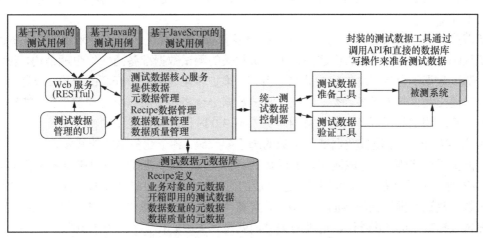

图 9-3 演变后的统一测试数据平台的架构

接下来，介绍一下统一测试数据平台的架构设计中最重要的两个部分。

（1）引入了 Core Service 和一个内部数据库。其中，内部数据库用于存放创建的测试数据的元数据；在内部数据库的支持下，Core Service 提供数据质量和数量的管理机制。

（2）当一批测试数据创建成功后，为了使得下次再创建同类型的测试数据时更高效，Core Service 会自动在后台创建一个 Jenkins Job。这个 Jenkins Job 会再自动创建 100 条同类型的数据，并将创建成功的数据的 ID 保存到内部数据库中，当下次再请求创建同类型数据时，这个统一测试数据平台就可以直接从内部数据库返回已经事先创建的数据。在一定程度上，这就相当于将原本的实时创建方式转变成了事先创建方式，缩短整个测试用例的执行时间。如果这个内部数据库中存放的 100 条数据逐渐被使用，导致总量低于 20 条，对应的 Jenkins Job 会自动把该类型的数据补足到 100 条。而这些操作对外都是透明的，完全不需要我们进行额外的操作。

由此可见，3.0 时代的统一测试数据平台具有了很多人性化的设计，会把很多的细节隐藏起来，对外提供统一的测试数据准备的接口，以方便各类测试框架的灵活使用。

9.3.4 测试数据准备的 4.0 时代

随着 3.0 时代的统一测试数据平台的大规模推广和使用，越来越多的测试数据准备函数需要加入到这个平台中。同时，随着业务的不断变化以及新功能的不断加入，原本的测试数据准备函数可能也要不断更新和维护。

刚开始的时候，我们一般都通过集中化的专业团队来开发、维护这个统一的测试数据平台，但是随着公司的所有测试逐渐迁移到这个平台上，你会发现这个集中化的专业团队已经很难胜任这种集中式的开发和维护。其中的原因主要有两个，一来是因为开发、维护的工作量比较大，二来是因为你很难指望这个专业团队的工程师能够全部了解各条业务线上的数据更新与变化。

随着业务的更新或者新功能的开发，其实最清楚数据变化的人应该是来自各个业务团队的开发工程师，那么有没有办法让这些人来提供相关的测试数据准备函数？也就是说，我们希望将统一测试数据平台从原本的集中式统一开发、维护转化为类似于开源的架构，所有的业务团队都可以递交测试数据准备函数，而统一测试数据平台将转变为一个纯粹的平台，能够方便地接入各种新的测试数据准备函数，并且同时拥有 3.0 时代所有智能化的特性。

为此，我们引入了测试数据准备函数的脚手架代码。各个业务团队的开发人员只要基于我们提供的脚手架代码，来完成测试数据函数的具体实现。脚手架代码可以按预先定义的方式打包成 JAR 包，并且这些 JAR 包将以动态注册的方式加入到统一测试数据平台中。整个过程可以通过统一测试数据平台的界面来完成，并且整个过程完全不需要重启统一测试数据服务。这就是测试数据创建的 4.0 时代，这里的关键词就是"去中心化"和"平台化"。

9.3.5 大数据技术在测试数据准备中的应用

其实测试数据准备过程还可以和大数据技术相结合。我们可以使用基于大数据统计的结果来替代原本硬编码的默认值。

我们知道，当构建测试数据的时候，我们通常希望构造的数据是比较热门的数据，这样的测试过程也会更有针对性，能够更加真实地反映业务。

之前介绍的测试数据准备方案中，除了指定的参数会根据要求来填充之外，其他参数没有特别指定，或者我们并不是很关心的参数都会直接使用默认值。这里的默认值其实并不一定是采用硬编码的值，完全可以采用大数据平台对线上数据的离线统计分析结果来动态调整默认值，这样构造的数据就会和实际生产环境的数据更加接近。其实这类方法在 eBay 这样的以技术驱动的大型电商企业中已经广泛使用了。

第 10 章

自动化测试基础架构的
建设与实践

在前面的章节中，从测试用例的设计，到测试覆盖率，再到测试计划的制订，这些都是测试人员要掌握的一些基本知识。除此以外，本书还花了很大的篇幅介绍了 GUI 自动化测试、API 测试、移动应用测试、性能测试和代码级测试的基础知识以及高级应用。

从本章开始，我们就要一起进入测试基础架构这个全新的主题。本章将从 0 到 1 深入剖析大型互联网企业的测试基础架构设计，探讨测试执行环境设计、测试报告平台设计以及测试基础架构与 CI/CD 的集成等内容。当然，其中还会涉及很多具有前瞻性的设计创新。

10.1　从小作坊到工厂：Selenium Grid 简介

在介绍 Selenium Grid 之前，先讲解一下测试基础架构。

10.1.1　测试基础架构的基本概念

测试基础架构指的是，执行测试的过程中用到的所有基础硬件以及相关的软件。因此，也把测试基础架构称为广义的测试执行环境。测试基础架构主要包括以下内容：

- 执行测试的机器；
- 测试用例代码仓库；
- 发起测试执行的 Jenkins Job；
- 统一的测试执行平台；
- 测试用例执行过程中依赖的测试服务，比如，提供测试数据的统一测试数据平台，提供测试全局配置的配置服务，生成测试报告的服务等；

……

10.1.2　早期测试执行环境的问题

因为测试基础架构的核心是围绕测试执行展开的，所以本节先重点介绍一下"执行测试的机器"。

这部分内容会从早期最简单的方法谈起，然后探讨这个方法在实际中的弊端，并由此引出我们讨论的主角——Selenium Grid。

先试想一下：在一个典型测试场景中，你要基于某种浏览器执行 Web 应用的 GUI 测试。这时，首先要做的就是找到相应的机器，并确保上面已经安装了所需的浏览器。如果这台机器上还没有安装所需的浏览器，需要先安装浏览器。一切准备就绪后，就可以使用这台机器执行测试了。

如果要执行的测试只需要覆盖一种浏览器，就比较简单了，只要事先准备好一批专门的机器或者虚拟机，然后安装好所需的浏览器就可以了。同时，如果测试用例的数量也不是很多，需要的这批机器或者虚拟机的数量也不会很多。在执行测试时，只要将需要使用的那台机器的地址提供给测试用例就可以了。

这种模式就是典型的"小作坊"模式。"小作坊"模式的特点就是，人工维护一批数量不多（通常在 100 台以内）的执行测试的机器，然后按需使用。

对于小团队来讲，使用"小作坊"模式可以应付测试工作。但是，随着测试覆盖率要求的提高，以及测试用例数量的增加，这种"小作坊"模式的弊端就逐渐显现。其中，最主要的问题体现在以下 4 个方面。

（1）当 Web 应用需要进行不同浏览器的兼容性测试时，首先需要准备很多台机器或者虚拟机，并安装所需的不同浏览器。然后，要为这些机器建立一个列表，用于记录各台机器安装了什么浏览器。最后，在执行测试时，需要先查看机器列表以选择合适的测试执行机器。

（2）当 Web 应用需要进行同一浏览器的不同版本的兼容性测试时，同样需要准备很多安装了同一浏览器的不同版本的测试执行机器，并为这些机器建立列表，记录各台机器安装的浏览器版本号，在执行测试时先查看列表以选择合适的测试执行机器。

（3）如果测试执行的机器名或者 IP 发生变化，以及需要新增或者减少测试机器，都需要人工维护这些机器列表。很显然，这种维护方式效率低下，且容易出错。

（4）在 GUI 自动化测试用例的数量比较多的情况下，你不希望只用一台测试执行机器以串行的方式执行测试用例，而希望可以用上所有可用的测试执行机器，以并发的方式执行测试用例，以加快测试速度。为了达到这个目的，还是需要人工管理这些测试用例和测试执行机器的对应关系。

这 4 种问题可以归结为：测试执行机器与测试用例的关系是不透明的，即每个测试用例都需要人为设置测试执行机器。为了改善这种局面，Selenium Grid 就应运而生了。

一方面，使用 Selenium Grid 可以让测试机器的选择变得"透明"。也就是说，我们只要在执行测试用例时指定需要的浏览器版本即可，不用关心如何找到合适的测试执行机器，因为寻找符合要求的测试执行机器的工作，可以借助 Selenium Grid 完成。另一方面，Selenium Grid 天生就能很好地支持测试用例的并发执行。

接下来，详细介绍 Selenium Grid 及 Selenium Grid 的架构。

10.1.3　Selenium Grid 简介

从本质上讲，Selenium Grid 是一种可以并发执行 GUI 测试用例的测试执行机器的集群环境，采用的是 Hub 和 Node 模式。Selenium Grid 架构如图 10-1 所示。下面讲解 Selenium Grid。

假如现在有个律师事务所要接受外来业务，那么就会有一个领导专门负责对外接受业务。接到任务后，这个领导会根据任务的具体要求找到合适的人，那么领导是怎么知道哪个人最适合处理这个任务呢？其实，律师事务所的每个人都会事先报备自己具备的技能，这样领导在分发任务的时候，就可以"有的放矢"地找到合适的人。

现在，我们再回到 Selenium Grid。Selenium Grid 由两部分构成，一部分是 Selenium Hub，

另一部分是 Selenium Node。将这个律师事务所的例子与 Selenium Grid 进行对比，它们的对应关系是：

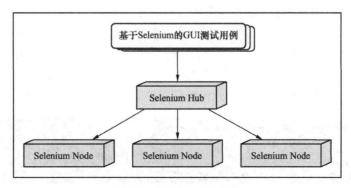

图 10-1　Selenium Grid 架构

- 律师事务所的领导，对应的是 Selenium Hub；
- 具体执行任务的人，对应的是 Selenium Node；
- 领导接到任务后分配给别人执行的过程，就是 Selenium Hub 将测试分配给 Selenium Node 执行的过程；
- 领导的下层向他报备自己技能的过程，就是 Selenium Node 向 Selenium Hub 注册的过程。

也就是说，Selenium Hub 用来管理各个 Selenium Node 的注册信息和状态信息，接受远程客户端代码的测试调用请求，并把请求命令转发给符合要求的 Selenium Node 来执行。

明白了 Selenium Grid 及 Selenium Grid 的工作模式后，接下来介绍如何搭建 Selenium Grid，包括传统 Selenium Grid 和基于 Docker 的 Selenium Grid 的搭建方法。通过讲解这部分内容，可以帮助读者搭建起属于自己的 Selenium Grid。

10.1.4　传统 Selenium Grid 的搭建方法

通过一个实例介绍如何搭建一个传统的 Selenium Grid。

现在，我们的需求是，搭建一个具有 1 个 Node 的 Selenium Grid。这需要两台机器，其中一台作为 Hub，另外一台作为 Node，并要求这两台机器已经安装好了 Java 执行环境。接下来搭建的具体步骤如下。

（1）从 Selenium 官网下载 selenium-server-standalone-<version>.jar 文件。这里需要注意的是，不管是 Hub 还是 Node，都使用同一个 JAR 包启动，只是启动参数不同。

（2）将下载的 selenium-server-standalone-<version>.jar 文件分别复制到两台机器上。

（3）选定其中一台机器作为 Hub，并在这台机器的命令行中执行代码清单 10-1-1。

代码清单 10-1-1

```
java -jar selenium-server-standalone-<version>.jar -role hub
```

在这条命令中，"-role hub" 的作用是将该机器作为 Hub 启动。启动后，这台机器默认对外提供服务的端口是 4444。然后，就可以在这台机器上通过 http://localhost:4444/grid/console 观察 Hub 的状态，也可以在其他机器上通过 http://<Hub_IP>:4444/grid/console 观察 Hub 的状态。其中，<Hub_IP>是这台 Hub 机器的 IP 地址。因为此时还没有 Node 注册到该 Hub 上，所以看不到任何的 Node 信息。Hub 启动过程和状态信息分别如图 10-2 和图 10-3 所示。

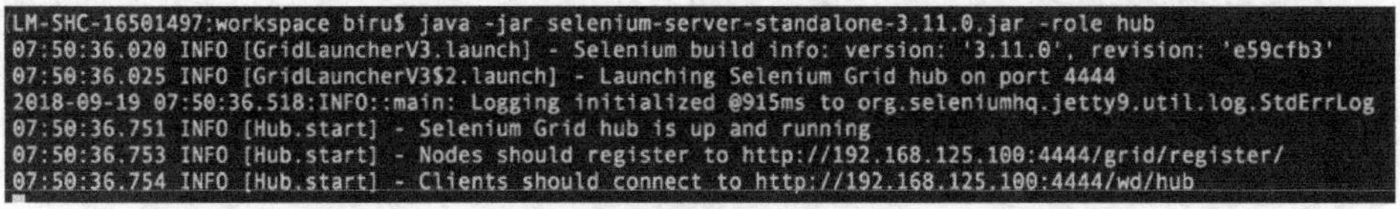

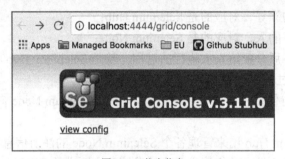

图 10-2　Hub 启动过程

图 10-3　状态信息

（4）在另一台作为 Node 的机器上执行代码清单 10-1-2。

代码清单 10-1-2

```
java -jar selenium-server-standalone-<version>.jar -role node -hub http:// <Hub_IP>:4444
    /grid/register
```

这条命令中，"-role node" 的作用是，将该机器作为 Node 启动，并且通过 "-hub" 指定了 Hub 的节点注册 URL。

执行成功后，可以再次打开 http://<Hub_IP>:4444/grid/console 观察 Hub 的状态。此时，可以看到已经有一个 Node "挂载" 到了 Hub 上。这个 Node 就是用来实际执行测试的机器。另外，这个 Node 上已经默认提供了 5 个 Firefox 浏览器的实例、5 个 Chrome 浏览器的实例和 1 个 IE 浏览器的实例，同时默认允许的并发测试用例数是 5 个。如果要配置这些内容，可以在启动 Node 的时候提供不同的启动参数。具体可以指定哪些参数，可以参考 Selenium Grid 的官方文档。

图 10-4 所示为 Node 的启动过程，图 10-5 所示为在 Hub 端注册 Node 的过程，图 10-6 所示为 "挂载" 完 Node 后的 Hub 状态。

```
LM-SHC-16501497:workspace biru$ java -jar selenium-server-standalone-3.11.0.jar -role node -hub http://192.168.125.100:4444/grid/register
07:52:38.430 INFO [GridLauncherV3.launch] - Selenium build info: version: '3.11.0', revision: 'e59cfb3'
07:52:38.437 INFO [GridLauncherV3$3.launch] - Launching a Selenium Grid node on port 5555
2018-09-19 07:52:38.616:INFO::main: Logging initialized @626ms to org.seleniumhq.jetty9.util.log.StdErrLog
07:52:38.774 INFO [SeleniumServer.boot] - Welcome to Selenium for Workgroups...
07:52:38.775 INFO [SeleniumServer.boot] - Selenium Server is up and running on port 5555
07:52:38.775 INFO [GridLauncherV3$3.launch] - Selenium Grid node is up and ready to register to the hub
07:52:38.787 INFO [SelfRegisteringRemote$1.run] - Starting auto registration thread. Will try to register every 5000 ms.
07:52:38.788 INFO [SelfRegisteringRemote.registerToHub] - Registering the node to the hub: http://192.168.125.100:4444/grid/register
WARNING: An illegal reflective access operation has occurred
WARNING: Illegal reflective access by org.openqa.selenium.json.BeanToJsonConverter (file:/Users/biru/workspace/selenium-server-standalone-3.11.0.jar)
to method sun.reflect.annotation.AnnotatedTypeFactory$AnnotatedTypeBaseImpl.getDeclaredAnnotations()
WARNING: Please consider reporting this to the maintainers of org.openqa.selenium.json.BeanToJsonConverter
WARNING: Use --illegal-access=warn to enable warnings of further illegal reflective access operations
WARNING: All illegal access operations will be denied in a future release
07:52:39.149 INFO [SelfRegisteringRemote.registerToHub] - Updating the node configuration from the hub
07:52:39.200 INFO [SelfRegisteringRemote.registerToHub] - The node is registered to the hub and ready to use
```

图 10-4 Node 的启动过程

```
LM-SHC-16501497:workspace biru$ java -jar selenium-server-standalone-3.11.0.jar -role hub
07:50:36.020 INFO [GridLauncherV3.launch] - Selenium build info: version: '3.11.0', revision: 'e59cfb3'
07:50:36.025 INFO [GridLauncherV3$2.launch] - Launching Selenium Grid hub on port 4444
2018-09-19 07:50:36.518:INFO::main: Logging initialized @915ms to org.seleniumhq.jetty9.util.log.StdErrLog
07:50:36.751 INFO [Hub.start] - Selenium Grid hub is up and running
07:50:36.753 INFO [Hub.start] - Nodes should register to http://192.168.125.100:4444/grid/register/
07:50:36.754 INFO [Hub.start] - Clients should connect to http://192.168.125.100:4444/wd/hub
07:52:39.146 INFO [DefaultGridRegistry.add] - Registered a node http://192.168.125.100:5555
```

图 10-5 在 Hub 端注册 Node 的过程

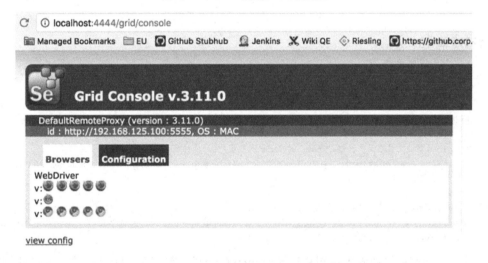

图 10-6 "挂载"完 Node 后的 Hub 状态

（5）完成上述操作后，在测试用例中通过以下代码将测试指向 Hub，然后由 Hub 完成实际测试执行机器的分配与调度工作。其中，最关键的部分是，创建 RemoteWebDriver 实例的第一个参数，这个参数不再是一个具体的测试执行机器的 IP 地址或者名字，而是 Hub 的地址。具体的代码可以参考代码清单 10-1-3。

代码清单 10-1-3

```
DesiredCapabilities capability = DesiredCapabilities.firefox();
WebDriver driver = new RemoteWebDriver(new URL("http://<Hub_IP>:4444/wd/hub"), capability);
```

至此，就已经完成了 Selenium Grid 的搭建工作。

10.1.5 基于 Docker 的 Selenium Grid 的搭建方法

目前，Docker 技术广泛普及，再加上它的轻量级、灵活性等诸多优点，使得很多软件都出现了 Docker 版本。当然，Selenium Grid 也不例外。所以，下面简单介绍一下基于 Docker 的 Selenium Grid 的搭建方法。

在这个搭建过程中，你将会发现基于 Docker 运行 Selenium Grid 之后，机器的利用率会得到大幅提高。因为一台机器或者虚拟机往往可以运行非常多的 Docker 实例数量，而且 Docker 实例的启动速度也很快。

在基于 Docker 搭建 Selenium Grid 之前，需要先安装 Docker 环境。详细的安装方法可以参考 Docker 的官方文档，这个安装过程非常简单，在此不再介绍。

接下来，可以通过以下几条命令分别启动 Hub 和 Node 了。这几条命令如代码清单 10-1-4 所示。

代码清单 10-1-4

```
#创建 Docker 的网络
$ docker network create grid

#以 Docker 容器的方式启动 Hub，并且对外暴露 4444 端口
$ docker run -d -p 4444:4444 --net grid --name selenium-hub selenium/hub:3.14.0-europium

#以 Docker 容器的方式启动并挂载 Chrome 的 Node
$ docker run -d --net grid -e HUB_HOST=selenium-hub -v /dev/shm:/dev/shm selenium/node-
    chrome:3.14.0-europium

#以 Docker 容器的方式启动并挂载了 Firefox 的 Node
$ docker run -d --net grid -e HUB_HOST=selenium-hub -v /dev/shm:/dev/shm selenium/node-
    firefox:3.14.0-europium
```

相对于基于实体机或者虚拟机搭建 Selenium Grid 的方法，基于 Docker 的方式灵活性更大，启动效率也更高，可维护性也更好。另外，在更高级的应用中，比如，当我们需要根据测试用例的排队情况动态增加 Selenium Grid 中 Node 数量的时候，Docker 是最好的选择。这部分内容会在后面的章节中详细介绍。

10.2 从小工到专家：测试执行环境架构设计基础

上一节介绍了 Selenium Grid 的基础知识，以及如何搭建 Selenium Grid。现在，你已经清楚，Selenium Grid 承担了测试执行机器的角色，用来执行实际的测试工作。但是，实际工程中的测试执行环境往往更复杂，而测试执行机器也只是其中的一个重要部分。因此，我们还需要控制发起测试的 Jenkins，并管理执行测试用例和显示结果的系统。同时，为了更方便地与 CI/CD 流

水线集成，我们还希望不同类型的测试发起过程有统一的接口。

下面将由浅入深地介绍测试执行环境中的基本概念，以及架构设计的思路。

10.2.1 测试执行环境概述

从全局的视角来看，测试执行环境的定义有广义和狭义之分。

- 狭义的测试执行环境，仅指测试执行的机器或者集群。比如，上面介绍的 Selenium Grid 就是一个经典的测试执行集群环境。
- 广义的测试执行环境，除了包含具体执行测试的测试执行机器以外，还包括测试执行的机器或者集群的创建与维护、测试执行集群的容量规划、测试发起的控制、测试用例的组织以及测试用例的版本控制等。

因此，广义的测试执行环境也称为测试基础架构。

无论小型的软件公司还是中大型的软件公司都存在测试基础架构。只是在小型的软件公司中，由于自动化测试的数量相对较少，测试形式也相对单一，因此测试执行架构非常简单，可能只需要几台固定的专门用于测试执行的机器就可以完成测试。此时测试基础架构的表现形式就是测试执行环境。

对于中大型的软件公司，尤其是大型的全球化电商企业，由于需要执行的自动化测试用例数量非常多，再加上测试本身的多样性需求，测试基础架构的设计是否高效和稳定将直接影响产品是否可以快速迭代、发布、上线。因此，中大型的软件公司都会在测试基础架构上有比较大的投入。

一般情况下，中大型软件公司在测试基础架构上的投入，主要是为了解决以下几方面的问题。

- 简化测试的执行过程。每次执行测试时，不必先准备测试执行机器，因为测试执行机器的获取就像日常获取水电一样方便。
- 最大化测试执行机器的资源利用率，使得大量的测试执行机器可以以服务的形式为公司的各个项目团队提供测试执行平台。
- 提供大量测试用例的并发执行能力，可以在有限的时间内执行更多的测试用例。
- 提供测试用例的版本控制机制，在测试执行的时候可以根据实际被测系统的软件版本自动选择对应的测试用例版本。
- 提供友好的用户界面，便于测试的统一管理、执行与结果展示。
- 提供了与 CI/CD 流水线的统一集成机制，从而可以很方便地在 CI/CD 流水线中发起测试调用。

所以要设计出高效的测试基础架构，就必须从以下几个方面着手。

第一，对于使用者而言，测试基础架构具有"透明性"。也就是说，测试基础架构的使用者无须知道测试基础架构的内部设计细节，只要知道如何使用就行。上一节介绍的 Selenium

Grid 就是一个很好的案例。在实际使用 Selenium Grid 时，只需要知道 Hub 的地址，以及测试用例对操作系统和浏览器的要求就可以，无须关注 Selenium Grid 到底有哪些 Node，以及各个 Node 又是如何维护的。

第二，对于维护者而言，测试基础架构具有"易维护性"。对于一些大型的软件测试而言，需要维护的测试执行机器的数量会相当多，比如，Selenium 的 Node 数量达到成百上千个后，当遇到 WebDriver 升级、浏览器升级、病毒软件升级的情况时，如何高效地管理数量庞大的测试执行机器将会成为一大挑战。所以，早期基于物理机和虚拟机作为测试基础架构时，执行机器的管理问题就非常严重。但是，出现了基于 Docker 的解决方案后，这些问题都因为 Docker 容器的技术优势而被轻松解决。

第三，对于大量测试用例的执行而言，测试基础架构的执行能力具有"可扩展性"。这里的可扩展性指的是，测试执行集群的规模可以随着测试用例的数量自动扩容或者收缩。以 Selenium Gird 为例， Node 的数量和类型可以根据测试用例的数量与类型进行自动调整。

第四，随着移动 App 的普及，测试基础架构中的测试执行机器需要支持移动终端和模拟器的测试执行。目前，很多的商业云测平台已经可以支持各种手机终端的测试执行。其后台实现基本上都采用 Appium + OpenSTF + Selenium Gird 的方案。因为技术水平以及研发成本的限制，很多中小企业一般直接使用这类商业解决方案。但是，对于大型企业来说，出于安全性和可控制性的考量，一般自己搭建移动测试执行环境。

理解了什么是测试执行环境后，我们再一起看看测试基础架构的设计。

10.2.2　测试基础架构的设计

本着"知其所以然"的原则，本节从最早期的测试基础架构开始介绍，并展示测试基础架构设计的演进过程。这才是深入理解一门技术的有效途径，也希望读者可以借此将测试基础架构学得更透。

10.2.3　早期的测试基础架构

早期的测试基础架构会首先将测试用例存储在代码仓库中，然后用 Jenkins Job 来调用代码完成测试的发起工作。早期的测试基础架构如图 10-7 所示。

在这种架构下，自动化测试用例的开发和执行流程是按照以下步骤进行的。

（1）自动化测试开发人员在本地机器上开发和调试测试用例。

这个开发和调试过程通常在测试开发人员自己的计算机上进行。也就是说，他们在开发完测试用例后，会在本机执行测试用例。这些测试用例会首先在本机打开指定的浏览器并访问被测网站的 URL，然后发起业务操作，完成自动化测试。

（2）将开发的测试用例代码推进代码仓库。

如果自动化测试脚本在测试开发人员本地的计算机上顺利执行，那么接下来，就会将测试用例的代码推进代码仓库，这标志着自动化测试用例的开发工作已经完成。

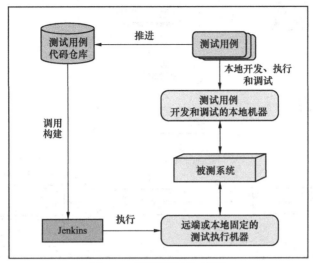

图 10-7　早期的测试基础架构

（3）在 Jenkins 中建立一个 Job，用于发起测试的执行。

这个 Jenkins Job 的主要工作是，先从测试用例代码仓库中调用测试用例代码，并发起构建操作，然后在远端或者本地固定的测试执行机器上发起测试用例的执行。这个 Jenkins Job 通常将一些会发生变化的参数作为 Job 自身的输入参数，比如，远端或者本地固定的测试执行机器的 IP 地址或者名字。另外，如果被测系统有多套环境，需要指定被测系统的具体名字等。

对于测试用例数量不多、被测系统软件版本不太复杂的场景的测试需求，这种测试架构基本上都可以满足。但在实际使用时，总会感觉不太方便，比如，每次通过 Jenkins Job 发起测试时，都需要填写测试用例以决定需要在哪台测试执行机器上执行。而此时，这台测试执行机器是否处于可用状态，是否正在被其他测试用例占用，都是不可知的，因此就需要在测试发起前进行人工确认，或者开发一个执行机器环境检查的脚本以帮助确认。另外，当远端测试执行机器的 IP 或者名字有变化时，或者当远端测试执行机器的数量有变动时，都需要提前获知这些信息。所以，这些局限性也就决定了这种架构只适用于小型项目。

学到这里，你可能已经想到了 Selenium Grid。完全可以用 Selenium Gird 代替固定的测试执行机器。没错，这就是测试基础架构第一次重大的演进，也因此形成了目前已经广泛使用的经典测试基础架构。

10.2.4　经典的测试基础架构

用 Selenium Grid 代替早期测试基础架构中的"远端或本地固定的测试执行机器"，就形成了经典的测试基础架构。经典的测试基础架构如图 10-8 所示。

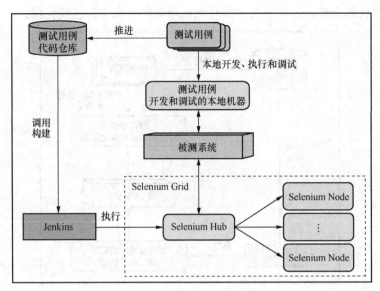

图 10-8　经典的测试基础架构

这样，在每次发起测试时，你就不再需要指定具体的测试执行机器了，只要提供固定的 Selenium Hub 地址就行，Selenium Hub 会自动帮助选择合适的测试执行机器。同时，因为 Selenium Grid 中 Node 的数量可以按需添加，所以当整体的测试执行任务比较多时，就可以增加 Selenium Grid 中 Node 的数量。另外，Selenium 还支持测试用例的并发执行，可以有效缩短整体的测试执行时间。所以，这种基于 Selenium Grid 的经典测试基础架构，已经被大量企业广泛采用。

但是，随着测试用例数量的继续增加，传统的 Selenium Grid 方案在集群扩容、集群 Node 维护等方面遇到了瓶颈，并且 Jenkins Job 也因为测试用例的增加变得臃肿。因此，变革经典的测试基础架构的呼声也越来越高。为此，业界考虑将 Selenium Grid 迁移到 Docker 中，并且提供便于 Jenkins Job 管理的统一测试执行平台。这也是将下一节要继续讨论的话题。

10.3　从小工到专家：测试执行环境架构设计进阶

上一节介绍了测试基础架构的概念，以及早期的和经典的两种测试基础架构。

本节介绍一下基于 Docker 实现的 Selenium Grid 测试基础架构。

10.3.1　基于 Docker 实现的 Selenium Grid 测试基础架构

随着测试基础架构的广泛使用，为了满足大量的浏览器兼容性测试需求，Selenium Grid 中 Node 的数量会变得越来越大。也就是说，需要维护的 Node 会越来越多。

在 Node 数量只有几十个的时候，通过人工方式升级 WebDriver、更新杀毒软件、升级浏览器版本，可能还不是什么大问题。但是，当需要维护的 Node 数量达到几百个甚至几千个的时候，维护 Node 的工作量就会直线上升。虽然可以通过传统的运维脚本管理这些 Node，但维护的成本依然居高不下。同时，随着测试用例数量的持续增长，Node 的数量也必然会不断增加，这时安装、部署新 Node 的工作量也会难以想象。因为每台 Node 无论采用实体机还是虚拟机，都会牵涉安装操作系统、浏览器、Java 环境以及 Selenium 等工作。

而目前流行的 Docker 容器技术由于具有更快速的交付和部署能力、更高的资源利用率，以及更简单的更新、维护功能，使得 Docker 相对于传统虚拟机而言，更加"轻量级"。因此，为了降低 Node 的维护成本，我们自然而然地想到了目前主流的容器技术，也就是使用 Docker 代替原本的虚拟机方案。

基于 Docker 的 Selenium Grid，可以从 3 个方面降低维护成本。

（1）由于 Docker 的更新、维护更简单，使得我们只要维护不同浏览器的不同镜像文件即可，而不用为每台机器安装或者升级各种软件。

（2）Docker 轻量级的特点，使得 Node 的启动和挂载时间大幅减少，直接由原来的分钟级降到了秒级。

（3）Docker 高效的资源利用情况，使得同样的硬件资源可以支持更多的 Node。也就是说，可以在不额外投入硬件资源的情况下，扩大 Selenium Grid 的并发执行能力。

因此，现在很多大型互联网企业的测试执行环境都在向 Docker 过渡。具体如何基于 Docker 搭建一套 Selenium Grid，可以参考上一章介绍的方法。由此可见，将原本基于实体机或者虚拟机实现的 Selenium Grid 改成基于 Docker 实现也很简单。图 10-9 展示了一个基于 Docker 实现的 Selenium Grid 的测试基础架构。

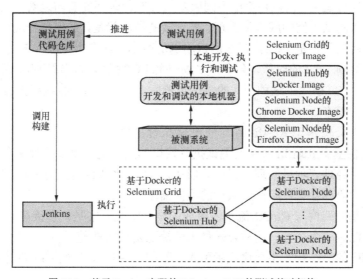

图 10-9 基于 Docker 实现的 Selenium Grid 的测试基础架构

10.3.2　引入统一测试执行平台的测试基础架构

在实际的使用过程中，基于 Docker 的 Selenium Grid 使得测试基础架构的并发测试能力不断增强，因此会有许多项目的测试用例运行在这样的测试基础架构之上。当项目数量不多时，可以直接通过手工配置 Jenkins Job，并直接使用这些 Job 控制测试的发起和执行。但是，当项目数量非常多之后，测试用例的数量也会非常多，于是以下新的问题又出现了。

（1）管理和配置这些 Jenkins Job 的工作量会不断放大。

（2）这些 Jenkins Job 的命名规范、配置规范等也很难实现统一管理，从而导致 Jenkins 中出现了大量重复和不规范的 Job。

（3）当需要发起测试或者新建某些测试用例时，都要直接操作 Jenkins Job，而在这个过程中，对于不了解这些 Jenkins Job 细节的人（如新员工、项目经理、产品经理）来说，这种偏技术型的界面就相当不友好了。

为此，我们为管理和执行这些发起测试的 Jenkins Job 实现了一个 GUI 系统。在这个系统中，可以基于通俗易懂的界面操作，完成 Jenkins Job 的创建、修改和调用，并且可以管理 Jenkins Job 的执行日志以及测试报告。这其实就是统一测试执行平台的雏形。

有了这个测试执行平台的雏形后，我们逐渐发现可以在这个平台上做更多的功能扩展，于是这个平台就逐渐演变成了测试执行的统一入口。这里列举了这个平台中两个最主要的功能和创新设计，希望可以给你以及你所在公司的测试基础架构建设带来一些启发。

1.　测试用例的版本化管理

应用的开发有版本控制机制，即，每次提交测试、发布应用都有对应的版本号。所以，为了使测试用例同样可追溯，也就是希望不同版本的开发代码都能有与之对应的测试用例，很多大型项目都会引入测试用例的版本化管理。最直接的做法就是，采用和开发一致的版本号。比如，如果被测应用的版本是 1.0.1，那么测试用例的版本也命名为 1.0.1。在这种情况下，当被测应用的版本升级到 1.0.2 的时候，会直接生成一个 1.0.2 版本的测试用例。所以，在这个统一的测试执行平台中，就引入了这种形式的测试用例版本控制机制，直接根据被测应用的版本选择对应的测试用例版本。

2.　为 CI/CD 提供基于 Restful API 的测试执行接口

为 CI/CD 提供基于 Restful API 的测试执行接口的原因是，测试执行平台的用户不仅仅是测试工程师、产品经理、项目经理，很多时候 CI/CD 流水线也是主力用户。因为，在 CI/CD 流水线中，每个阶段都会有发起测试执行的不同需求。

我们将测试基础架构与 CI/CD 流水线集成的早期实现方案是，直接在 CI/CD 流水线的脚本中硬编码发起测试的命令行。这种方式最大的缺点是灵活性差。

● 当硬编码的命令行发生变化或者引入了新的命令行参数时，CI/CD 流水线的脚本也要修改。

- 当引入了新的测试框架时，发起测试的命令行也是全新的，于是 CI/CD 流水线的脚本也必须改动。

因此，为了解决耦合的问题，我们在这个统一的测试执行平台上提供了基于 Restful API 的测试执行接口。任何时候都可以通过一个标准的 Restful API 发起测试，CI/CD 流水线的脚本无须关心发起测试的命令行的具体细节，只要调用统一的 Restful API 即可执行。图 10-10 展示了引入了统一测试执行平台的测试基础架构。

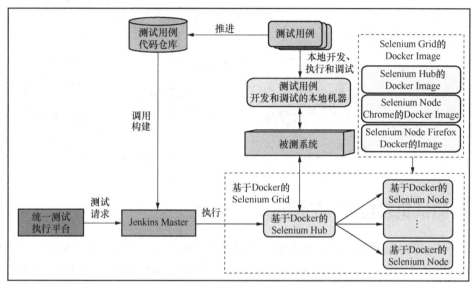

图 10-10　引入统一测试执行平台的测试基础架构

10.3.3　基于 Jenkins 集群的测试基础架构

这个引入统一测试执行平台的测试基础架构，看似已经很完美了。但是，随着测试需求的不断增加，又涌现出了新的问题：单个 Jenkins 成了整个测试基础架构的瓶颈。因为来自统一测试执行平台的大量测试请求会在 Jenkins 上排队等待执行，而后端真正执行测试用例的 Selenium Grid 中很多 Node 处于空闲状态。

为此，将测试基础架构中的单个 Jenkins 扩展为 Jenkins 集群的方案就势在必行。图 10-11 展示了基于 Jenkins 集群的测试基础架构。

因为 Jenkins 集群中包含了多个可以一起工作的 Jenkins Slave，所以大量测试请求排队的现象就再也不会出现了。而这个升级到 Jenkins 集群的过程中，关于 Jenkins 集群中 Slave 的数量到底多少才合适并没有定论。一般的做法是，根据测试高峰时段 Jenkins 中的排队数量来预估一个值。通常，最开始的时候，会使用 4 个 Slave 节点，然后观察高峰时段的排队情况。如果还是有大量排队，就继续增加 Slave 节点。

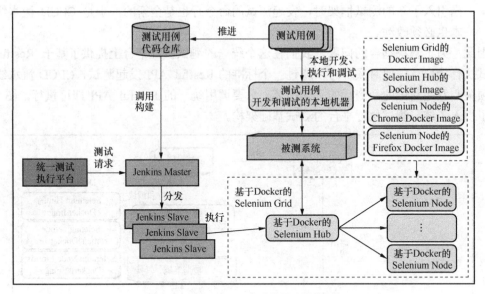

图 10-11　基于 Jenkins 集群的测试基础架构

10.3.4　测试负载自适应的测试基础架构

引入了 Jenkins 集群后，整个测试基础架构已经很成熟了，基本上可以满足绝大多数的测试场景了。但是，还有一个问题一直没有得到解决，那就是 Selenium Grid 中 Node 的数量到底多少才合适。

- 如果 Node 数量少了，当集中发起测试的时候，就会由于 Node 不够用而造成测试用例的排队，这种场景在互联网企业中很常见。
- 如果 Node 数量多了，虽然可以解决测试高峰时段的性能瓶颈问题，但是又会造成空闲时段的计算资源浪费问题。当测试基础架构搭建在按使用付费的云端时，计算资源的浪费就是资金的浪费。

为了解决这种测试负载不均衡的问题，Selenium Grid 的自动扩容和收缩技术就应运而生了。Selenium Grid 的自动扩容和收缩技术的核心思想是，首先通过单位时间内的测试用例数量，以及期望执行完所有测试的时间，动态计算所需的 Node 类型和数量，然后基于 Docker 容器快速添加新的 Node 到 Selenium Grid 中。而在空闲时段则监控哪些 Node 在指定时间段内没有使用，动态地回收这些 Node 以释放系统资源。

通常情况下，几百乃至上千个 Node 的扩容都可以在几分钟内完成，Node 的销毁与回收速度同样非常快。至此，测试基础架构已经变得很先进了，基本上可以满足大型电商的测试执行需求了。测试负载自适应的测试基础架构如图 10-12 所示。

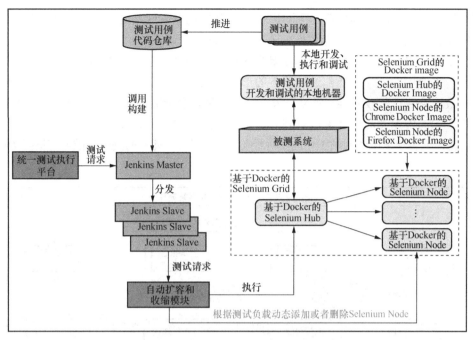

图 10-12　测试负载自适应的测试基础架构

10.3.5　测试基础架构的选择

根据测试基础架构的演进，以及其中各阶段主要的架构设计思路，企业应当如何选择最适合自己的测试基础架构呢？对于测试基础架构的建设，不要为了追求新技术而使用新技术，而是应该根据企业目前在测试执行环境中的痛点，针对性地选择与定制测试基础架构。

如果企业规模不是很大，测试用例的总数量相对较小，而且短期内也不会有大的变化，测试基础架构完全就可以采用经典的测试基础架构，没必要引入 Docker 和动态扩容等技术。如果企业是大型企业，测试用例数量庞大，同时还存在应用发布时段大量测试请求集中到来的情况，那么就不得不采用 Selenium Gird 动态扩容的架构了。一旦使用动态扩容， Node 就必须 Docker 容器化，否则无法完全发挥自动扩容的优势。

所以说，采用什么样的测试基础架构不是由技术本身决定的，而是由测试需求推动的。

10.4　实战案例：大型全球化电商网站的测试基础架构设计

前面的章节介绍了测试基础架构的设计以及演进，其中涉及了统一测试执行平台、Selenium Grid 和 Jenkins 等概念。

在介绍了这些基础内容之后，下面讲解大型全球化电商网站的全局测试基础架构的实践，并依次解释各个模块的主要功能以及实现的基本原理。

大型全球化电商网站全局测试基础架构的设计思路可以总结为"测试服务化"。也就是说，测试过程中需要用的任何功能都通过服务的形式提供，每类服务完成一类特定功能，这些服务可以采用最适合自己的技术栈，独立开发、独立部署。至于需要哪些测试服务，则是在理解了测试基础架构的内涵并高度抽象后得到的。从本质上来看，这种设计思想和微服务不谋而合。

根据在大型全球化电商网站工作的实际经验，这里把一个理想的测试基础架构概括为图 10-13 所示的形式。

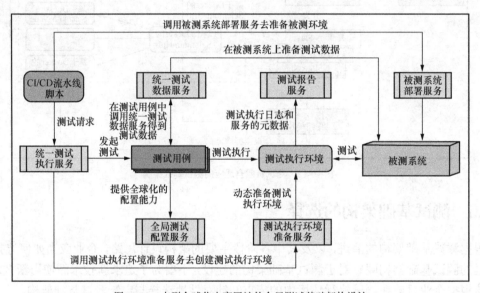

图 10-13　大型全球化电商网站的全局测试基础架构设计

这个理想的测试基础架构包括了 6 种不同的测试服务，分别是统一测试执行服务、统一测试数据服务、全局测试配置服务、测试报告服务、测试执行环境准备服务，以及被测系统部署服务。接下来，我们一起看看这 6 大测试服务具体是什么，以及如何实现。

10.4.1　统一测试执行服务

统一测试执行服务其实和统一测试执行平台是一个概念。只不过统一测试执行服务强调的是服务，也就是强调测试执行的发起是通过 Restful API 调用完成的。

总之，以 Restful API 的形式对外提供测试执行服务的方式，兼具了测试版本管理、Jenkins 测试 Job 管理，以及测试执行结果管理的能力。

统一测试执行服务的主要原理是，通过 Spring Boot 框架提供 Restful API，内部实现通过调度 Jenkins Job 发起测试，这也是前面测试基础架构中的内容。

还记得前面提到的将测试发起与 CI/CD 流水线集成的内容吗？这个统一测试执行服务采用的 Restful API 调用，主要用户就是 CI/CD 流水线脚本。在这些脚本中，可以通过统一的 Restful API 发起测试。

10.4.2　统一测试数据服务

统一测试数据服务其实就是统一测试数据平台。对于任何测试，凡是需要准备测试数据的，都可以通过 Restful API 调用统一测试数据服务，然后由该服务在被测系统中实际创建或者搜索符合要求的测试数据。而对于测试数据的使用者来说，具体的测试数据创建或者搜索的细节是不需要知道的。也就是说，统一测试数据服务会帮助我们隐藏测试数据准备的所有相关细节。同时，在统一测试数据服务内部，通常会引入自己的内部数据库管理测试元数据，并提供诸如有效测试数据数量自动补全、测试数据质量监控等高级功能。

在实际项目中，测试数据的创建通常都是通过调用测试数据准备函数完成的。而这些函数内部主要通过 API 和数据库操作相结合的方式，实际创建测试数据。如果你对测试数据的准备还有疑问，或者想知道更多的细节内容，可以参考前面的内容。

10.4.3　测试执行环境准备服务

这里"测试执行环境"是狭义的概念，指具体执行测试的测试执行机器集群：对于 GUI 自动化测试来说，指的是 Selenium Grid；对于 API 测试来说，指的是实际发起 API 调用的测试执行机器集群。

测试执行环境准备服务的使用方式一般有如下两种。

- 根据测试负载情况，由统一测试执行服务主动调用测试执行环境准备服务来完成测试执行机的准备，比如，启动并挂载更多的 Node 到 Selenium Grid 中。
- 测试执行环境准备服务不直接和统一测试执行服务打交道，而由它自己根据测试负载来动态计算测试集群的规模，并完成测试执行集群的扩容与收缩。

10.4.4　被测系统部署服务

被测系统部署服务主要用来安装与部署被测系统和软件。它的实现原理是，调用 DevOps 团队的软件安装和部署脚本。

- 对于那些可以直接用命令行安装和部署的软件来说，一般只需要把安装步骤的命令行组织成脚本文件，并加入必要的日志输出和错误处理即可安装。
- 对于那些通过图形界面安装的软件，一般需要找出静默（Silent）模式的安装方式，然后通过命令行安装。

如果被测软件安装包本身不支持静默安装模式，强烈建议给软件发布工程师提需求，要求他们加入对静默安装模式的支持。

被测系统部署服务一般由 CI/CD 流水线脚本来调用。在没有被测系统部署服务之前，CI/CD 流水线脚本中一般会直接调用软件安装和部署脚本。而在引入了被测系统部署服务后，可以在 CI/CD 流水线脚本中直接以 Restful API 的形式调用标准化的被测系统部署服务。这样做的好处是，可以实现 CI/CD 流水线脚本和具体的安装部署脚本解耦。

10.4.5　测试报告服务

测试报告服务也是测试基础架构的重要组成部分，它的主要作用是为测试提供详细的报告。测试报告服务的实现原理和传统测试报告的区别较大。

传统的测试报告（比如，TestNG 执行完成后的测试报告，以及 HttpRunner 执行结束后的测试报告等）通常直接由测试框架产生。也就是说，测试报告和测试框架绑定在一起。

对于大型电商网站而言，因为各个阶段会有不同类型的测试，所以测试框架本身就具有多样性，对应的测试报告也多种多样。而测试报告服务的设计初衷，就是希望统一管理这些格式各异、形式多样的测试报告，同时希望从这些测试报告中总结出面向管理层的统计数据。

为此，测试报告服务的实现中引入了一个 NoSQL 数据库，用于存储结构各异的测试报告元数据。在实际项目中，我们会改造每个需要使用测试报告服务的测试框架，使其在执行完测试后将测试报告的元数据存入测试报告服务的 NoSQL 数据库中。这样，在需要访问测试报告的时候，就可以直接从测试报告服务中提取。

同时，由于各种测试报告的元数据都存放在这个 NoSQL 数据库中，因此我们就可以开发一些用于分析统计的 SQL 脚本，帮助我们获得与质量相关的统计数据。

测试报告服务的主要使用者是测试工程师和统一测试执行服务。对于统一测试执行服务来说，它会调用测试报告服务获取测试报告，并将其与测试执行记录绑定，然后进行显示。而测试工程师则可以通过测试报告服务这个入口，获取自己想要的测试报告。

10.4.6　全局测试配置服务

全局测试配置服务是这 6 个服务中最难理解的部分，它用于解决测试配置和测试代码的耦合问题。这个概念有点抽象，我们一起看一个实例。

大型全球化电商网站在全球很多地区都有站点，这些站点的基本功能是相同的，只是某些小的功能点会有地域差异。

假设我们在测试过程中需要设计一个 getCurrencyCode 函数来获取货币符号，那么这个函数中就势必会有很多 if-else 语句，根据不同国家或地区返回不同的货币符号。这里放置了一段代码（如图 10-14 所示），用于展示全局测试配置服务的基本原理。

```
Before

public static String getCurrencyCode() {
    String currencyCode = "USD";
    if (Environment.isDESite() || Environment.isFRSite()) {
        currencyCode = "EUR";
    } else if (Environment.isUKSite()) {
        currencyCode = "GBP";
    } else if (Environment.isUSSite() || Environment.isMXSite()) {
        currencyCode = "USD";
    } else {
        throw new IllegalArgumentException("Site is not supported : " + Environment.getSite());
    }
    return currencyCode;
}
```

```
Global Registry Repository

shstoreId=1
defaultLocale=en-US
defaultCurrency=USD
supportedLocales=en-US,es-MX
supportedCurrencies=USD
defaultWebTLD=com
```

```
After

public static String getCurrencyCode() {
  return GlobalRegistry.byCountry(GlobalEnvironment.getCountry()).getDefaultCurrency();
}
```

图 10-14　关于全局测试配置服务的示例代码

比如，在"Before"代码段中，有 4 个条件分支。如果当前国家（地区）是德国（isDESite）或者法国（isFRSite），那么货币符号应该是"EUR"；如果当前国家（地区）是英国（isUKSite），那么货币符号应该是"GBP"；如果当前国家（地区）是美国（isUSSite）或者墨西哥（isMxSite），那么货币符号应该是"USD"；如果当前国家（地区）不在上述范围，就抛出异常。

上述函数的逻辑实现比较简单，但是当需要添加新的国家（地区）和新的货币符号时，就需要添加更多的 if-else 分支。当分支数量较多的时候，代码的分支也会很多。更糟糕的是，当添加新的国家（地区）时，会发现很多地方的代码都要加入分支处理，十分不方便。

那么，有什么好的办法可以做到在添加新的国家（地区）时，不用改动代码呢？

其实，仔细想一下，之所以要处理这么多分支，无非是因为不同的国家（地区）需要不同的配置值［这个示例中，不同国家（地区）需要的不同配置值就是货币符号］。如果我们可以首先把配置值从代码中抽离出来并放到单独的配置文件中，然后代码通过读取配置文件的方式来动态获取配置值，就可以做到加入新的国家（地区）时，不用再修改代码，而只要加入一份新国家（地区）的配置文件就可以了。

为此，就有了图 10-14 下方的这段"After"代码以及右上角相应的配置文件。"After"代码段的实现逻辑是通过 GlobalRegistry 并结合当前环境的国家（地区）信息来读取对应国家（地区）配置文件中的值。比如，如果 GlobalEnvironment.getCountry()的返回值是"US"，也就是说，当前环境的国家（地区）是美国，那么 GlobalRegistry 就会从"US"的配置文件中读取配置值。这样实现的好处是，假定需要增加日本的时候，getCurrencyCode 函数本身不用做任何修改，只需要增加关于日本的配置文件即可。

上面通过一段代码介绍了全局测试配置的实现原理和基本思路，但是这个方式是基于 Java 实现的，如果其他的语言想要使用这个特性，可能就不是很方便。为此，我们沿用之前讲的测试数据服务的思路，自然而然就会想到将全局测试配置这个功能通过 Restful API 的形式来提供，这样任何的测试框架和开发语言只要是能够支持发起 HTTP 请求的，就都能够使用这个全部测试配置的功能。同时，为了方便对配置文件本身的版本化管理，会将配置文件纳入配置管理中，也就是会把配置文件本身也提交到 Git 之类的代码仓库中，这样一来，就可以很方便地对配置文件的更改进行完整的追踪。

基于上述想法，全局测试配置服务的架构如图 10-15 所示。

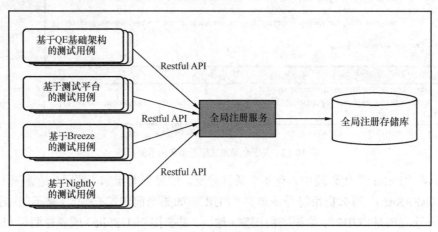

图 10-15　全局测试配置服务的架构

至此，我们已经一起了解了大型全球化电商网站的全局测试基础架构设计，以及其中的 6 个主要测试服务的作用及实现思路。下面通过一个示例，看看这样的测试基础架构是如何工作的，帮助读者进一步理解测试基础架构的本质。

10.4.7　大型全球化电商网站测试基础架构的使用示例

这个示例以 CI/CD 作为整个流程的起点，因为在实际项目中自动化测试的发起与执行请求一般都来自 CI/CD 流水线脚本。

首先，CI/CD 流水线脚本会以异步或者同步的方式调用被测系统部署服务，安装、部署被测软件的正确版本。这里，被测系统部署服务会访问对应软件安装包的存储位置，并将安装包下载到被测环境中，然后，调用对应的部署脚本完成被测软件的安装。最后，在 CI/CD 脚本中会启动被测软件，并验证新安装的软件是否可以正常启动。如果这些都没问题，被测系统部署服务就完成了任务。

这里需要注意以下几点。

● 如果之前的 CI/CD 脚本以同步方式调用被测系统部署服务，那么只有当部署、启动和验证全部通过后，被测系统部署服务才会返回，CI/CD 脚本才能继续执行。

● 如果之前的 CI/CD 脚本以异步方式调用被测系统部署服务，那么被测系统部署服务会立即返回，等部署、启动和验证全部通过后，才会以回调的形式通知 CI/CD 脚本。

被测系统部署完之后，CI/CD 脚本就会调用统一测试执行服务。统一测试执行服务首先会根据之前部署的被测软件版本选择对应的测试用例版本，然后从代码仓库中下载测试用例的 JAR 包。接下来，统一测试执行服务会将测试用例的数量、浏览器的要求，以及需要完成执行的时间作为参数，调用测试执行环境准备服务。

测试执行环境准备服务首先会根据传过来的参数，动态计算所需的 Node 类型和数量，然后根据计算结果动态加载更多基于 Docker 的 Selenium Node 到测试执行集群中。此时，动态 Node 加载是基于轻量级的 Docker 技术实现的，所以 Node 的启动与挂载速度都非常快。于是，统一测试执行服务通常以同步方式调用测试执行环境准备服务。

测试执行环境准备好之后，统一测试执行服务就会通过 Jenkins Job 发起测试执行。测试用例在执行过程中会依赖统一测试数据服务来准备测试需要用到的数据，并通过全局测试配置服务获取测试相关的配置与参数。同时，在测试执行结束后，还会自动将测试报告以及测试报告的元数据发送给测试报告服务进行统一管理。

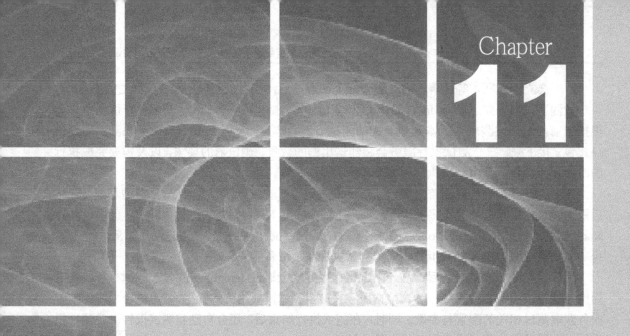

第 11 章

软件测试新技术

本章开始讲解软件测试新技术，将介绍软件测试领域中比较新颖的 6 个测试主题——探索性测试、测试驱动开发（Test-Driven Development，TDD）、精准测试、渗透测试、基于模型的测试以及人工智能在测试中的应用。

11.1　发挥人的潜能——探索式测试

先从当下热门的探索式测试开始谈起。以前，读者可能已经听说过探索式测试，也可能还不知道什么是探索式测试。这都没有关系，通过本节，读者可以对探索式测试会有一个全面、清晰的认识。

11.1.1　软件测试与招聘面试的类比

在正式介绍探索式测试之前，先介绍一个工作中招聘面试的例子。

假设你是面试官，现在有一个候选人要应聘你负责的这个职位，那么你通常都会在正式面试前，先仔细了解候选人的简历，然后根据简历情况以及职位要求，设计一些高质量的面试题。这么做的目的是，通过这些面试题判断候选人与这个职位的匹配程度。

但是，在实际面试的时候，你提出问题之后，通常会根据面试者的回答调整接下来的问题。

- 如果候选人的回答符合你的预期，可能就会结束这个话题，然后开始一个新的话题去考察候选人其他方面的能力。
- 如果对候选人的回答有疑问，你很可能会顺着候选人的回答进行针对性的提问，这时你提出的新问题完全可能是即兴的，而不是事先准备好的。

事实上，在面试候选人的过程中，你是在开展候选人评估、面试问题设计、面试执行和面试问题回答评估。这个面试过程其实就是你在"探索"你的候选人，通过"探索"去判断候选人是否符合你的要求。

对于软件测试来说，也有非常类似的过程。你首先根据软件功能描述设计最初的测试用例，然后执行测试。测试执行后，可能你得到的输出和预期输出不完全一致，于是你会猜测这种不一致是否可能是软件的缺陷造成的。为了验证你的想法，你会根据错误输出设计新的测试用例，并采用不同的输入再次检查软件的输出。

探索式测试强调测试工程师要同时开展测试学习、测试设计、测试执行和测试结果评估等活动，以持续优化测试工作。

在目前的工程实践中，通过探索式测试发现的缺陷最多，而且发现的缺陷也很有代表性。所以，现在很多企业在探索式测试中都有较大投入。

11.1.2　探索式测试的定义

探索式测试最早是由测试专家 Cem Kaner 博士在 1983 年提出的，后来，James A. Whittaker

凭借着在微软和谷歌担任测试架构师与测试总监的经验，撰写了最早的探索式测试图书（*Exploratory Software Testing*），扩展了探索式测试的概念和方法。

从本质上来看，探索式测试具有即兴发挥、快速实验、随时调整等特征，Cem Kaner 博士在 2006 年 1 月的 Exploratory Testing Research Summit 会议上将探索式测试的定义总结为以下的一句话。

Exploratory software testing is a style of software testing that emphasizes the personal freedom and responsibility of the individual tester to continually optimize the value of her work by treating test-related learning, test design, test execution, and test result interpretation as mutually supportive activities that run in parallel throughout the project.

下面解读其中最关键的几个概念。

首先，探索式测试是一种软件测试风格，而不是一种具体的软件测试技术。作为一种思维方式，探索式测试强调依据当前语境与上下文选择最合适的测试技术。所以，不要将探索式测试视为一种测试技术，而应该视为一种利用各种测试技术"探索"软件潜在缺陷的测试风格。

其次，探索式测试强调独立测试工程师的个人自由和责任，其目的是持续优化其工作的价值。测试工程师应该对软件产品负责，充分发挥主观能动性，在整体上持续优化个人和团队的产出。这种思想与精益生产、敏捷软件开发的理念高度一致，这也正是探索式测试受到敏捷团队欢迎的原因之一。

这里需要特别指出的是，探索式测试对个人的能力有很高的要求：在同样的测试风格下，由不同的人来执行测试，得到的结果可能会差别巨大。因此，对执行探索式测试工程师的要求就会比较高，除了要能够从业务上深入理解被测系统外，还要有很强的逻辑分析与推理能力，应当将测试技术及测试用例设计融会贯通。

最后，在执行探索式测试时，在整个项目中，建议将测试学习、测试设计、测试执行和测试分析作为相互支持的活动，并行执行。

注意，这里的并行执行并不是真正意义上的并行，而是指对测试学习、测试设计、测试执行和测试分析的快速迭代，即在较短的时间（比如，1 小时或者 30 分钟）内快速完成多次循环，以此来不断收集反馈、调整测试。这样，在外部看来，这些活动在并行执行。

这个理念与敏捷开发中的"小步快跑"、持续反馈的理念不谋而合，因此所有的敏捷团队都会或多或少地应用探索式测试。另外，在敏捷开发的每次迭代中，新开发的功能基本上都要依靠探索式测试保证产品的质量。

看到这里，读者可能会有疑问，那就是探索式测试看起来并没有严格意义上的测试设计文档，而且很多测试用例是在测试执行过程中即兴产生并执行的，这样的测试风格是不是可以和即兴测试相提并论？两者又有什么区别和联系呢？

11.1.3　探索式测试与即兴测试的区别和联系

虽然探索式测试与即兴测试（Ad-hoc Testing）的风格看起来类似，都依靠测试工程师的经验和直觉来即兴发挥，快速地验证被测应用，并不停地调整测试策略，但是探索式测试相对于即兴测试更强调及时"反馈"的重要性。

在探索式测试中，测试工程师不断提出假设，通过执行测试检验假设，通过解读测试结果证实或推翻假设。在这个迭代过程中，测试工程师不断完善测试方法，建立被测应用的模型，并利用模型、过往经验，以及测试技术进一步进行测试。

即兴测试完全不注重测试计划和设计，探索式测试要不停地优化测试模型和测试设计。因为测试设计和测试执行的切换速度很快，所以会很容易产生"探索式测试没有测试计划和设计"这个错误的想法。实际情况是，探索式测试有明确的测试目标和测试设计，只是测试设计的时间很短，会以很快的频率与测试执行交替切换。

掌握了探索式测试的基本理念之后，接下来我们简单看一下探索式测试是如何实施的。

11.1.4　探索性测试的开展

探索式测试也可以采用分层测试的策略。通常，我们首先会对软件的单一功能进行比较细致的探索式测试。"探索"的过程主要是基于功能需求以及非功能性需求进行扩展和延伸，其间可以采用类似"头脑风暴"的工具（如 Xmind 等）帮助我们整理思路。

比如，软件系统的用户登录功能就是一个单一的功能，探索式测试人员首先应该站在最终用户的角度去理解和使用登录功能。也就是说，探索式测试人员首先需要了解真正的业务需求，然后基于这些业务需求"探索"软件的功能是否可以满足用户需求。

为此，探索式测试人员需要分析出用户登录功能的所有原子输入项。为了简化，这里假定原子输入项只有用户名、密码和登录按钮。接着，组合这些原子输入项，构成最基本的测试场景。

比如，用真实合法的用户名以及密码完成登录就是一个非常基本的场景。如果该场景下能够成功登录，就可以切换到下一个场景；如果该场景下不能够成功登录，就需要"探索"为什么没能登录成功，比如，你可能会怀疑是不是因为用户名或者密码区分大小写，或者是不是因为你多次错误的尝试而导致的。

基于你的怀疑，进一步设计新的测试用例来验证你的猜测。如果你怀疑登录失败是用户名或者密码大小写不一致造成的，那么就需要使用大小写完全一致的用户名和密码进行尝试，之后还应该故意设计一些测试用例，如采用相同字符但是不同大小写的用户名和密码去尝试。如果你怀疑登录失败是由于错误的尝试引起的，你就应该故意设计这样的场景来观察系统的实际行为是否符合你的猜想。

总之，通过以上的"探索"过程，你就将测试学习、测试设计、测试执行和测试分析串联成了一个快速迭代的过程，并在脑海中快速建立了登录功能的详细测试模型。

接下来，我们往往会开展系统交互的探索式测试。这个过程通常会采用基于反馈的探索式测试方法。基于反馈的探索式测试方法会运用所有可用的测试技术，以及对产品的直觉，并结合上一次测试结果的反馈与分析，进行下一步的测试行动。

还以用户登录功能为例，在系统交互的探索式测试中，不只考虑单一的登录功能了，而考虑用户登录与系统其他功能相结合的场景。比如，你可以尝试不登录而直接访问的路径以观察系统的行为，你可以尝试不登录就查看订单状态的操作等。这些组合场景的设计主要取决于你想要验证或者想要"探索"的系统功能。很多时候这些灵感来自你之前探索系统而取得的经验，同时你的直觉也在此扮演了重要角色。

最后，要特别强调一下：其实，很多时候你已经在不知不觉中运用探索式测试的思想，只是自己并不知道这就是探索式测试而已。所以，探索式测试离你并不遥远，而且实现起来也没想象中的那么难。但是，探索式测试是否可以帮你找出尽可能多的缺陷，取决你对系统需求的理解以及根据过往经验而积累的直觉。

11.2　测试先行——TDD

TDD 的核心思想是在开发人员实现功能代码前，先设计好测试用例、编写测试代码，然后针对新增的测试代码编写产品的功能代码，最终目的是让新增的测试代码能够通过。

11.2.1　TDD 的核心理念

测试怎么可能驱动开发呢？在传统软件的开发流程中，软件开发人员先开发功能代码，再针对这些功能代码设计测试用例、实现测试脚本，以此保证开发的这些功能的正确性和稳定性。那么，TDD 从字面上理解就是要让测试先行，这又是怎么一回事呢？

确切地说，TDD 并不是一门技术，而是一种开发理念。它的核心思想是，在开发人员实现功能代码前，先设计好测试用例的代码，然后再根据测试用例的代码编写产品的功能代码，最终目的是让开发前设计的测试用例代码都能够顺利执行通过。

对于开发人员来说，他就需要参与到这个功能的完整设计过程中，而不是凭想象开发一个功能。他有一个非常明确的目标，就是要让提前设计的测试用例都可以顺利通过。为此，他先实现测试用例要求的功能，再通过不断修改和完善，让产品代码可以满足测试用例。

所以，从本质上来讲，TDD 并不属于测试技术的范畴。那么，为什么还要单独介绍这个主题呢？因为 TDD 中通常会用到很多常见的自动化测试技术，使得测试在整个软件生命周期中的重要性和地位得到大幅提升。TDD 的思想和理念给软件研发流程带来了颠覆性的变化，使得测试工作从软件开发生命周期的最后端走向了最前端。也就是说，测试工作原来是软件开发生命周期中最后的一个环节，而现在 TDD 相当于把测试提到了需求定义的高度，跑到了软件开发生命周期的最前面。

11.2.2 TDD 的优势

TDD 的优势可以概括为以下 5 个方面。

1. 保证开发的功能一定是符合实际需求的

用户需求才应该是软件开发的源头，但在实际的软件开发过程中，往往会在自己的主观判断下，开发出一个完全没有实际应用场景的功能。而这些没有实际应用场景的功能，却因为产品验证和测试工作介入的时机都在项目后期，往往在集成测试中或者产品上线后才会被发现。比如，在实现用户注册功能时，开发人员认为需要提供使用手机号注册的功能。但是，这个功能开发完之后，测试人员却告知开发人员这个功能用不上，或者产品上线后才发现这个功能在实际场景中不是常用的，因为用户可以使用邮箱注册，并再通过绑定手机号实现登录。所以，直接用手机号注册这个功能是不需要的，真正需要的是绑定邮箱和手机号的功能。

试想一下，如果采用 TDD，即先根据用户的实际需求编写测试用例，再根据测试用例来编写功能代码，就不会出现这种情况了。

2. 更加灵活的迭代方式

传统的需求文档往往会从比较高的层次描述功能。开发人员面对这种抽象的需求文档，会无从下手。但是，在 TDD 的流程里，需求是以测试用例描述的，非常具体。当开发人员拿到这样的需求时，就可以先开发一个很明确的、针对用户某一个需求的功能代码。

在开发过程中，开发人员可以不断地调试这个功能，通过测试、失败、修改/重构、测试、成功的过程，使开发的代码符合预期，而不是等所有功能开发完之后，再将一个"笨重"的产品交给测试人员进行一个长周期的测试，发现缺陷后再修改，这又可能会引入新的缺陷。另外，如果用户需求有变化，我们能够很快地定位到要修改的功能，从而实现快速修改。

3. 保证系统的可扩展性

为了满足测试先行的灵活迭代方式，我们会要求开发人员设计更松耦合的系统，以保证系统的可扩展性和易修改性。这就要求开发人员在设计系统时，要考虑它的整体架构，搭建系统的骨架，提供规范的接口定义而非具体的功能类。这样，当用户需求有变化或者新增测试用例时，能够通过设计的接口快速实现新功能，满足新的测试场景。

4. 更好的质量保证

TDD 要求测试先于开发。也就是说，在每次新增功能时，都需要先用测试用例去验证功能是否正常，并运行所有的测试来保证整个系统的质量。在这个测试先行的过程中，开发人员会不断调试功能模块、优化设计、重构代码，使其能够满足所有测试场景。所以，很多的代码实现缺陷和系统设计漏洞，都会在这个不断调优的过程中暴露出来。也就是说，TDD 可以保证更好的产品质量。

5. 测试用例即文档

因为在 TDD 过程中编写的测试用例，首先一定是符合用户实际需求的，然后又在开发调试的过程中经过了"千锤百炼"，即一定是符合系统的业务逻辑的，所以直接根据测试用例生成需求文档。这里，要直接根据测试用例生成需求文档，有很多简单的方法，如 JavaDoc。这样，我们就无须再花费额外的精力去撰写需求文档了。

TDD 的优势很多，接下来讲一下实施 TDD 的具体过程。

11.2.3　TDD 的实施过程

TDD 的整个过程遵循以下流程。

（1）为需要实现的新功能添加一批测试。

（2）运行所有测试，看看新添加的测试是否失败。

（3）编写实现软件新功能的代码。

（4）再次运行所有的测试，看是否有测试失败。

（5）重构代码。

（6）重复以上步骤直到所有测试通过。

接下来，我们就通过一个具体的例子，来看看 TDD 的实施流程。

我们现在要实现这样一个功能：用户输入自己的生日，就可以查看还要多少天到下次生日。根据 TDD 中测试先行的原则，首先要做的是设计测试用例。

【测试用例一】用户输入空字符串或者 null，具体的代码如代码清单 11-2-1 所示。

代码清单 11-2-1

```
@Test
//当 null 时，测试是否抛出"Birthday should not be null or empty"异常
public void birthdayIsNull()
{
    RuntimeException exception = null;
    try {
        BirthdayCaculator.caculate(null);
    }catch(RuntimeException e) {
        exception = e;
    }
    Assert.assertNotNull(exception);
    Assert.assertEquals(exception.getMessage(), "Birthday should not be null or empty");
}

@Test
//当输入空字符串""时，测试是否抛出"Birthday should not be null or empty"异常
public void birthdayIsEmpty() {
    RuntimeException exception = null;
    try {
```

```
        BirthdayCaculator.caculate("");
    }catch(RuntimeException e) {
        exception = e;
    }
    Assert.assertNotNull(exception);
    Assert.assertEquals(exception.getMessage(), "Birthday should not be null or empty");
}
```

根据这个测试用例，可以很容易地写出这部分 Java 代码（见代码清单 11-2-2）。

代码清单 11-2-2

```
public static int calculate(String birthday)
{
    if(birthday == null || birthday.isEmpty())
    {
        throw new RuntimeException("Birthday should not be null or empty");
    }
}
```

【**测试用例二**】用户输入的生日格式不符合 **YYYY-MM-DD** 的格式，具体的代码如代码清单 11-2-3 所示。

代码清单 11-2-3

```
@Test
//当输入错误的时间格式时，测试是否抛出"Birthday format is invalid!"异常
public void birthdayFormatIsInvalid()
{
    RuntimeException exception = null;
    try {
        BirthdayCaculator.calculate("Sep 3, 1996");
    }catch(RuntimeException e) {
        exception = e;
    }
    Assert.assertNotNull(exception);
    Assert.assertEquals(exception.getMessage(), "Birthday format is invalid!");
}
```

以下 Java 代码通过 catch 语句的 ParseException，重新自定义错误消息并抛出异常。代码清单 11-2-4 展示了具体的实现。

代码清单 11-2-4

```
SimpleDateFormat sdf = new SimpleDateFormat("yyyy-MM-dd");
Calendar birthDate = Calendar.getInstance();
try {
    //使用 SimpleDateFormat 来格式化输入的日期
    birthDate.setTime(sdf.parse(birthday));
} catch (ParseException e) {
    throw new RuntimeException("Birthday format is invalid!");
}
```

【**测试用例三**】用户输入的生日格式正确，但是今年的生日已经过了，就应该返回距离明年的生日还有多少天，具体的代码如代码清单 11-2-5 所示。

代码清单 11-2-5

```
@Test //在用户输入的日期晚于今年生日的情况下，测试是否返回距离明年的生日有多少天
public void thisYearBirthdayPassed()
{
    Calendar birthday = Calendar.getInstance();
    birthday.add(Calendar.DATE, -1);
    SimpleDateFormat sdf = new SimpleDateFormat("YYYY-MM-dd");
    String date = sdf.format(birthday.getTime());
    int days = BirthdayCaculator.caculate(date);
    Assert.assertTrue(days > 0);
}
```

【**测试用例四**】用户输入的生日格式正确且今年的生日还没到，返回的结果应该小于 365 天，具体的代码如代码清单 11-2-6 所示。

代码清单 11-2-6

```
@Test //在用户输入的日期早于今年生日的情况下，测试返回的天数是否小于365
public void thisYearBirthdayNotPass()
{
    Calendar birthday = Calendar.getInstance();
    birthday.add(Calendar.DATE, 5);
    SimpleDateFormat sdf = new SimpleDateFormat("YYYY-MM-dd");
    String date = sdf.format(birthday.getTime());
    int days = BirthdayCaculator.caculate(date);
    Assert.assertTrue(days < 365);
}
```

【**测试用例五**】用户输入的生日格式正确并且是生日当天，返回的结果应该为 0，具体的代码如代码清单 11-2-7 所示。

代码清单 11-2-7

```
SimpleDateFormat sdf = new SimpleDateFormat("yyyy-MM-dd");
@Test //当用户输入的日期恰好等于今年生日的情况下，测试返回的天数是否是0
public void todayIsBirthday()
{
    Calendar birthday = Calendar.getInstance();
    SimpleDateFormat sdf = new SimpleDateFormat("YYYY-MM-dd");
    String date = sdf.format(birthday.getTime());
    int days = BirthdayCaculator.caculate(date);
    //返回的天数应该是 0
    Assert.assertEquals(days, 0);
}
```

综合上述 5 种测试场景，根据测试用例，我们可以编写完整的功能代码以覆盖所有类型的用户输入，代码清单 11-2-8 展示了具体的实现。

代码清单 11-2-8

```
public static int caculate(String birthday)
{
    //首先对输入的日期是否是null或者是""进行判断
    if(birthday == null || birthday.isEmpty())
    {
        throw new RuntimeException("Birthday should not be null or empty");
    }
    SimpleDateFormat sdf = new SimpleDateFormat("yyyy-MM-dd");
    Calendar today = Calendar.getInstance();

    //处理输入的日期恰好等于今年生日的情况
    if(birthday.equals(sdf.format(today.getTime())))
    {
        return 0;
    }

    //输入日期格式的有效性检查
    Calendar birthDate = Calendar.getInstance();
    try {
        birthDate.setTime(sdf.parse(birthday));
    } catch (ParseException e) {
        throw new RuntimeException("Birthday format is invalid!");
    }
    birthDate.set(Calendar.YEAR, today.get(Calendar.YEAR));

    //实际计算的逻辑
    int days;
    if (birthDate.get(Calendar.DAY_OF_YEAR) < today.get(Calendar.DAY_OF_YEAR))
    {
        days = today.getActualMaximum(Calendar.DAY_OF_YEAR) - today.get(Calendar.DAY_OF
            _YEAR);
        days += birthDate.get(Calendar.DAY_OF_YEAR);
    }
    else
    {
        days = birthDate.get(Calendar.DAY_OF_YEAR) - today.get(Calendar.DAY_OF_YEAR);
    }
    return days;
}
```

在以上场景中，每添加一个新的功能点，都会添加一个测试方法。完成新功能点的软件代码后，运行当前所有的测试用例，以保证新增的功能代码能够满足现有的测试需求。这就是一个典型的 TDD 过程。

11.2.4 TDD 进阶

在实际开发场景下，要用 TDD 思想写出健壮稳定的代码，就需要深入理解 TDD 中的每一步。

首先，需要控制 TDD 测试用例的粒度。如果测试用例并不是最小粒度的单元测试，开发人员就不能直接根据测试用例开发功能代码，应该先把测试用例分解成更小粒度的任务列表，保证每一个任务列表都是一个最小的功能模块。

在开发过程中，要把测试用例当成用户，不断分析他可能会怎样调用这个功能，大到功能的设计是用类还是接口，小到方法的参数类型，都要充分考虑到用户的使用场景。

其次，要保持代码的简洁和高效。随着功能代码的增加，为了让测试能顺利通过，开发人员很可能会简单地复制/粘贴一些代码来完成某个功能，而这就违背了 TDD 的初衷，本来是为了写出更优雅的代码，结果反而造成了代码冗余混乱。因此，在开发-测试循环过程中，要不断地检查代码，时刻注意是否有重复代码以及不需要的功能，使功能代码变得更加高效、优雅。

最后，通过重构保证最终交付代码的优雅和简洁。所有功能代码都完成，所有测试都通过之后，我们就要考虑重构了。这里可以考虑类名、方法名甚至变量名是否规范且有意义，太长的类可以考虑拆分。从系统角度检查是否有重复代码，是否有可以合并的代码，你也可以参考市面上关于重构的书完成整个系统的重构和优化。这里建议你阅读 Martin Fowler 的《重构：改善既有代码的设计》这本书。

总的来说，TDD 有优于传统开发的特点，但在实际开发过程中，我们应该具体场景具体分析。比如，最典型的一个场景就是，一个旧系统需要重做，并且针对这个旧系统已经有很多不错的测试用例了，这就很适合选用 TDD。

11.3 打蛇打七寸——精准测试

前面两节介绍了探索式测试和测试驱动开发的概念、具体的实施方法。本节继续介绍软件测试领域中的另一个前沿话题——精准测试。

软件测试行业从最开始的手工测试到自动化测试，从黑盒测试到白盒测试，测试理念和技术都发生了日新月异的变化。现如今，几乎所有的软件公司都有一套强大且复杂的自动化测试用例，用来保证产品的正确性和稳定性。

然而，现在你所掌握的软件测试技术和用例，真的是最准确、最适合你的产品的吗？其中是不是存在很多冗余的测试数据、根本用不上的测试用例、永远成功不了的测试场景？有时更糟糕的是，当产品代码有更新时，你根本不知道这些更新到底影响了哪些功能，也无法精准地选取测试用例，而不得不执行全回归测试。

针对这类问题，精准测试的概念在 2016 年提了出来。所谓精准测试，就是借助一定的技术手段，通过辅助算法对传统软件测试过程进行可视化、分析以及优化的过程。也就是说，精准测试可以使得测试过程可视化、智能、可信和精准。精准测试的核心思想是，借助一些高效的算法和工具，收集、可视化并且分析原生的测试数据，建立起一套测试分析系统。

为了可以帮助读者更好地理解为什么要有精准测试，以及它可以解决什么问题，在介绍精准测试的内容时，会先分析传统软件测试正面临着哪些问题，而精准测试又是如何解决这些问题的。

11.3.1 传统软件测试的主要短板

现如今，软件产品的规模以及复杂度超乎想象，而传统的软件测试方法在面临这些挑战时已经表现得力不从心。传统软件测试的短板可归纳为五大类。

第一大短板，测试的维护成本日益升高。

当传统测试的用例逐渐增加时，需要花费越来越大的时间和人力成本，去维护一个庞大的测试用例集，以此保证产品新特性和旧功能的正确性与稳定性。而在这成千上万的测试用例中，很多陈旧的用例已经失效了（不再能满足现有产品的测试需求了），但是整个团队还要花费很多精力去维护这个庞大的测试用例集。

第二大短板，测试过程低效。

随着软件功能不断丰富，相应的测试用例集也更加庞大，难免会出现"杀虫剂"效应，即，测试用例越来越多，而产品的"免疫力"也越来越强。造成这种问题的原因是，我们在测试早期已经发现了 80% 的软件缺陷，除非再花费巨大的人力和时间成本去分析与增加大批量的测试用例，否则后期新增的测试用例已经很难再发现新的软件缺陷了。而精准测试可以通过对已有测试数据的跟踪与分析，有的放矢地定位或者缩小测试范围，以此减少发现剩下的 20% 软件缺陷的工作量。

第三大短板，缺乏有效的回归用例选取机制。

在传统测试理念中，每次添加新功能或者修复缺陷，都需要在产品上线前进行一轮全回归测试，哪怕改动只有一行代码。但是，全回归测试的测试用例数量以及执行代价一般都比较大。这里，之所以要采用全回归测试，是因为我们无法准确地知道这次的更新到底会影响哪些功能，也无法知道应该从回归测试中选取哪些必要的测试用例，无奈之下只能执行全部测试用例。

第四大短板，测试结果可信度不高。

在传统的软件测试中，测试数据的统计分析过程中的大量人工因素导致测试数据本身的技术公信力不够高，进而需要依靠管理手段来保证真实的测试数据被准确地记录。这种做法不但可靠性差，而且执行成本高。

第五大短板，无论是白盒测试技术还是黑盒测试技术都有其局限性。

如果完全基于黑盒测试，那么注定无法深入了解代码实现的细节，也就无法做到有的放矢地设计测试用例；如果基于白盒测试，为了保证代码质量，往往会采用代码级测试和代码覆盖率技术。

但是，这些测试方法都依赖于产品代码，一旦代码发生改变，很多测试都会失效，因此很难适应高速迭代的开发流程。

另外，由于目前的代码级测试和代码覆盖率技术还不支持测试用例级别的覆盖率分析，而要将所有测试结果混在一起，导致用白盒测试无法区分代码覆盖率的提升到底因为哪个测试用例，这将极大地限制白盒测试工具在测试结果分析上的应用。

11.3.2　精准测试的核心思想

精准测试的核心思想是，借助一些高效的算法和工具，收集、可视化并且分析原生的测试数据，从而建立起一套测试分析系统。所以，精准测试的主要特征可以概括为以下几个方面。

第一，精准测试是对传统测试的补充。

精准测试是基于传统测试数据的，并不会改变传统的软件测试方法，更不会取代传统测试。也就是说，精准测试在不改变原有测试集的基础上，能够优化测试过程和数据，提高测试效率。

第二，精准测试采用的是黑盒测试与白盒测试相结合的模式。

在执行黑盒测试时，收集程序自动产生白盒级别的运行数据，并通过可视化或者智能算法识别出测试未覆盖的点，进而引导开发人员和测试人员补充测试用例。同时，在黑盒测试的执行过程中，可以实现测试用例和产品代码的自动关联，将基于黑盒的功能测试直接映射到基于白盒的代码层，从而使智能回归测试用例选取的想法成为可能。

第三，精准测试的数据可信度高。

精准测试的数据都是由系统自动录入和管理的，人工无法直接修改数据，因此可以直接将传统测试产生的数据导入精准测试系统中，用于测试结果的分析，从而使测试结果具有更高的可信度。

第四，精准测试的过程不直接面对产品代码。

精准测试通过算法和软件实现测试数据与过程的采集，因此不会直接面向代码，也就不会严重依赖于产品代码。

但是，精准测试能够实现测试用例和产品代码的自动关联。也就是说，代码覆盖率的统计可以以测试用例为单位来进行，具体实现的核心思想还基于代码覆盖率的统计，只是在代码覆盖率的元数据上增加了测试用例的信息。因此，代码的改变并不会影响测试过程，但能够将功能测试间接映射到代码级别。这样，精准测试就实现了测试用例和被测产品代码的双向追溯。

第五，精准测试是与平台无关的、多维度的测试分析算法系统。

精准测试是一种通用的测试分析系统，独立于任何测试平台，其内部算法和业务无关，因此适用于各种不同的产品。同时，精准测试为我们提供了多维度的测试分析算法，拓展了白盒测试的范畴。而精准测试对测试用例和产品代码的自动关联，使得它可以为测试过程提供大量的智能分析结果。

接下来，我们再一起看看精准测试具体有哪些方法。

11.3.3 精准测试的具体方法

目前，业界最成熟并且已经产品化的精准测试体系来自国内的"星云测试"。所以，下面关于精准测试的具体方法的介绍中，涉及的很多概念都参考了其官网的《星云精准测试白皮书》。

目前，由星云测试实现的精准测试平台中，核心组件包括精准测试示波器、测试用例和被测产品代码的双向追溯、智能回归测试用例选取算法，以及测试用例聚类分析这4项关键的技术。其中，最核心的技术是测试用例和产品代码的双向追溯。

接下来，依次介绍这4项核心技术。

1. 软件精准测试示波器

软件精准测试示波器，即在软件测试（人工测试或者自动化测试）的过程中，自动分析代码运行方面的一些数据指标，并将其用图表的方式实时显示出来。其中，这些数据指标包括了代码的逻辑块执行速率、代码的条件执行速率、函数的调用速率等。

同时，由于示波器记录了每个测试用例的产品代码执行序列，因此可以通过比较两个测试用例的产品代码执行序列来判断两个测试用例是否隶属于同一个等价类，这将有助于精简测试用例的数量。

另外，由于示波器中所有的数据都是通过系统自动导入的，因此不存在人工导入过程中可能引入的数据误差，从而保证了所有数据的分析和显示都是真实可靠的。

示波器以类似心电图的形状实时显示测试过程中被测代码的运行信息，可以很直观地看到测试中发生的变化。一旦测试过程稍有异常，就会立刻显示在示波器上，通过示波器中图形的变化可以轻易地对平时不可见的程序行为进行分析和判断。比如，是否存在计算密集的区域？是否有不该执行的代码在后台运行？

2. 测试用例和被测产品代码的双向追溯

测试用例和被测产品代码的双向追溯，就是通过一定的技术手段实现测试用例和被测产品代码的双向关联。这样，我们可以通过测试用例追溯到其执行的代码，也可以通过分析代码的功能为测试提供数据。这里，测试用例和被测代码的双向追溯，包括正向追溯和反向追溯。

其中，正向追溯，即通过示波器将产品代码和测试用例进行自动关联。这个关联可精确到方法或者代码块级别。而在关联之后，精准测试可以显示每个测试用例实际执行的代码。这样，当发现软件缺陷时，可以快速定位出其所在的位置。

反向追溯是指，如果要关注程序中的某一块代码，那么就可以通过精准测试追溯到所有测试这块代码的测试用例。这有助于统计和量化测试数据，同时测试和开发工程师之间可以基于测试数据进行交流，为他们的沟通提供更有效的桥梁，降低沟通成本。

测试用例和被测产品代码的双向追溯如图 11-1 所示，这有助于读者更好地理解正向追溯和反向追溯的概念。

总而言之，测试用例和被测产品代码的双向追溯能显著提升测试效率。

● 当我们发现了软件缺陷和错误时，通过这个方法可以迅速定位到有问题的代码。

● 当出现一些难以复现的缺陷时，这个方法可以帮助我们追溯有问题的代码而无须强行复现。

双向追溯技术在后台一定采用了代码覆盖率统计工具，但是这个代码覆盖率统计工具和双向追溯具体有什么区别和联系呢？

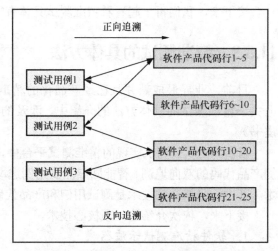

图 11-1　测试用例和被测产品代码的双向追溯

事实上，两者之间最大的区别体现在测试覆盖率的统计方式上。传统的代码覆盖率统计工具会把所有测试产生的覆盖率混在一起，并不具备单个测试用例的覆盖率统计功能；而精准测试中的双向追溯技术则可以将覆盖率的分析和计算精确到每个测试用例针对的产品代码上。

另外，从实际工程的角度来看，传统的代码覆盖率统计工具都是单机运行的，并完成数据的统计，无法有效整合一个团队中多人的测试结果，也不能按照日期累计。但双向追溯技术支持多人异地测试、整合覆盖率等功能。

3. 智能回归测试用例选取算法

接下来介绍智能回归测试用例选取算法。回归测试就是在修复了某个错误或缺陷后，再对软件进行测试以确保没有引入新的错误或缺陷。而智能回归测试用例选取算法便是针对需要执行的回归测试，通过算法得出各个测试用例的权重和优先级，使得在有限的时间和人力下，更高效地执行测试用例。

由于精准测试提供了智能算法来自动选取回归测试用例，因此既避免了人工选取回归测试用例时可能存在的测试盲点，也减少了执行回归测试的时间，同时还能够保证计算结果的精确性，大大降低了回归测试的风险。另外，精准测试中测试用例和被测产品代码的双向追溯，也使得当有代码变更和需要执行回归测试时，可以直接确定应该执行哪些测试用例。

4. 测试用例聚类分析

测试用例聚类分析是指，通过建立测试用例和代码执行的剖面关系，实现对测试用例的聚类分析。这个聚类分析的结果，将以两维数据呈现出来，即测试用例 ID 及其对应的代码执行剖面。通过聚类数据，很容易发现测试用例的执行错误。比如，测试用例 A 应该执行代码块 A，而通过聚类分析，发现用例的执行放在了代码块 B 上，因此我们就可以断定该测试用例发生了错误或者测试环境出现了问题。同时，测试用例的聚类分析能够展示测试用例的分布情况，为我们调整测试用例的分布提供依据。也就是说，首先可以通过聚类数据，对测试用例聚集较少的区域予以补充，同时也可以在测试用例聚集丰富的区域内提取出相对重要的用例，然后执行，从而节省时间、提高测试效率。

11.4　安全第一——渗透测试

随着互联网的发展，网络环境越来越复杂，各类软件涉及的领域也越来越多，系统与软件的安全问题就愈加重要了。各类隐私信息、财务信息等的泄露，有可能会造成难以挽回的损失。所以，大多数的公司（尤其是中大型的公司）已经针对系统与软件的安全采取了很多措施。比如，安装杀毒软件，定期给系统打补丁，定期进行漏洞及安全扫描等。

虽然这些措施可以修补大部分的安全漏洞，但是不足以完全保证系统的安全性。这个时候，渗透测试便有了用武之地。接下来我们就一起看看什么是渗透测试，以及具体如何执行渗透测试。

11.4.1　渗透测试的定义

渗透测试指的是，由专业安全人员模拟黑客，从系统可能存在漏洞的位置进行攻击测试，在真正的黑客入侵前，找到隐藏的安全漏洞，从而达到保护系统安全的目的。软件系统在研发阶段已经用了各种手段保证安全性，为什么还需要进行渗透测试呢？

其实，这就好比让开发人员自己做测试一样，虽然他们对自己开发出来的软件产品很熟悉，但是因为开发人员的惯性思维，会使得他们在面对很多潜在问题时，都误以为这不是问题，所以需要引入独立的安全测试人员对系统进行安全检查。

另外，除了惯性思维之外，开发人员通常并不是安全领域的专家，缺少专业的安全知识，不了解常用的系统攻击手段，从而导致他们不能对相关的场景进行充分、客观的测试。

为了便于理解，我们可以将软件系统比喻成一座房子。当房子建好后，我们会为其配备防盗门、防盗窗，甚至是安全报警器等。这时我们自认为这个房子足够安全了，但是我们永远都不知道，入侵者会使用什么样的方式找到漏洞，从而攻克我们布置的安全防线。所以，为了保证这座房子足够安全，我们会考虑聘请外部的安全专家来进行一系列的检测。比如，检测防盗门是否足够牢固，锁是否容易被破坏，报警器是否在发生异常时能够正常发出警报，窗户和通道是否容易被侵入，或者从整体上判定我们所布下的安全防线在安全机制上是否存在系统性的问题等。我们甚至可以找人模拟入侵这座房子，在这个模拟过程中，发现这所房子是否还存在安全漏洞，以此验证房子真实的安全性。

这个由外部的安全专家验证房子安全性的过程，便是对这座房子进行渗透测试的过程。其中，这个房子便是我们的软件系统；而我们为验证房子安全性采取的这一系列方法，就是我们所说的安全渗透测试。

11.4.2　渗透测试的常用方法

渗透测试应该怎样进行呢？这里总结了渗透测试的 5 种常用测试方法：

- 针对性的测试；
- 外部测试；
- 内部测试；
- 盲测；
- 双盲测试。

接下来，我们就一起看看，每种测试方法如何开展。

1. 针对性的测试

针对性的测试是由公司内部员工和专业渗透测试团队共同完成的。其中，公司内部员工不仅要负责提供安全测试所需要的基础信息，同时还要负责业务层面的安全测试；而专业渗透测试团队更多关注业务以外的、更普适的安全测试。

针对性的测试属于研发层面的渗透测试。参与这类测试的人员，可以得到被测系统的内部资料，包括部署信息、网络信息、详细架构设计，甚至是产品代码。

有时，我们也把这种测试方法叫作"开灯"测试。之所以称为"开灯"测试，是因为针对性的测试是在测试人员完全了解系统内部情况的前提下开展的，区别于外部人员完全不知道系统内部细节而进行的渗透测试。

2. 外部测试

外部测试指的是针对外部可见的服务器和设备（包括域名服务器、Web 服务器、防火墙、电子邮箱服务器等），模拟外部攻击者对其进行攻击，检查它们是否能够被入侵，以及如果成功入侵了，会入侵到系统的哪一部分，又会泄露多少资料。一般情况下，外部测试是由内部测试人员或者专业渗透测试团队在假定完全不清楚系统内部情况的前提下开展的。

3. 内部测试

内部测试指的是由测试工程师模拟内部人员在内网（防火墙以内）进行攻击（因此测试人员会拥有较高的系统权限，也能够查看各种内部资料），检查内部攻击可以给系统造成什么程度的损害。所以，内部测试用于防止系统的内部员工对系统进行内部攻击，同时以此来制订系统内部员工的权限管理策略。

4. 盲测

盲测指的是在严格限制提供给测试执行人员或团队的信息的前提下，由他们来模拟真实攻击者的行为。通常，测试人员可能只被告知被测系统公开的信息，而对系统细节以及内部实现一无所知。

因为这种类型的测试可能需要相当长的时间进行侦察，所以代价会相对昂贵。另外，这类测试的效果将在很大程度上取决于测试人员的技术水平。一般来讲，盲测是由专业渗透测试团队在测试后期开展的，通常会借助很多黑客攻击工具。

如果测试人员拥有专业黑客的技术水平，同时结合各类渗透和黑客工具，一定能发现安全漏洞。然而，如果测试人员并不具备专业的安全测试以及系统攻击知识，那么他们能够发现的问题就非常有限了。

5.　双盲测试

双盲测试也叫作"隐秘测试"。在这类测试中，不但测试人员对系统内部知之甚少，而且被测系统内部也只有极少数人知道正在进行安全测试。因此，双盲测试可以反映软件系统最真实的安全状态，能够有效地检测系统在正常情况下对安全事件的监控和处理能力是否合格。因此，双盲测试可以用于测试系统以及组织的安全监控和事故识别能力及其响应过程。一般来说，双盲测试一般由外部的专业渗透测试专家团队完成，所以实际开展双盲测试的项目并不多。

11.4.3　执行渗透测试的步骤

既然介绍了渗透测试的常用方法，那么到底怎样开展渗透测试呢？下面介绍一下开展渗透测试的 5 个主要步骤。

（1）规划和侦察。

这一步包含了定义测试的范围和目标，初步确定要使用的工具和方法，明确需要收集的情报（例如，网络和域名、邮件服务器），以便了解目标的工作方式及其潜在的安全漏洞。

（2）安全扫描。

安全扫描包括静态分析和动态分析两个阶段。

- 在静态分析阶段，通过扫描所有代码来估计其运行时。这里，可以借助一些工具来一次性扫描所有代码。目前，主流工具有 Fortify SCA 和 Checkmarx Suite。
- 在动态分析阶段，在代码运行时进行扫描。这样的扫描更能真实反映程序的行为，可以实时提供应用程序的运行时视图，比静态扫描更准确、实用。

（3）获取访问权限。

在这一步，测试人员首先将模拟黑客对应用程序进行网络攻击，例如，使用 SQL 注入或者跨站脚本攻击等，以发现系统漏洞。然后，利用找到的漏洞，通过升级自己的权限、窃取数据、拦截流量等方式了解其可能对系统造成的损害。

（4）维持访问权限。

这个阶段的目的是，查看被发现的漏洞是否可以长期存在于系统中。如果漏洞能够持久化，那么在很长的一段时间内入侵者都可以对系统进行深入访问或进行破坏。这个阶段模仿的是高级持续性威胁。

（5）入侵分析。

完成以上的 4 步之后，我们就要分析得到的结果了。通常情况下，我们需要将测试结果汇总成一份详尽的测试报告，并详细说明：

- 可以被利用的特定漏洞；
- 利用该漏洞的具体步骤；
- 能够被访问的敏感数据；
- 渗透测试人员能够在系统中不被侦测到的时间。

专业的安全人员会分析这些信息，以指导和帮助我们配置企业的 WAF（Web Application Firewall，Web 应用防火墙），同时提供对其他应用程序的安全解决方案，以修补安全漏洞并防范未来的恶意攻击。

11.4.4　渗透测试的常用工具

目前，在实际的渗透测试中，通常会使用大量的工具来完成测试。为此，这里挑选了 Nmap、Aircrack-ng、sqlmap、Wifiphisher、AppScan 这 5 种常用工具，介绍一下它们的功能，以及适用场景。

这里需要特别注意的是，这些工具本身就具有黑客属性，所以很多杀毒软件会阻止该类软件的运行。同时，也一定不要在非官方的网站下载和使用这类工具，以防被意图不轨的人预先注入了危险的攻击点。

1. Nmap

Nmap 是进行主机检测和网络扫描的重要工具。它不仅可以收集信息，还可以进行漏洞探测和安全扫描，从主机发现、端口扫描到操作系统检测和入侵检测系统规避/欺骗。

Nmap 工具是渗透测试过程中最先要用到的，用来获取后续渗透测试过程中需要用到的系统基本信息，如 IP 和端口等。同时，Nmap 适用于各种操作系统，包括 Windows、Linux、OS X 等，因此它是一款非常强大、实用的安全检测工具。

2. Aircrack-ng

Aircrack-ng 是评估 Wi-Fi 网络安全性的一整套工具。它侧重于 Wi-Fi 安全的领域，主要功能有网络侦测、数据包嗅探以及 WEP（Wired Equivalent Privacy，有线等效保密）和 WPA（Wi-Fi Protected Access，无线网络安全接入）/WPA2-PSK（Pre-Shared Key，预共享密钥）破解。Aircrack-ng 可以工作在任何支持监听模式的无线网卡上并嗅探 802.11a、802.11b、802.11g 的数据。

Aircrack-ng 通过命令行或者脚本文件执行，并且可以运行在 Linux 和 Windows 操作系统上。它的典型应用场景主要包括数据包注入重播攻击、解除身份验证、虚假接入点等，也可以用于破解 WEP 和 WPA PSK。

3. sqlmap

sqlmap 是一种基于命令行的开源渗透测试工具。它能够自动进行 SQL 注入和数据库接入，并且支持所有常见并广泛使用的数据库平台，包括 Oracle、MySQL、SQL Server、SQLite、Microsoft Access、IBM DB2、FireBird、Sybase 和 SAP Max DB 等，使用的 SQL 注入技术也几乎涵盖了所有的攻击手段。

4. Wifiphisher

Wifiphisher 是一种恶意接入点工具，可以对 Wi-Fi 网络进行自动钓鱼攻击。渗透测试执行人员可以通过 Wifiphisher 执行针对性的 Wi-Fi 关联攻击，轻松实现无线客户端的渗透测试。Wifiphisher 还可以用于对连接的客户端进行受害者定制的网络钓鱼攻击，用来获取凭证（例如，从第三方登录页面或 WPA/WPA2-PSK）或用恶意软件感染受害者站点。

5. AppScan

AppScan 是 IBM 公司的一款企业级商业 Web 应用安全测试工具，采用的是黑盒测试，可以扫描常见的 Web 应用安全漏洞。

AppScan 的工作原理如下。

首先，从起始页爬取网站下所有的可见页面，同时测试常见的管理后台。然后，利用 SQL 注入原理测试所有可见页面，测试是否可在注入点和跨站脚本攻击。同时，检测 Cookie 管理、会话周期等常见的 Web 安全漏洞。

AppScan 的功能十分强大，几乎涵盖了目前所有已知的攻击手段，而且攻击库还在不断地升级、更新。此外，AppScan 的扫描结果不仅展示了扫描的漏洞，还提供了详尽的漏洞原理、修改建议、手动验证等。AppScan 是目前完美的渗透测试商用解决方案，但是其最大的问题在于价格昂贵，一般只有中大型的企业才会购买和使用。

11.4.5 渗透测试的收益

现在，你已经清楚了开展渗透测试的必要性，也大致清楚了具体要如何开展渗透测试。为了让你对开展渗透测试的信心更足，总结一下它能解决的问题。

- 通过渗透测试，公司可以识别出主要漏洞，并决定修补漏洞的优先级，同时合理分配系统补丁安装的时间，以确保系统环境的安全性。
- 避免了安全漏洞，也就是避免了不必要的损失。为了从安全漏洞中恢复，往往要花费巨大的代价去补救公司和客户的损失。渗透测试能够很好地避免这类问题，帮助公司树立良好的企业形象，赢得更高的信任度。

11.5 用机器设计测试用例——基于模型的测试

前面介绍了探索式测试、测试驱动开发、精准测试，以及渗透测试的内容，你是否已经掌握了呢？有没有尝试将这些比较新的理念用到你的项目中呢？下面介绍基于模型的测试（Model-Based-Testing，MBT）。

软件测试是保障软件产品质量的最后一道防线，是产品上线前必不可少的一个环节。每一款高质量的软件产品背后，都蕴含了大量的测试工作。

虽然从最简单的功能性黑盒测试到涉及定理证明的复杂测试,已经有很多种方法可以帮助我们提高测试的可靠性和有效性,但是在设计测试用例的过程中总是存在着这样或那样的问题,使得软件测试的结果没那么理想。为此,我们新引入了基于模型的测试。

MBT 是自动化测试的一个分支。它是将测试用例的设计依托于被测系统的模型,并基于该模型自动生成测试用例的技术。其中,被测系统的模型表示被测系统预期的行为,也代表我们对被测系统的预期。

从质量保证的角度来看,我们可以指定测试内容,但无法保证测试会覆盖所有可能的组合。而 MBT 则允许软件开发人员和测试人员只关注系统的正确性以及模型的规范性,通过专门的 MBT 工具根据不同的测试用例设计策略从系统模型生成可靠的测试用例。那么,MBT 的原理是什么?什么样的应用适合用 MBT 呢?接下来,重点介绍这两个问题。

11.5.1　MBT 的基本原理

MBT 的基本原理是通过建立被测系统的设计模型,并结合不同的算法和策略来遍历该模型,从而生成测试用例。图 11-2 描述了 MBT 的过程。

如图 11-2 所示,开发者首先根据产品需求或者说明来构建模型,然后结合测试对象生成测试用例,测试用例针对测试对象执行完之后,生成测试报告并对比测试结果。

下面以简单的登录功能为例介绍如何建模。当用户访问网站时,网站需要识别用户是否已经登录。

- 如果已经登录,则让用户进入系统,结束这一分支。
- 如果用户还没有登录,那么页面需要返回登录框。用户在登录框输入用户名和密码后,由后台服务验证用户名和密码是否正确。如果通过验证,则用户登录成功,结束分支;否则,返回错误消息,并再次返回登录框。

根据这个逻辑,首先可以建模。图 11-3 展示了网站登录功能的建模过程。

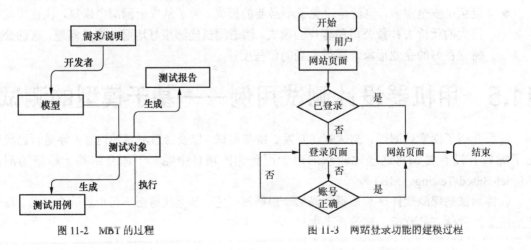

图 11-2　MBT 的过程　　　　　　　　图 11-3　网站登录功能的建模过程

至此，就完成了对这个登录功能的建模工作。然后，具象化被测产品的需求行为，并通过工具遍历模型中的各个路径，从而得到需要的测试用例。执行 MBT 的过程就好比首先把软件系统的设计画成了一张由节点和边构成的数据结构"图"，然后通过一定的算法（比如，深度遍历或者广度遍历）来尽可能覆盖图中全部路径的过程。而根据被测系统的特点，可以创建不同类型的模型完成 MBT。接下来，我们就一起看看有哪些常用的模型。

11.5.2　常用模型简介

根据被测系统本身的特点，常用的模型主要是有限状态机、状态图，以及 UML 三种。其中，有限状态机和状态图比较适合于以状态或者事件驱动的系统，而 UML 比较适合于靠业务流程驱动的系统。

- 有限状态机

有限状态机可以帮助测试人员根据选中的输入来评估输出，不同的输入组合对应着不同的系统状态。在登录功能这个例子中，员工在未登录时的状态是"未登录"，一旦登录成功，状态就变为"已登录"。在已登录的状态下，员工可以访问各类资源。

- 状态图

状态图是有限状态机的延伸，用于描述系统的各种行为，尤其适用于复杂和实时的系统。状态图有一定数量的状态，系统的行为可以以事件的方式来驱动状态的变化。比如，缺陷管理工具中出现了缺陷，其初始状态为"new"。缺陷被开发人员修复后，就必须将其改为"Fixed"；如果测试人员发现缺陷并未修复或者只是部分修复，则需要将状态更改为"Reopen"（重新打开）。

状态图的设计方式，要求为每个不同的状态创建一个事件。

- UML

UML（United Modeling Language，统一建模语言）是一种标准化的通用建模语言。UML 有自己定义的图形库，里面包含了丰富的图形，用于描述系统、流程等。UML 可以通过创建可视化模型，来描述非常复杂的系统行为。当我们完成被测系统的建模工作后，接下来就要将模型转化为可执行的测试用例。这个转换过程需要借助工具来完成。因为不同领域的产品风格迥异，其使用的自动化框架和编程语言也各不相同，所以需要花费一些精力去寻找与自己产品匹配的 MBT 工具。其实，在很多情况下，我们还需要根据产品特点，自行开发和定制工具。

11.5.3　常用 MBT 工具

这里罗列了一些常见的 MBT 工具，包括 BPM-X、fMBT、GraphWalker。下面简单介绍这些工具。

1. BPM-X

BPM-X 根据不同的标准（比如，语句、分支、路径、条件）从业务流程模型中创建测试用例。它还可以从多个建模工具导入模型，并将测试用例导出到 Excel 中。这个工具适用于业务流程比较清晰、直观的场景。

2. fMBT

fMBT 是一组免费的、用于全自动化测试生成和执行的工具，也是一组支持高水平自动化测试的实用程序和库，主要应用在 GUI 测试中。fMBT 包括用于多平台 GUI 测试的 Python 库，用于编辑、调试、运行和记录 GUI 测试脚本的工具，以及用于编辑和可视化分析测试模型和生成的测试工具。

3. GraphWalker

GraphWalker 以有向图的形式读取模型，主要支持 FSM（Finite State Machine，有限状态机）、EFSM（Enhanced Finite State Machine，扩展有限状态机）模型。它读取这些模型，然后生成测试路径。GraphWalker 除了适用于 GUI 测试外，更适合于多状态以及基于事件驱动的状态转换的后台系统。另外，GraphWalker 还支持从有限状态机中生成测试用例。

除此之外，还有很多 MBT 测试工具，如 GSL、JSXM、MaTeLo、MBT Suite 等。这里就不再一一介绍，读者可以自行了解它们的特点和适用场景。

11.5.4　MBT 的优势

MBT 不算是一种新颖的测试技术，早在七八年前就已经提了出来，并且试图应用于软件产品的测试工作中。但是，在很长一段时间内，MBT 一直停留在概念阶段，主要原因是一直没有普适的工具支持，所以很少有成功实施的实际案例。同时，业界一直以来都缺乏高效的测试用例设计生成策略，虽然测试人员都能看到 MBT 的优势，但能在实际项目中应用的寥寥无几。

与传统测试相比，MBT 的优点如下。

● 测试用例的维护更轻松。

由于测试用例是基于被测系统的模型生成的，因此只要维护好模型即可，而无须关注测试用例的细节。

● 可以尽早发现软件缺陷。

由于我们在构建被测系统模型的过程中，已经对被测系统有了比较全面的理解，加之要根据系统需求/说明完成建模过程，因此可以在早期建模时发现被测系统可能存在的明显缺陷，而不用等到执行了大量的测试用例以后才发现这些缺陷。

● 测试自动化的水平更高。

由于 MBT 只需要建好模型便可以自动生成测试用例，因此不再需要人工编写测试文档。

● 测试覆盖率变得更高，使得彻底的测试（穷尽测试）成了可能。

因为我们需要做的只是正确、详尽地用模型描述被测系统，而测试用例的生成完全由 MBT

工具负责，所以就避免了人工设计测试用例时的思维局限性，能够有效地提高测试覆盖率，让彻底的测试变为可能。当然，是否有必要开展彻底的测试还要由风险决定。这里的风险指的是，由于漏测导致的产品问题对业务的影响程度。MBT 只从技术上提供了可能性。

● 基于模型间接维护测试用例的方式更高效。

在传统测试中，如果被测系统的流程或者功能发生了变化，我们就需要耗费大量的人力和时间成本，去重新设计与之匹配的测试用例。而在 MBT 中，只需要更新被测系统的模型即可，剩下的测试用例生成工作可以由 MBT 自动完成。

11.5.5　MBT 的劣势

虽然 MBT 相对于传统测试有很多优点，但它也不是完美的测试方案。在实际开展 MBT 时，我们往往需要应对很多挑战，并克服很多困难。所以，到现在为止，MBT 并没有广泛应用于软件测试领域。

这里总结了开展 MBT 的三大难点。

● 学习成本较高。

MBT 要求开发人员和测试人员都精通建模，这就需要一定的培训成本，需要让开发人员学习测试技能，让测试人员学习建模概念。其中还牵涉建模工具的选择。

● 使用 MBT 的初期投资较大。

在很多情况下，我们并不能找到适合自己产品的建模工具，而需要自行创建 MBT 工具。在自行定制 MBT 工具时，我们要考虑到这个工具必须是可扩展的，并且能够处理复杂的测试逻辑，提供足够高的测试覆盖率，因此刚开始的 MBT 工具建设就需要花费大量时间和精力。更糟糕的情况是，当工具建好后，我们却发现它并不能满足所有的建模需求，因此还要在建模的同时对工具进行微调。这种微调工作的难度也比较大。

● 早期根据模型生成测试用例的技术并不非常成熟。

很多时候只根据图论的算法来遍历模型，就会导致生成的很多测试用例在业务上根本没有任何实际意义，也因此阻碍了 MBT 在实际项目中的落地。不过好在近一两年来，基于人工智能（Artifical Intelligence，AI）生成测试用例的概念不断成熟，所以将基于 AI 的测试用例生成和 MBT 相结合，将会是接下来的一个发展方向。

总的来说，MBT 和传统测试各有优劣。所以，测试方法多种多样，MBT 只是其中的一种。

如果一个应用的任何组件都可以通过模型来模拟、通过驱动程序来驱动，并可以通过测试结果来比较，那么这个应用就是 MBT 的最佳候选者。

如果我们的产品特征符合开展 MBT 的要求，并且团队各方面的条件都支持使用 MBT，便可以尝试用这种方法来改变测试方式。尤其是将 MBT 与基于 AI 的测试用例生成技术相结合，将可以大大加速 MBT 产业应用的步伐。但是，不管是否采用 MBT，开发人员或测试人员在接触到一款软件产品时，首先都会有一个建模的过程，要理解并在脑海中勾勒出系统的功能结构和流程。

其实，这些内容很容易转换成实际的模型，这也就为 MBT 创造了条件。

11.6 人工智能在测试领域的应用

在讲解人工智能在测试领域的应用之前，我们先简单看一下到底什么是人工智能。

11.6.1 人工智能概述

人工智能这个词最早是在 1956 年提出的，当时的科学家希望创造出拥有像人类那样智能的机器，可是很快就发现其难度远大于预期，所以在此之后的很长一段时间里，人工智能的研究陷入了低谷。直到近年来，由于机器学习（Machine Learning）和计算平台的普及，人工智能逐渐在各个 IT 行业得到应用，比如，最近非常热门的智能汽车和智能家居等。

通常我们将人工智能分为弱人工智能和强人工智能，前者只专注于完成某个特定的任务，如 AlphaGo，而强人工智能目前还只存在于科幻电影之中。虽然强人工智能的发展道路仍然漫长，但是弱人工智能已经在很多领域取得突破，这主要归功于一种用于实现人工智能的机器学习技术。

提到机器学习，我们先回顾一下计算机程序解决问题的传统模式：根据一套确定的规则编写出计算机程序，接受输入并获得输出，这个过程如图 11-4 所示。

然而，在现实中，对于很多问题，例如，把手写的数字用计算机程序识别出来，无法用确定的规则来定义算法。因为每个人的字迹都不一样。但是，假如我们有大量的手写数字和实际结果数据，就可以通过对这些数据的学习、训练，使得计算机能够自己找到其内在的方法（比如，基于统计学的特征），就好像计算机程序学习了知识一样。这样，下次再遇到手写数字的时候，计算机就能够自动识别了。这个过程就是机器学习。其解决问题的模式如图 11-5 所示。

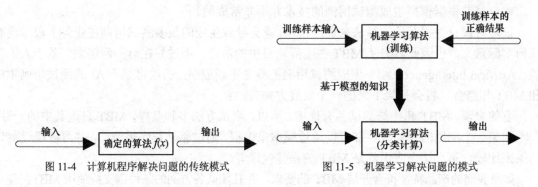

图 11-4　计算机程序解决问题的传统模式　　　图 11-5　机器学习解决问题的模式

机器学习的关键点是利用机器学习算法来训练模型，利用大量的样本数据进行训练，获得最优模型，用于对未来的问题进行预测与解决。目前，比较主流的机器学习算法主要有人工神经网络和遗传算法两个大类。

● 人工神经网络是软件测试领域中使用相对广泛的人工智能技术。神经网络是基于生物学中神经网络的基本原理，在理解和抽象了人脑结构与外界刺激响应机制后，以网络拓扑知识为理论基础，模拟人脑的神经系统处理复杂信息的一种数学模型。目前人工神经网络在光学字符识别、语音识别、医学诊断等方面已经取得了很大的成功。在软件测试中，它非常适合 GUI 测试、内存使用测试及分布式系统功能验证等场景。

● 遗传算法是软件测试中用到的另一种人工智能技术。它是模仿生物遗传和进化机制的一种优化方法，它把类似于遗传基因的一些行为（如交叉重组、变异、选择和淘汰等）引入到算法求解的改进过程中。遗传算法的特点之一是，它同时保留了若干局部最优解，通过交叉重组或者解的变异来寻求更好的解。在软件单元测试中，已知输入参数的范围，通过遗传算法求解哪些参数的组合能够达到最大的代码覆盖率。因此，遗传算法可以用于选择最优的单元测试用例的组合，也就是单元测试的最优输入集。同时利用人工智能还可以优化测试工具，将软件测试的上下文与测试用例结合起来，选择最优的测试用例集进行测试。

接下来，讨论一下人工智能在软件测试上的应用。

11.6.2　人工智能在软件测试领域的应用

人工智能在测试领域已经取得一些实质性的进展。下面从几个主要应用领域来简单谈一些思路和方法。

1. 应用 TensorFlow 通过软件界面截图寻找 Bug

对于面向 GUI 的测试，不需要理解业务就能发现的 Bug 主要有整体页面空白和文本异常。对于整体页面空白，发现它们的共同特征是比较明显的，也就是大面积空白或者中心区域报错，所以选择使用 TensorFlow 搭建的简单卷积神经网络模型来识别正常图片和异常图片就能达到发现 Bug 的目的。对于文本异常这类包含乱码的界面截图，则使用光学字符识别和长短期记忆网络建立一个简单的汉字识别模型来识别图片中的文本内容，从而判断是否存在乱码。训练以上模型的样本则来源于 Bug 的历史 GUI 截图和正确场景的页面截图。

需要特别提一下的是，有些正常的页面截图也可能存在大面积空白，但从业务角度上来说这类页面是正确的，比如，搜索中间页。此类问题若不处理，每次都会被识别为异常网页并上报，如果放入模型进行重新训练又有导致模型不收敛的风险。为了解决这类问题，维护一个图库，对于模型识别的异常图片，与图库中的图片进行对比，对比的算法同样可以基于统计学的高阶特征。如果发现与图库中任意一张图片的相似度超过设定的阈值，即认为该图片可被忽略，不用上报。

2. 利用 K 近邻算法协助失败测试用例的分析

当在 CI/CD 的过程中大量开展自动化测试时，由于自动化测试用例的基数较大，通常都是好几万的量级，因此哪怕只有 1% 的测试用例失败，失败用例的绝对数量可能就有好几百个。

如果基于传统的人工分析手段，就会需要很多工程师介入，而且效率也很难提高。为此，我们可以考虑利用人工智能技术来对失败测试用例的日志进行分析，通常会使用 K 近邻算法，并且选取 Exception name、Exception message、Stack trace、Method Name 等作为特征值来对失败用例进行分类，从而进一步判断失败的用例需要哪个团队在后期介入。

3．利用模式识别算法来模糊定位 GUI 的元素

在 GUI 自动化测试中，页面元素的定位往往是通过 XPath 和 ID 实现的，其实还可以通过比较图片像素的方式来确定页面元素，这就是早期 QTP 工具中的低级录制方法。但是这个方法一直没有得到很好的应用，其根本原因是像素比较的稳定性较差，而且不能适应页面布局、元素位置、界面配色和分辨率等的变化。不过现在如果引入模式识别的技术，情况就完全不同了。这个怎么理解呢？举个实际的例子。

假定你要识别的页面对象是一个"OK"按钮，按照以前基于像素比较的方案，对于这个按钮的大小、字体、配色、位置，当其中任何一个有轻微变化的时候，就不能准确定位这个页面对象了。现在，我们不再基于像素比较，而采用基于"OK"按钮的统计学特征来定位。那什么是"OK"按钮的统计学特征呢？我们用一个最通俗易懂的例子来说明。"OK"按钮在界面上深色像素（OK 字体以及按钮边框）和浅色像素（按钮的底色）的配比关系是一个统计意义上的值，而且这个配比关系并不会随着按钮的大小、配色、位置而发生变化，因此我们就可以用这个深浅像素的配比值来找到这个"OK"按钮。当然，在实际应用中，我们并不会只采用一个统计特征来定位元素，而会采用多个统计特征，并且分配不同的权重来定位元素，从而大大提高页面元素的识别率。

4．利用路径权重来自动生成测试用例

现在的互联网应用一般都具有完备的用户行为数据收集功能。在此基础上，我们可以分析出在各个页面之间跳转的次数。结合系统的页面跳转关系，可以推算出系统的核心执行路径，在此基础上自动生成核心路径的测试用例。

11.6.3　基于人工智能的测试工具

下面介绍几款目前比较热门的基于人工智能的测试工具。

1．Appvance IQ

Appvance IQ 根据应用程序的映射和对实际用户的活动分析，学习并生成自动化测试脚本，生成的测试脚本可以准确地表示用户曾经的行为及想要进行的行为。Appvance IQ 使用应用程序蓝图作为被测应用程序的指导，同时使用服务器日志作为实际用户活动的大数据源。图 11-6 展示了 Appvance IQ 的工作原理。

2．Applitool

Applitool 采用一种自适应算法来可视化测试，或者说进行视觉验证，而且在测试过程中不需要事先进行各种设置，不需要明确地调用所有元素，就能够发现应用程序中的潜在错误。

其原理是基于机器学习进行自动维护，能够将来自不同页面/浏览器/设备的类似变化组合在一起，并且能够自动理解哪些元素的更改更可能是一种缺陷，同时就这种更改进行排序。

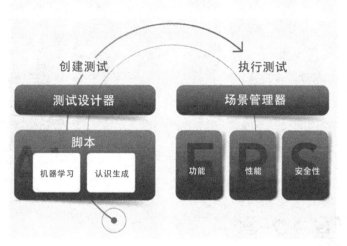

图 11-6　Appvance IQ 的工作原理

3．MABL

MABL 是由前 Google 员工开发的人工智能测试平台，其侧重点是对应用或网站进行功能测试。在 MABL 平台上，我们通过与应用程序进行交互来训练测试并进行录制，录制完成后，经训练而生成的测试将在预定时间自动执行。MABL 的主要特点如下。

- 实现没有脚本的自动化测试，并能和 CI/CD 集成。
- 消除不稳定的测试，就像其他基于人工智能的 GUI 自动化测试工具一样，MABL 可以自动检测应用程序的元素是否已更改，并动态更新测试以补偿这些更改带来的缺陷。
- 可以不断比较测试结果和测试历史记录，以快速检测变化和回归，从而产生更稳定的版本。
- 有助于快速识别和修正缺陷，在用户受到影响之前就提醒用户可能产生的影响。

4．Test.AI

Test.AI 的前身就是大名鼎鼎的 Appdiff，其被视为一种将人工智能大脑添加到 Selenium 和 Appium 中的工具，它以一种类似于 Cucumber 的行为驱动开发语法的简单格式定义测试。在应用程序中，Test.AI 能够动态识别屏幕和应用中的元素，并自动驱动应用程序执行测试用例。

5．Airtest

Airtest 的框架是网易开发的一个图像识别框架，这个框架使用了新颖的图形脚本语言 Sikuli。通过屏幕截图的方式来对页面元素进行操作，这里的关键点是基于图像识别的机器学习算法来完成页面元素的识别。Airtest 非常适合用于游戏类的 GUI 自动化测试。

第 12 章

测试人员的互联网架构核心知识

本章介绍网站架构的基础知识，之所以以网站架构知识作为本书最后的补充知识点，主要是考虑到目前很多的软件测试工程师都在互联网企业工作，可能在测试过程中经常用到诸如负载均衡器、缓存集群、数据库读写分离、消息队列、CDN（Content Delivery Network，内容分发网络）、反向代理和分布式数据库等技术。但是很多时候，你只知道网站的架构设计上用到了这些技术，但是并不清楚这些技术真正的作用，因此在设计测试时就很难做到"有的放矢"。

本章讲解测试工程师为什么要具备架构知识、怎么学架构知识，以及学到什么程度。本章首先介绍网站架构发展的历程，同时，会针对网站架构设计中最关键的 4 个主题——高性能架构设计、高可用架构设计、可伸缩性架构设计，以及可扩展性架构设计，介绍一些案例，让读者切实体会到架构知识在测试范围确定和用例设计等方面的重要性。

12.1　测试工程师掌握大型网站架构知识的必要性

测试工程师为什么要懂大型网站的架构设计？

在互联网企业进行软件测试，很多时候需要针对互联网的架构来设计针对性的测试。另外，对于互联网的压力测试以及结果分析，也需要对架构知识有比较清楚的认识。如果不懂得网站架构设计知识，在开展测试时，就有处处被掣肘的感觉。特别是做性能测试，如果你不清楚详细的架构设计以及其中的技术细节，可能根本无法解读和分析性能测试报告。

12.1.1　基于消息队列的分布式系统测试设计

在分布式系统的架构中，为了减少各个应用系统之间的直接耦合，往往会引入消息队列来实现解耦。也就是说，原本的功能是由系统 A 调用系统 B 完成的，引入了消息队列后，系统 A 不会再直接调用系统 B，而是将调用 B 所需要的数据放到消息队列中，此时我们将系统 A 称为消息的生产者，系统 B 通过监听该消息队列，主动从消息队列中依次抓取数据并进行处理，系统 B 在这种情况下称为消息的消费者。通过这种方式，就完成了系统 A 和系统 B 之间的调用解耦。我们再来看测试的设计。对于测试用例的设计，可以站在黑盒测试的视角，完全不需要知道消息队列的存在，而直接从业务功能的层面设计用例。

但如果只这么做，你会发现虽然测试全部通过了，但是产品一旦到了线上，还可能会出现很多问题。比如，当消息的生产者产生消息的速度远远大于消息消费者处理消息的速度时，很可能会造成消息队列满的情况。显然，仅仅通过黑盒测试很难完成系统的、全面的测试。要实现系统、全面的测试设计，你就必须知道消息队列的基本原理，并在此基础上设计针对具体架构的测试用例。

另外，既然系统的设计希望是解耦的，那么测试设计也希望是解耦的。也就是说，对于一些更详细的测试，我们希望系统 A 和系统 B 可以单独测试。针对这种情况，如果对系统 A 进行测试，测试验证就需要在消息队列中进行。同样的道理，如果对系统 *B* 进行测试，就需要在消息队列中构造测试输入数据。由此可见，如果不知道消息队列的存在及其基本原理，对系统的测试将寸步难行。

12.1.2 缓存的示例

很多时候，在我们搭建完性能测试的基准环境并开始执行性能基准测试的时候，往往会发现系统初期处理业务的响应时间都会比较长，只有当性能测试执行了一段时间后，系统的各项指标以及事务的响应时间才逐渐趋于正常。为此，在做性能基准测试的时候，有经验的工程师通常都会先用性能场景对系统进行一下"预热"，然后再真正开始测试。

另外，在做前端性能测试的时候，我们对于一个页面的打开时间通常会统计两个指标，一个是首次打开的时间，另一个是多次打开的时间。通常首次打开时间会远大于后面再次打开的时间。

造成第一种情况的原因，是服务器端会对"热点"数据进行缓存，而不是每次访问都直接从数据库中获取数据。当系统刚开始运行时，因为没有任何之前的访问记录，所有数据都需要访问数据库，所以前期的事务响应时间都会比较长。但是，随着缓存的建立，后续的访问就会比较快了。这个前期对系统的"预热"过程其实是在"预热"缓存。

对于第二种情况，也是同样的道理。浏览器端也会缓存从服务器端获取到的各种静态资源，在第一次访问页面时这些资源都需要从服务器端获取，而后面再访问页面时，这些静态资源已经存放在浏览器的缓存中了，所以访问速度会大大加快。

由此可见，如果不知道缓存的存在、不理解缓存的基本原理，就不可能从根本上理解性能测试的方法设计以及测试结果。

在互联网环境下，缓存本身也是分层的，浏览器端有本地缓存，网络端有 CDN 缓存，数据中心前端有反向代理的缓存，应用服务器端有本地缓存，大规模互联网应用有专用缓存服务器集群。所以，要有针对性地设计缓存相关的测试场景，就需要理解缓存的架构。

12.1.3 架构知识的学习方法

对于测试工程师来说，学习软件架构和系统架构知识是一个不小的挑战，因为很多架构知识都是基于开发框架和系统设计的。对于开发工程师来说，这已经是一个不小的挑战。对于测试工程师来说，这更是一个难以驾驭的领域。

不过，对于对架构，不同角色的工程技术人员需要了解和掌握的知识各不相同。以消息队列知识为例。

● 系统架构师不仅要掌握各个不同消息队列实现的技术细节，还应清楚不同方案的优势和劣势，最关键的是能够根据业务的应用场景和特点来选择合适的消息队列方案。

- 软件开发人员需要掌握消息队列的使用方法、消息推送和获取的模式，以及在应用中如何以异步方式来对消息进行妥善处理，并且还要考虑异常场景的处理。
- 软件测试人员需要知道消息队列的基本原理，应该知道访问消息队列的方式或者队列中消息的情况。在需要模拟消息进行解耦测试的场合，还需要知道如何添加测试消息以满足测试的目的。

可见，对于测试人员来讲，学习架构知识应该有自己独特的视角，基本上，只要做到清楚原理，了解被测系统的部署架构，从测试的角度能够调用必要的接口就可以了。

那么，测试人员应该如何学习架构知识呢？应该遵循"由广度到深度"和"自上而下"两个基本原则。

- "由广度到深度"中的"广度"是指，在平时多注重全领域架构知识的积累。"由广度到深度"中的"深度"是指，在项目中实际使用架构的时候，必须刨根问底，并通过实际的测试来加深对架构细节的理解。
- "自上而下"是指，在实际测试项目中，当需要设计涉及架构的测试用例和场景时，千万不要直接基于"点"来设计测试，而应该首先理解上层架构设计，然后在理解了架构设计的初衷和希望达成目的的基础上，再向下设计测试场景和用例。

12.2　大型网站架构介绍

上一节从全局的角度介绍了测试人员学习架构知识的重要性、应该学到什么程度，以及怎么学的问题。为了针对网站的架构设计很多测试场景，测试工程师就要对网站架构的基础知识有比较全面和深入的理解。为了帮助读者更好地理解网站的知识点，对整个网站的发展过程有比较深入的理解，下面会从一个最简单的网站架构开始谈起，从中可以了解到，随着网站业务的不断发展，原本简单的网站架构就会暴露出很多问题。

12.2.1　最简单的网站架构

我们先来看一个最简单的网站架构。假设我们想要开发一个类似淘宝的电子商务网站。刚开始的时候，我们最关注的是把开发网站的功能并且部署上线。刚上线时，网站的用户数很少，我们一般使用一台服务器就可以了。服务器会采用 Linux 操作系统，应用采用 PHP 开发并部署在 Apache 上，数据库一般采用 MySQL，文件服务器就采用服务器本地的文件系统。这样，一个最简单的网站就开发完成并上线了，此时的网站架构如图 12-1 所示。

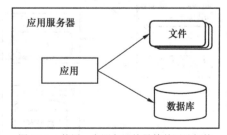

图 12-1　使用一台服务器的最简单网站架构

12.2.2 应用和数据分离的网站架构

随着网站的业务发展，用户数量越来越多，此时单靠一台服务器来完成整个网站的业务就显得力不从心了。另外，其中的应用、数据库以及文件系统对系统的硬件要求也各不相同。应用一般需要更快的 CPU 运算能力，数据库需要快速的磁盘检索和数据缓存速度，文件系统需要更大的硬盘存储空间。可见，用一台服务器来满足所有的业务要求是不太现实的。为此，我们就会考虑把这 3 个部分分别部署在 3 台服务器上，并对每台服务器根据特定的要求做特定的优化，这样就实现了应用和数据的分离。此时网站架构如图 12-2 所示。

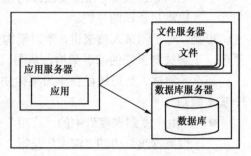

图 12-2　应用和数据分离的网站架构

12.2.3 引入本地缓存和分布式缓存的网站架构

随着访问网站的并发用户数进一步快速增长，任何一个与数据有关的访问操作都需要访问数据库，数据库的压力将随着并发用户的增长线性增长。为了缓解数据库的压力，就需要想办法减少数据库的访问。通过什么好的办法可以减少访问数据库呢？

在绝大多数实际业务场景中，数据库的访问是存在"热点"的，比如，对于电商网站，首页上的商品数据一定是"热点"，"网红"商品一般也是"热点"。既然存在这类"热点"数据，就可以把这些经常会被访问到的数据暂存在内存中。当需要访问这些数据的时候，不必每次都从数据库中获取了，而可以直接从内存中获得数据，这样就会减轻数据库的访问压力。这种将数据暂存在内存中的技术就是缓存。

网站使用的缓存一般分为两种。一种是应用服务器上的本地缓存，其优点是访问速度非常快，但是因为要和应用服务器共享内存资源，所以能够提供的缓存空间大小非常有限。另一种是分布式缓存服务器集群上的远端分布式缓存，其优点是缓存容量不受限制，当需要更多缓存空间的时候，可以在分布式缓存服务器集群上加入更多的节点，其缺点是因为通过网络调用来获取缓存的数据，所以访问速度会比较慢。引入本地缓存和分布式缓存的网站架构如图 12-3 所示。

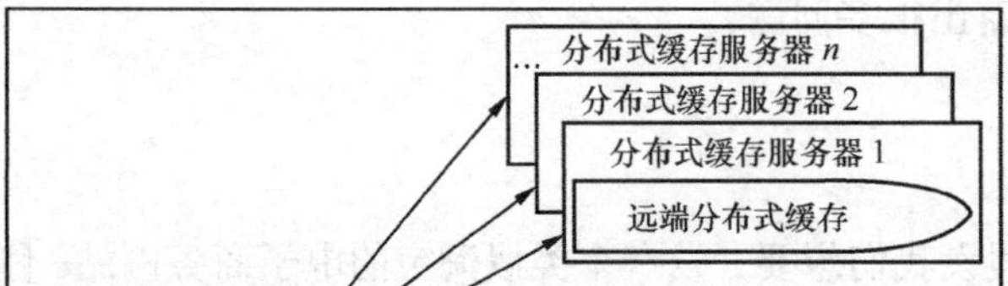

图 12-3　引入本地缓存和分布式缓存的网站架构

12.2.4　引入应用服务器集群的网站架构

引入缓存机制后，数据库访问的压力大大缓解，但是单个应用服务器的设计渐渐成为整个网站的瓶颈点。此时，单靠一个应用服务器已经很难满足网站业务发展的要求。

既然一台应用服务器不能满足需求，自然就会想到使用多台服务器组成一个集群来对外提供服务的方案。互联网应用和传统的企业应用有很大的不同，传统企业往往会试图购买更强大的服务器，但是对于互联网应用，即使再强大的服务器，靠单机满足大量的并发用户也是不可能的。要应对海量的并发用户，一定需要多台服务器构成的集群，这种集群对外提供统一的访问入口，这个统一的访问入口就是负载均衡服务器。通过负载均衡服务器，可以将来自于用户的请求分发到应用服务器集群中的任何一台服务器上。如果需要应对更多的并发用户，只需要在集群中加入更多服务器即可，我们往往会把这称为系统的可伸缩性。此时网站的架构如图 12-4 所示。

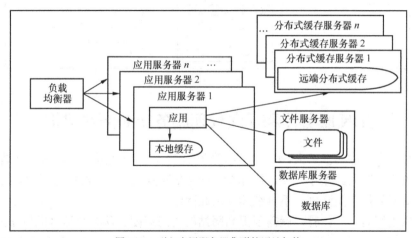

图 12-4　引入应用服务器集群的网站架构

12.2.5　引入主从分离的数据库

为了缓解数据库的压力，已经引入了缓存机制，但是在某些情况下，比如，没有明显热点数据，缓存没有命中，缓存处于预热阶段，缓存过期等，对数据库依旧会有大量的读请求。另外，对数据库的所有写请求也必须和数据库直接交互。因此，随着用户量不断变大，数据库的瓶颈也会不断放大。

为了进一步缓解数据库的压力，可以考虑将数据库的读写进行分离。将数据库配置成主从架构：主库负载所有的写请求，因此主库的数据库参数可以为写请求做特定的优化；从库负载所有的读请求，同样，从库的数据库参数可以为读请求做特定的优化。同时，主库会通过主从复制机制将最新的数据同步到从库。

　　另外，为了使读写分离的数据库架构对应用来说是透明的，需要在应用服务器端引入专门的数据访问模块。此时的网站架构如图 12-5 所示。

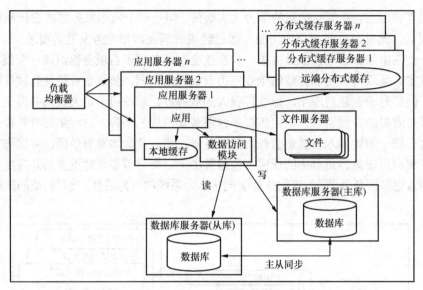

图 12-5　引入主从分离的数据库

12.2.6　引入 CDN 服务器和反向代理服务器的网站架构

　　随着网站规模的进一步扩大，由于网络环境的差异，不同地区的用户访问网站时的网络传输速度差异也会比较大。当用户感觉网站的访问速度很慢并且响应时间很长时，往往会失去耐心，最坏的情况就是关闭网页，不再继续使用此网站。

　　为了提供更好的用户体验，就需要提高网站的访问速度。从各个地区的网络差异来考虑，我们可以引入 CDN 和反向代理服务器来提高网站访问速度。CDN 服务器和反向代理服务器在整个网站架构中的位置如图 12-6 所示。

　　从图 12-6 中可以看到，我们将反向代理服务器加在了负载均衡服务器的前面，将 CDN 服务器加在了反向代理服务器的前面。CDN 服务器和反向代理服务器提升网站访问速度的核心原理其实就是使用缓存，也就是将用户访问网站时经常需要用的静态资源等缓存起来，而不时每次都通过网站的后端文件服务器来获取。

　　虽然说 CDN 服务器和反向代理服务器的实现原理都是通过缓存来提高网站的访问速度，但是两者的区别还是很大的。CDN 服务器是部署在网络服务提供商的机房中的，用户在请求网站资源时，可以从距离自己最近的网络服务提供商的机房中获取数据，服务器的空间是由网站向网络服务提供商租用的。

　　反向代理服务器则部署在网站的数据中心机房，当用户的资源请求到达数据中心机房后，首先访问的服务器是反向代理服务器。如果反向代理服务器中缓存了用户请求的资源，就直接返回给用户。

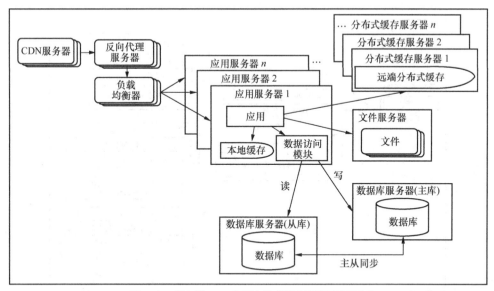

图 12-6 引入了 CDN 和反向代理服务器的网站架构

有了这两层的缓存，一方面可以尽快将数据返回给用户以提高网站访问速度，另一方面也减轻了网站后端服务器的负载压力。

12.2.7 引入分布式文件系统和分布式数据库系统的网站架构

至此，网站的架构已经到了比较成熟的阶段，但是随着业务持续增长，单台文件服务器已经不能支撑海量的数据，因此需要用分布式文件系统来代替单台文件服务器。

同样，对于数据库，虽然已经进行了读写分离的设计，但是依旧无法满足海量数据的存储和读写请求。为此，需要考虑将数据库从业务上进行分库处理，使用不同的数据库存储不同的业务数据，并将不同的业务数据库部署在不同的物理服务器上。但是当单个数据库中的单个数据表异常庞大时，比如，淘宝的商品表，就不得不使用分布式数据库系统来代替单个数据库。此时的网站架构如图 12-7 所示。

12.2.8 基于业务拆分和消息队列的网站架构

如果网站的用户量不是过于庞大，业务的复杂度也不是非常高，将所有的功能都放在一起实现是没有问题的。但是当网站的用户体量非常庞大并且业务的复杂性和多样性不断长的时候，就需要考虑将整个网站的业务拆分成不同的产品线来实现。例如，eBay 就会将买家、卖家、首页、订单、商铺、优惠券等垂直业务拆分成不同的产品线，分别独立开发、测试、部署和运维。而各个产品线之间的数据交互则采用消息队列来实现异步交互。此时的网站架构如图 12-8 所示。

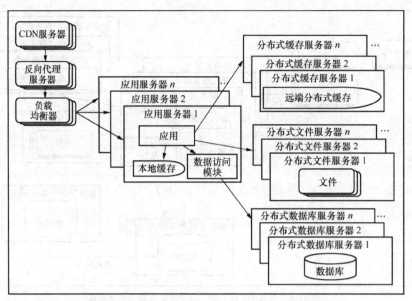

图 12-7 引入分布式文件系统和分布式数据库系统的网站架构

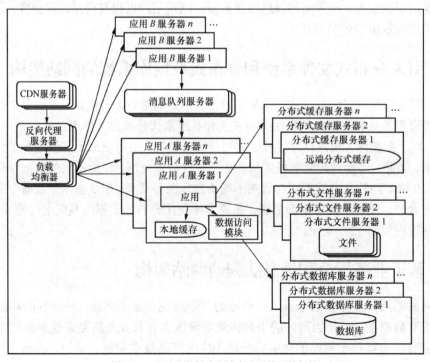

图 12-8 基于业务拆分和消息队列的网站架构

12.2.9　基于分布式服务的网站架构

随着业务的拆分会发现，很多核心功能（比如，数据库连接、消息队列访问、文件访问等）在各个拆分后的业务模块中都存在。这就带来了 3 个问题。

● 这些核心功能的代码会在各个业务模块中重复，造成不必要的代码冗余。

● 当这些核心功能有变更的时候，各个业务模块都需要随之修改。

● 由于各个业务模块都需要连接数据库，因此会造成数据库的连接数过高，极端情况下甚至会使数据库拒绝服务。

为了解决上述问题，我们就开始考虑是否可以将这些核心功能提炼成公共的基础服务，而各个业务模块都通过远程过程调用或者 Web 服务的方式来使用这些公共的基础服务，我们往往会把这样的架构称为分布式服务架构。采用这种架构的网站如图 12-9 所示。

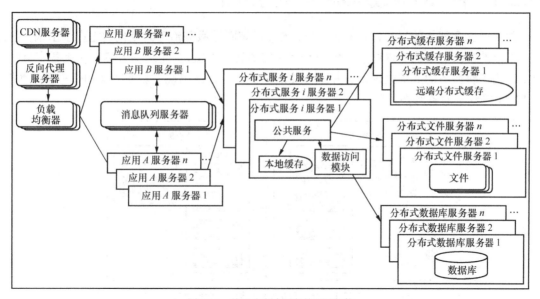

图 12-9　基于分布式服务的网站架构

12.2.10　微服务架构

既然我们可以将公共的基础服务提炼出来，基于同样的考虑，也可以将各个业务模块做进一步的细分。如果很多业务模块都会使用与用户管理相关的功能，就可以考虑将与用户管理相关的功能实现成一个独立的服务。同样的道理，如果很多业务模块都需要使用检查库存的功能，就可以将库存检查实现成一个独立的服务。基于上述思想，就出现了当前非常流行的微服务架构。图 12-10 展示了单体架构与微服务架构的区别。

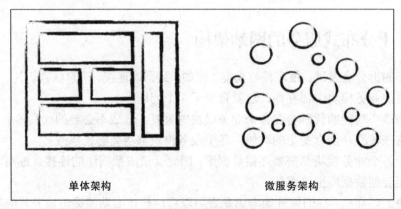

单体架构   微服务架构

图 12-10   单体架构与微服务架构的区别

12.2.11   下一代微服务架构——服务网格

随着微服务架构的兴起，服务的注册、发现、熔断等服务治理问题也随之提了出来，虽然目前主流的微服务架构中这些服务治理都有对应的解决方案，但是这些方案都和服务本身紧密绑定。为了将服务的业务处理部分和服务的治理解耦，目前出现了更新的架构——服务网格。图 12-11 展示了服务网格。

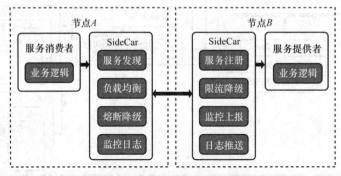

图 12-11   下一代微服务架构——服务网格

到这里为止，本章已经将网站的架构设计以及发展历程介绍完了，希望读者可以建立起网站架构的基础知识体系，更好地完成网站的测试设计。

12.3   网站高性能架构设计

性能是网站的重要指标。如果一个网站的访问速度很慢，就会直接导致大量用户流失。性能是设计网站架构时要考虑的关键因素。

目前，为了优化网站性能，业界出现了很多相关的架构改进方案和技术手段。然而，包括这些升级与优化网站性能的方案、技术手段在内的高性能架构设计是个很大的话题，单单通过本节有限的内容是很难讲清楚的。所以，本节精选了一些对测试工程师比较关键的概念和技术。从全局来看，网站的高性能架构设计包括两大部分内容：一是前端性能，二是与后端服务器相关的性能优化和架构设计。

12.3.1 前端的高性能架构

前端的高性能架构优化就是通过各种技术手段优化用户实际感受到的前端页面展现时间。目前，业内的标准实践是雅虎前端性能团队提出的 35 条原则，之前的章节解读了其中几个比较典型的原则。同时，还可以访问雅虎网站，查看这 35 条原则，以及对各原则的详细解读。

前端的高性能架构优化相对于后端来讲比较容易实现，因为前端性能优化的方法是相对标准的。另外，目前的前端性能测试工具（比如，前面章节介绍过的 WebPageTest 之类的工具等）都能系统地分析前端的性能问题，并给出对应的解决方案。我们只要在项目开发过程中把前端性能优化纳入测试范围，就能获得比较理想的性能优化结果。

12.3.2 后端服务器的高性能架构

后端服务器的高性能架构优化采用的主要技术手段是缓存。同时，集群也可以从计算能力的角度提升后端的处理性能。

1. 缓存

在计算机的世界中，凡是想要提高性能的场合都会使用到缓存。缓存是指将数据存储在访问速度相对较快的存储介质中，所以从缓存中读取数据的速度更快。

另外，如果缓存中的数据是经过复杂计算得到的，那么再次使用缓存的数据时，不用再重复计算即可直接使用。从这个意义上讲，缓存还具有降低后端运算负载的作用。可见，缓存在软件系统和网站架构中几乎无处不在。当然，在系统和软件的不同级别有不同层级的缓存。

- 浏览器级别的缓存，会用来存储之前在网络上下载过的静态资源。
- CDN 本质上也是缓存，属于部署在网络服务供应商机房中的缓存。
- 反向代理服务器本质上也是缓存，属于用户数据中心最前端的缓存。
- 数据库中的"热点"数据，在应用服务器集群中有一级缓存，在缓存服务集群中有二级缓存。
- DNS 服务器为了减少重复查询的次数也采用了缓存。

启用了缓存后，当应用程序需要读取数据时，会先试图从缓存中读取。

- 如果读取成功，我们称为缓存命中，此时就可以缩短访问数据库的时间。
- 如果没有读取到数据或者缓存中的数据已经过期，那么应用程序就会访问数据库以获取相应的数据。获取到数据后，在把数据返回给应用程序的同时，还会把该数据写入缓存中，以备下次使用。

缓存主要用来存储那些相对变化较少并且遵从"二八原则"的数据。这里的"二八原则"指的是 80%的数据访问会集中在 20%的数据上。也就是说，如果我们将这 20%的数据缓存起来，那么这些数据就会具有非常高的读写比。读写比越高，说明缓存中的数据使用的次数越多，缓存的优势也就越明显。

需要特别注意的是，缓存技术并不适用于那些需要频繁修改的数据。对于需要频繁修改的数据来说，经常刚刚写入缓存的数据还没来得及读取就已经失效了。所以，在这种情况下，缓存不仅不会带来性能提升，反而会增加系统开销。

从理论上来讲，缓存的作用是辅助提升数据的读取性能，缓存数据丢失或者缓存不可用不应该影响整个系统的可用性，因为即使没有了缓存，数据也可以从数据库中获得。但是，现在的数据库已经"习惯"了有缓存的情况，假如哪天缓存系统崩溃了，就会在短时间内有大量访问数据库的请求，数据库就很可能会因为无法承受这样的并发压力而宕机。

为了解决这个问题，有些网站会使用缓存热备等技术手段来提供缓存的高可用性，即，当某台缓存服务器宕机的时候，将缓存访问切换到热备的缓存服务器上。

另外，如果采用了分布式缓存服务器集群，缓存的数据将分布到集群中的多台服务器上。当其中一台服务器宕机的时候，也只会丢失一部分缓存数据，而通过访问数据库来重建这些缓存数据的开销并不算太大。

目前，分布式缓存架构的主流技术方案有两种。

- 在企业级应用中广泛采用的 Jboss 缓存。Jboss 缓存需要在缓存集群中的每台机器上同步所有缓存的副本，当集群规模比较大的时候，同步代价会很高。另外，多份副本也会造成存储资源的浪费。但其最大的优点是速度非常快，所以 Jboss 缓存更适用于企业级规模不是很大的缓存集群。这种企业级的集群一般有几台到十几台服务器。
- 在互联网中应用的主流 Memcached。Memcached 属于互不通信的分布式架构，集群中各个节点缓存的数据都不一样，缓存使用者基于散列一致性算法来定位具体的内容到底缓存在集群的哪个节点中。因此，Memcached 的缓存容量大，存储效率高，可以方便地支持集群的扩展，但是速度相对较慢。这些特点决定了 Memcached 非常适用于互联网产品架构。互联网产品架构的应用服务器集群规模一般都很大，即使小规模的应用集群也有上百台机器，规模大的话可以达到上万台。

通过上面讲解的缓存知识，再结合平时项目中积累的相关经验，你应该理解了缓存的原理。下面从测试人员的视角来看看，在执行测试时需要考虑哪些与缓存相关的测试场景。

- 对于前端的测试场景，需要分别考虑缓存命中和缓存不命中情况下的页面加载时间。
- 基于缓存过期测试策略的设计，需要考虑必须要重新获取数据的测试场景。
- 针对可能存在的缓存"脏数据"，进行针对性的测试。缓存"脏数据"是指数据库中已经更新但是缓存中还没来得及更新的数据。

- 需要针对可能的缓存穿透进行必要的测试。缓存穿透是指访问的数据并不存在。这部分数据永远不会有缓存的机会，因此此类请求会一直重复访问数据库。
- 系统冷启动后，在缓存预热阶段的数据库访问压力是否会超过数据库实际可以承载的压力。
- 对于分布式缓存集群来说，由于各集群使用的缓存算法不同，因此如果要在缓存集群中增加更多节点进行扩容，扩容对原本已经缓存数据的影响也会不同。于是，需要针对缓存集群扩容的场景，进行测试和性能评估。

2. 集群

集群也是提升网站性能和并发处理能力的典型架构设计方法。当一台服务器不足以满足日益增长的用户流量时，就可以考虑使用多台服务器来组成一个集群：外部请求将统一和负载均衡器打交道；负载均衡器根据不同的负载调度算法，将访问请求传递给集群中的某台服务器。

需要注意的是，在这种模式下，集群中的任何一台服务器宕机都不会给整个系统带来明显的影响。此时，因为每台服务器的地位也都不怎么高，所以可以直接替换掉出现了问题的某台服务器。同样地，当需要支持更大的系统负载时，可以在集群中添加更多的服务器。这时，集群中的每台服务器都可以被随时替换或者淘汰掉。

综上所述，现今的互联网应用采用的都是"牲口"模式。在这种模式下，我们在开展测试时，相应地需要额外关注以下这些测试点。

- 集群容量扩展。也就是说，集群中加入新的节点后，验证是否会对原有的会话产生影响。
- 对于无状态应用，验证是否可以实现灵活的实效转移。
- 对于基于会话的有状态应用，需要根据不同的会话机制验证会话是否可以正常保持，即保证同一会话始终都在处理同一个确定的节点。
- 当集群中的一个或者多个节点宕机时，验证对在线用户的影响是否符合设计预期。
- 对于无状态应用来说，系统吞吐量是否能够随着集群中节点的数量增长线性增长。
- 验证负载均衡算法的实际效果是否符合预期。
- 在高并发场景下，验证集群能够承载的最大容量。

12.4　网站高可用架构设计

本将介绍网站高可用架构设计。顾名思义，网站高可用指的是，在绝大多数的时间里，网站一直处于可以对外提供服务的正常状态。业界通常根据有多少个"9"衡量网站的可用性指标，具体的计算公式也很简单，就是一段时间（如一年）内网站可用的时间占总时间的百分比。表 12-1 列出了 4 种常见的可用性等级。

表 12-1   4 种常见的可用性等级

可用性等级	通俗叫法	量化的可用性级别	一年中允许的不可用时长
基本可用	两个 9	99%	87.6h
具有较高的可用性	3 个 9	99.9%	8.8h
具有自动恢复能力的可用性	4 个 9	99.99%	53min
具有极高的可用性	5 个 9	99.999%	5min

一般，我们以"年"为单位来统计网站的可用性等级。"9"的个数越多，一年中允许的不可用时间就越短。当达到 5 个"9"的时候，系统全年不可用时间只有 5min，这个指标非常难达到。

所以一般来讲，业界的网站能做到 4 个"9"，也就是说，在一年内只有 53min 的时间网站是处于不可用状态，就已经算是非常优秀了。

另外，可用性指标还有个特点，越往后越难提高，需要付出的经济成本和技术成本都会呈指数级增长。因此，在实际的网站架构设计中，到底要做到几个"9"需要结合具体的业务要求，以及风险评估来确定。

12.4.1   造成网站不可用的主要原因

接下来分析一下造成网站不可用的主要原因，并基于这些原因谈谈可以通过哪些对策和方法，将这些造成网站不可用的因素的影响降到最低。

造成网站不可用的主要原因如下：

- 服务器硬件故障；
- 发布新应用的过程；
- 应用程序本身的问题。

1. 服务器硬件故障

网站物理架构中，硬件服务器的故障（比如，某台服务器由于硬件故障宕机）不是偶然的，而是必然会发生的。尤其是，目前互联网企业普遍采用"牲口"模式的集群方案。随着网站规模不断扩大，网站后台的服务器数量也越来越多，所以由硬件故障引起问题的概率也不断上升。即使出现了硬件故障，网站的高可用架构设计也要保证系统的高可用。

2. 发布新应用的过程

在网站的新版本发布过程中，往往需要重新部署新的应用程序版本，并再重启服务。如果这个更新过程中不采用特殊技术手段，也会造成短暂的服务不可用。这种形式的不可用相对于服务器硬件故障的不可用更常见。原因很简单，网站的功能更新非常快，基本上以"天"为单位来发布上线的应用。也就是说，几乎每天都有需要中断服务来完成服务升级的可能性。

从网站可用性指标的角度来看，这种频繁出现的升级过程将大大增加网站的不可用时间。因此，高可用架构设计必须能够提供切实可行的方案，将升级的影响降到最低。

3. 应用程序本身的问题

造成网站不可用的最后一个原因是应用程序本身的问题。如果发布的应用程序版本存在潜在的内存泄露，那么经过较长时间的运行积累后，最终会造成服务器的内存被占满，之后必须要靠重启服务来恢复。另外，如果应用程序在测试环境中没有经过充分的测试验证，或者由于测试环境的配置和实际生产环境之间存在差异，有可能造成应用程序在生产环境部署完后无法使用的情况，从而造成服务不可用。

由此可见，应用程序在上线发布前进行充分、全面的测试是多么重要。无论是立刻就能发现的功能缺陷，还是需要长期运行才能暴露的软件问题，都可以通过软件测试去发现，并反馈给开发人员，从而避免造成系统的不可用。同时，我们也需要尽可能减少测试环境和生产环境的差异，尽可能采用完全相同的环境以及第三方依赖。

12.4.2 网站高可用架构设计

介绍了造成网站不可用的 3 类原因后，再讲解一下网站高可用架构设计。

为了系统地解决造成系统不可用的 3 类问题，提高网站的可用性，我们在网站高可用架构设计上，探索出了对应的 3 类方法。

● 从硬件层面加入必要的冗余。

● 灰度发布。

● 开启预发布验证。

1. 从硬件层面加入必要的冗余

对于硬件故障造成的网站不可用，最直接的解决方案就是从硬件层面加入必要的冗余，同时充分发挥集群的"牲口"优势。比如，对于应用服务器来说，即使没有可伸缩性的要求，我们也会至少采用两台同样的服务器，并且引入一台额外的负载均衡器，所有的外部请求会先到负载均衡器，然后由负载均衡器根据不同的分配算法选择其中的某一台服务器来提供服务。

注意，这里的可伸缩性是指通过增加或减少服务器的数量，可以扩大或者减小网站整体处理能力。

这样，当其中一台服务器出现硬件问题甚至宕机时，另一服务器可以继续对外提供服务。这时，在外部看来系统整体上依然是可用的。而两台服务器同时出现硬件故障的概率是很低的。因此，从测试人员的角度来看，知道了应用服务器集群的工作原理，就可以在设计测试的时候，针对集群中的某一个或者某几个节点的故障情况设计测试用例。

再比如，对于数据存储服务器来说，往往通过数据冗余备份和失效转移机制来实现高可用。为了防止数据存储服务器发生硬件故障而造成数据丢失，我们往往会引入多个数据存储服务器，并且会在数据更新的时候自动同步多个数据存储服务器上的数据。也就是说，数据存在多个副本，那么当某台数据存储服务器有故障的时候，可以快速切换到没有故障的服务器，以此保证数据存储的高可用。从测试人员的角度来看，我们依旧可以针对这种情况设计出当部分数据存储服务器发生故障时的测试用例，以测试系统应对故障的能力。

2. 灰度发布

如果因为发布新应用造成系统不可用，采用的主要技术手段是灰度发布。使用灰度发布的前提是，应用服务器必须采用集群架构。假定现在有一个包含 100 个节点的集群需要升级新的应用，那么更新过程应该如下。

（1）从负载均衡器的服务器列表中删除其中的一个节点。

（2）将新版本的应用部署到这台删除的节点中并重启该服务。

（3）将包含新版本应用的节点重新挂载到负载均衡服务器上，让其真正接受外部流量，并严密观察新版本应用的行为。

（4）如果没有问题，那么将会重复以上步骤将下一个节点升级成新版本应用；如果有问题，就会回滚这个节点的上一个版本。

（5）如此反复，直至集群中这 100 个节点全部更新为新应用。

在这个升级的过程中，服务对外一直处于正常状态，宏观上并没有出现系统不可用的情况。

3. 开启预发布验证

如果由于应用程序本身的问题造成系统不可用，我们一方面要加强应用程序上线部署前的测试以保证应用本身的质量，另一方面需要开启预发布验证。

你一定遇到过这样的尴尬情况：应用在测试环境中经过了完整、全面的测试，并且所有发现的缺陷也已经修复并验证过，可是一旦发布到生产环境中，还是暴露出了很多问题。其中的主要原因是，测试环境和生产环境存在差异。比如，网络环境的限制可能不一样，依赖的第三方服务也可能不一样（测试环境连接的是第三方服务的沙箱环境，而生产环境连接的是真实环境）。

为了避免这类由于环境差异造成的问题，我们往往会使用预发布服务器。预发布服务器和真实的服务所处的环境没有任何差别，连接的第三方服务也没有任何差别，唯一不同的是预发布服务器不会通过负载均衡服务器对外暴露，只有知道其 IP 地址的内部人员才可以对其进行访问。

此时，我们就可以借助自动化测试来对应用做快速的验证测试。如果测试通过，新的应用就会进入之前介绍的灰度发布阶段。这种做法可以尽可能保证上线应用的可用性。

12.5 网站可伸缩性架构设计

目前，很多测试工程师（甚至是开发工程师）都分不清可伸缩性和可扩展性这两个概念，主要原因是从字面上看这两个概念的确有相似之处。但实际上，可伸缩性和可扩展性这两个概念的含义相差很大，根本不具有任何可比性。

本节介绍网站的可伸缩性和可扩展性架构设计到底是什么，以及在设计测试用例时需要注意哪些事项。

12.5.1　可伸缩性和可扩展性的区别

本节介绍可伸缩性和可扩展性的区别。

可伸缩性指的是通过简单地增加硬件配置而使服务处理能力线性增长的能力。最简单直观的例子，就是通过在应用服务器集群中增加更多的节点，来提高整个集群的处理能力。

可扩展性指的是网站的架构设计能够快速适应需求的变化，当需要增加新的功能时，对原有架构不需要做修改或者做很少的修改就能快速满足新的业务需求。

12.5.2　分层的可伸缩性架构

网站的可伸缩性架构设计主要包含两个层面的含义：

一个是指，根据功能进行物理分离来实现伸缩；另一个是指，物理分离后的单一功能通过增加或者减少硬件来实现伸缩。

在根据功能本身进行物理分离来实现伸缩的过程中，有两种不同的实现方式。

- 功能的"横切"。比如，一个电商网站的购物功能从上至下可以分为 UI 层、业务逻辑处理层、公共服务层和数据库层，如果将这些层区分开来，每个层就可以独立实现可伸缩性。图 12-12 展示了功能的"横切"。
- 功能的"纵切"。比如，一个电商网站可以根据经营的业务范围（如书店、生鲜、家电和日常用品等）进行功能模块的划分，划分后的每个业务模块都可以独立地根据业务流量和压力来实现最适合自己规模的可伸缩性设计。图 12-13 展示了功能的"纵切"。

同样地，对于单一功能，要通过增加或者减少硬件来实现的可伸缩性，也有两种不同的实现方式。

- 纵向的可伸缩性，指的是通过增加单一服务器上的硬件资源来提高处理能力。比如，在现有服务器上增加 CPU、内存，或者在现有的磁盘阵列/存储区域网络中增加硬盘等。我们往往把这种方式的可伸缩性称为单节点的可伸缩性。

图 12-12　功能的"横切"

图 12-13　功能的"纵切"

- 横向的可伸缩性，指的是通过使用服务器集群来实现单一功能的可扩展性。当一台机器不足以处理大量并发请求的时候，就采用多台机器组成的集群来共同负担并发压力。这种方式是基于集群的可伸缩性实现的，也是目前主流的网站可伸缩性方法。当我们谈及网站的可伸缩性设计时，如果没有特定的上下文或者特指的场景，往往指的都是基于集群的可伸缩性。

图 12-14 展示了横向和纵向可伸缩性。

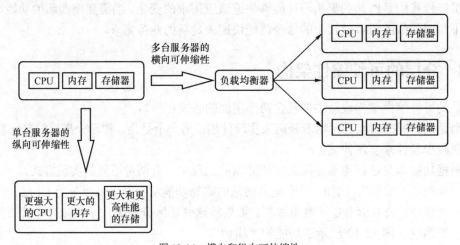

图 12-14　横向和纵向可伸缩性

基于集群的可伸缩性设计，是和网站本身的分层架构设计相对应的。

- 在应用服务器层面有应用服务器集群的可伸缩性架构设计。
- 在缓存服务器层面有缓存服务器的可伸缩性架构设计。
- 在数据库层面有数据库服务器的可伸缩性架构设计。

在上面 3 种可伸缩性设计中，由于应用服务器、缓存服务器和数据库服务器本身的架构在设计上就有区别，加之使用场景不同，可伸缩性架构设计有着巨大的差异。

下面先简单解释一下这 3 个层面的可伸缩性设计指的是什么，以及从测试人员的角度来看需要关注哪些事项。

12.5.3　应用服务器的可伸缩性设计

应用服务器的可伸缩性设计是最直观的，也是最容易理解的。当一台应用服务器不足以支撑业务流量的时候，就可以用多台服务器来分担业务流量。

但是，为了保证这批服务器对外暴露的是一个统一的节点，就需要通过一个负载均衡器统一对外提供服务。同时，负载均衡器会把实际的业务请求转发给集群中的服务器。图 12-15 展示了应用服务器集群的原理。

这里需要特别注意的是，负载均衡器并不是按照你在字面上理解的"均衡"那样，把业务负载平均分配到集群中的各个节点，而是通过负载均衡算法（如轮询算法、基于加权的轮询算法、最小链接算法等）将用户流量分配到集群服务器。从这个意义上说，将负载均衡器称为任务分配器才更合适。

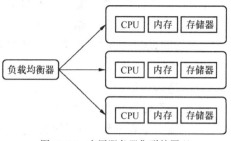

图 12-15　应用服务器集群的原理

为了实现线性可伸缩性，我们希望应用本身是无状态的。此时，任何请求都可以在集群的任意节点上执行。也就是说，集群的处理能力将随着节点数量的增多线性增长。但是，如果应用本身是有状态的，那么就会要求基于一次会话的多次请求都分配到集群中某一台固定的服务器上。

理解了上述应用服务器集群的可伸缩性架构原理后，我们再从测试人员的角度来想想，应该考虑哪些相关的测试场景。为此，总结了以下几点。

- 需要通过压力测试来验证单一节点的负载承受能力。
- 验证系统整体的负载承受能力是否能够随着集群中的节点数量线性增长。
- 验证集群中节点的数量是否有上限。
- 验证新加入的节点是否可以提供和原来节点无差异的服务。
- 对于有状态的应用，验证是否能够实现一次会话的多次请求都分配到集群中某一台固定的服务器上；
- 验证负载均衡算法的准确性。

12.5.4　缓存集群的可伸缩性设计

缓存集群的可伸缩性设计相对于应用服务器集群要复杂得多。

传统的缓存服务器集群是无法通过简单地加入新的节点来实现扩容的，其中的根本原因要从缓存的核心原理开始讲起。

假定一个缓存集群中有 3 台机器，那么把缓存的内容存入缓存集群的过程包括以下 3 步。

（1）对于需要缓存的内容的 Key 值做散列运算。

（2）将得到的散列值对 3 取余数。

（3）将缓存内容写入余数所代表的那台服务器中。

如果我们在缓存集群中加入了一台新的服务器，也就是说，缓存集群中服务器的数量变成了 4，Key 的散列值就应该对 4 取余。你会发现这样原本已经缓存的绝大多数内容都失效了，必须重构整个缓存集群。

为了解决这个问题，使得缓存集群也可以做到按需、高效地伸缩，就必须采用更先进的散列一致性算法。这个算法可以很巧妙地解决缓存集群的扩容问题，保证了在新增服务器节点的时候大部分缓存不会失效。关于散列一致性算法，请自行查阅相关资料。

同样地，知道了缓存集群扩容的实现细节后，我们再从测试人员的角度出发，看看需要额外关注哪些事项。这里总结了以下几点。

- 针对缓存集群中新增节点的测试，验证其对原有缓存的影响是否足够小。
- 系统冷启动完成后，缓存中还没有任何数据的时候，如果网站负载较大，验证数据库是否可以承受这样的压力。
- 需要验证各种情况下缓存数据和数据库中数据的一致性。
- 验证是否已经对潜在的缓存穿透攻击进行了处理，因为如果有人刻意利用这个漏洞来发起海量请求，就有可能拖垮数据库。

12.5.5　数据库的可伸缩性设计

我们再一起看看数据库的可伸缩性设计。从实际应用的角度来看，数据库的可伸缩性设计主要有 4 种方式。

第一种方式是目前最常用的业务分库，也就是从业务上将一个庞大的数据库拆分成多个不同的数据库。比如，对于电商网站来说，可以考虑将与用户相关的表放在一个数据库中，而与商品相关的表放在另一个数据库中。

这种方式本身也符合模块设计分而治之的思想，但最大的问题是跨数据库的 JOIN 操作只能通过代码在内存中完成，实现代价和成本都比较高。这种方式目前在一些中大型电商有不同程度的应用。

第二种方式是读写分离的数据库设计，其中主库用于所有的写操作，从库用于所有的读操作，主从库会自动进行数据同步操作。这样一来，主库就可以根据写操作来优化性能，而从库就可以根据读操作来优化性能。

但是，这个架构最大的问题在于可能出现数据不一致的情况。如果写入的数据没能及时同步到从库，就可能会出现数据不一致。另外，这种读写分离的设计对数据库可伸缩性的贡献比较有限，很难从根本上解决问题。

这种方式主要应用在中小型规模的网站中，同时读写分离的设计通常会和业务分库的设计一起采用，来提高业务分库后的数据库性能。

第三种方式是分布式数据库，用于进一步提高数据库的可伸缩性。分布式数据库同样存在数据不一致的问题，并且这个方法通常只在单个数据表异常庞大的时候才会采用，否则还推荐业务分库的方法。这种数据库设计是应对大规模高并发应用的主流数据库方案。

第四种方式则是完全颠覆了传统关系型数据库的 NoSQL 设计。NoSQL 放弃了事务一致性，并且天生就是为了可伸缩性而设计的，所以在可伸缩性方面具有优势。这种设计方式在互联网领域广泛使用。

从测试的角度出发，无论数据库架构是哪种设计，一般都会从以下几个方面来考虑测试用例的设计。

- 正确读取刚写入数据的延迟时间。
- 在数据库架构发生改变或者同样的架构数据库参数发生改变时,验证数据库基准性能是否会发生明显的变化。
- 在压力测试过程中,验证数据库服务器的各项监控指标是否符合预期。
- 验证数据库在线扩容过程中对业务的影响程度。
- 验证数据库集群中某个节点由于硬件故障对业务的影响程度。

12.6 网站可扩展性架构设计

衡量网站可扩展性架构设计优秀与否的主要标准就是,增加新功能的时候对原有系统的影响是否足够小。

当今的商业环境决定了网站新功能开发与上线的周期非常短,如果每次添加新功能,都需要对原有系统进行大量修改,并增加更多测试工作,那么网站的竞争力就会大打折扣。

其实,添加新功能时必须要对系统进行大幅度修改的原因是,系统架构设计上的耦合性。通过什么"好的"架构设计方案可以使得我们添加新功能的时候,只对原有系统做少量修改,甚至完全不需要修改呢?

听起来,这就像"又要马儿跑,又要马儿不吃草",其实不是的。我们往往可以通过架构上的设计优化来达到这样的效果。为了帮助理解可扩展性,下面介绍一个案例。

12.6.1 网站可扩展性架构设计的案例

假设你现在为了实时监控服务器的健康状态,需要为网站添加一个实时收集服务器端监控指标的功能,那么最直接的方案就是用代码实现对每一个监控指标的收集,并将所有这些代码集成在一起,形成一个可执行程序,运行在服务器后台。

这个方案的设计固然简单,而且也能满足所有的功能需求(收集各种监控指标),但是当需要收集一个新的监控指标时,就不得不更新整个可执行程序了。如果需要经常添加新的监控指标,这样的设计就不能满足可扩展性的要求了。

我们希望的是,当增加新的监控指标时,原有的系统不需要做任何修改,甚至可以实时添加全新的监控指标。为了达到这个目的,现有的其他方案都不能满足或者不容易满足这个要求,所以就要在架构设计上做些文章。

我们可以首先把每一个监控指标的代码实现直接打包成一个可执行的监控子程序(比如,收集 CPU 使用率的程序 A,收集内存使用率的程序 B 等),然后运行服务器后台的监控主程序,通过调用这些子程序(如程序 A 和 B),来实现所有的监控需求。当增加新的监控指标时,原有系统就不需要做任何改动,只需要独立实现新的监控子程序,并以配置文件的形式"告诉"主程序新添加的监控子程序的路径即可。这也就实现了系统的可扩展性。

接下来，回到网站的可扩展性设计上来。其实，提升网站可扩展性的核心，就是降低系统各个模块和组件之间的耦合度。耦合度越低，各个模块和组件的复用可能性就越大，系统的可扩展性也会越高。

从已有的实现方案来看，实现网站可扩展性架构的主要技术手段包括事件驱动架构和微服务架构。微服务架构从根本上改变了网站的架构形式，提高可扩展性的同时，还提供了很多优秀的特性。在微服务架构下，一个大型复杂软件系统不再由一个单体组成，而由一系列的微服务组成。其中每个微服务可独立开发和部署，各个微服务之间是松耦合的。每个微服务仅专注于一项任务。

在微服务架构下，当网站需要增加新功能时，除了可以添加新的业务逻辑外，还可以利用原本已经存在的微服务来构建新的功能。由于服务和服务之间是相互隔离的，并且单个服务还可以被其他多个服务复用，因此系统的可扩展性会比较高。

而事件驱动架构的落地靠的是消息队列，所以本章会同时介绍消息队列的内容。

12.6.2 事件驱动架构与消息队列

事件驱动架构设计的出发点源于这样一个事实：如果系统的各个模块之间的协作不是通过直接的调用关系来实现的，那么系统的可扩展性就一定会更高。系统的各个模块间的协作如何才能不基于调用关系呢？答案就是事件消息。系统各个模块之间只通过消息队列来传输事件消息，而各模块之间并没有直接的调用关系，并保持松散的耦合关系。

事件驱动架构最典型的一个应用就是操作系统中常见的生产者和消费者模式，将其应用到网站设计中就是分布式消息队列。分布式消息队列同样采用了生产者和消费者模式。

消息的发送者也就是"生产者"负责将消息发布到消息队列中。另外，系统中会通过一个或者多个消息接收者订阅消息，订阅目的是获取消息并进行处理，这里的消息订阅者其实就是"消费者"。消息接收者发现消息队列中有新的消息后，就会立即对其进行处理。

在这种模式下，消息的发送者和接收者之间并没有任何直接的联系，是松耦合的。它们的协作是通过消息队列这个"中间人"进行的。消息的发送者将消息发送至消息队列后，就结束了对消息的处理。而消息的接收者只从消息队列中获取消息并进行后续的处理，而不需要知道这些消息的来源，因此可以很方便地实现高可扩展性。

在这种模式下，当网站需要增加新功能的时候，只要增加对应的新模块，并由对此模块感兴趣的"消费者"进行订阅，就可以实现对原有系统功能的扩展，而对原本的系统模块本身没有影响。此时，消息队列的架构如图 12-16 所示。

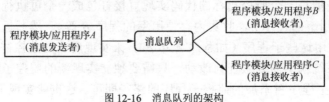

图 12-16 消息队列的架构

引入了消息队列后，我们不仅可以提高系统的可扩展性，还可以在一定程度上提升网站架构的性能、可用性和可伸缩性。

- 从性能方面来看，消息发送者不需要等接收者实际处理完成后再返回，也就是从原本的同步处理变成了异步处理，所以用户会感知到网站性能的提升。
- 从可用性方面来看，假如消息的接收者模块发生了短时间的故障，这并不会影响消息发送者向消息队列中发送消息，等到消息接收者模块恢复后，可以继续后续的处理，只要这段时间内消息队列本身没有因为塞满而出现消息丢失的情况。从整体角度看，系统并不会感知到消息接收者模块曾经发生过短暂故障，也就相当于保证了系统的高可用性。
- 从可伸缩性方面来看，消息队列的核心技术就是一个无状态的存储器。所以，当系统需要能够保留更多的消息时，通过增加存储空间就可以实现。尤其是，大规模的电商网站更会将消息队列扩展成分布式消息队列集群，来实现消息队列的可伸缩性。

12.6.3　引入消息队列后的测试关注点

掌握了消息队列的基本原理和在网站架构中的用法后，下面再一起看看消息队列对测试的影响。也就是说，我们在测试时需要特别关注哪些要点。

- 从构建测试数据的角度来看，为了以解耦的方式测试系统的各个模块，需要在消息队列中构造测试数据。这也是很多应用在互联网的自动化测试框架里都会集成消息队列写入工具的原因。
- 从测试验证的角度来看，我们不仅需要验证模块的行为，还要验证模块在消息队列中的输出是否符合预期。为此，自动化测试框架中也都会集成消息队列读取工具。
- 从测试设计的角度来看，我们需要考虑消息队列满、消息队列扩容等情况下系统功能是否符合预期。

除此之外，某台消息队列服务器宕机的情况下，还需要考虑丢失消息的可恢复性以及新的消息不会继续发往宕机的服务器等。